国家科学技术学术著作出版基金资助出版

飞行器薄膜结构屈曲稳定性

BUCKLING INSTABILITY OF AIRCRAFT MEMBRANE STRUCTURES

王长国　谭惠丰　著

U0223044

哈尔滨工业大学出版社
HARBIN INSTITUTE OF TECHNOLOGY PRESS

内容简介

本书是关于飞行器薄膜结构屈曲稳定性的专著,介绍了充气薄膜结构的整体屈曲、局部皱曲以及整体 – 局部耦合失稳的理论分析方法及应用。书中内容是作者在该领域取得的研究成果。全书共 10 章,第 1 章介绍了充气薄膜结构的应用和变形特点,第 2 章至第 8 章是充气薄膜结构屈曲失稳的理论部分,第 9 章和第 10 章是两类典型飞行器薄膜结构的屈曲分析。

本书可供从事工程力学、结构力学和飞行器结构设计等领域的科研人员和高等院校相关专业的师生参考。

图书在版编目(CIP)数据

飞行器薄膜结构屈曲稳定性/王长国,谭惠丰著.
—哈尔滨:哈尔滨工业大学出版社,2022.4
ISBN 978 – 7 – 5603 – 7600 – 4

Ⅰ.①飞… Ⅱ.①王… ②谭… Ⅲ.①空天飞机 – 柔性结构 – 屈曲 – 高等学校 – 教材 Ⅳ.①V475.2

中国版本图书馆 CIP 数据核字(2018)第 185152 号

策划编辑 杜 燕 张 荣 鹿 峰
责任编辑 刘 瑶 王 玲 鹿 峰
封面设计 屈 佳
出版发行 哈尔滨工业大学出版社
社 址 哈尔滨市南岗区复华四道街 10 号 邮编 150006
传 真 0451 – 86414749
网 址 http://hitpress.hit.edu.cn
印 刷 哈尔滨市工大节能印刷厂
开 本 787 mm × 1 092 mm 1/16 印张 18 字数 426 千字
版 次 2022 年 4 月第 1 版 2022 年 4 月第 1 次印刷
书 号 ISBN 978 – 7 – 5603 – 7600 – 4
定 价 78.00 元

前　　言

近年来,空天柔性飞行器(如空间充气展开天线、太阳帆、充气式太空舱和临近空间飞艇等)在航空航天领域的发展都取得了突出的成绩,一些典型的应用也得到了在轨实验验证或实际应用,如网状展开天线、空间充气实验舱、充气式卫星重力梯度杆、BEAM 充气舱和平流层飞艇等,这些实验和应用极大地促进了对飞行器薄膜结构的研究。此类结构主要是由薄膜类柔性材料构建,通过骨架支撑和张力控型维持结构形状,因此是一类典型的柔弹性、大挠性和欠刚度的结构,对外部环境和载荷的作用相当敏感。充气管、充气环及充气骨架等多被用作支撑结构,为柔性薄膜飞行器提供刚度。这些充气支撑结构主要由薄膜或柔性复合材料构建,壁面材料十分薄,外载荷作用下极易发生局部失稳而形成褶皱。褶皱会沿着结构轴向和环向同时扩展,并加速结构失效进程,极大地降低支撑结构的承载能力,进而影响到整个结构的性能。实际上,薄膜结构壁面失稳问题普遍存在于自然界的宏微观体中,除了本书中重点讨论的宏观连续薄膜结构中的壁面失稳外,微纳米尺度的碳纳米管等也存在壁面失稳问题。而且褶皱在纳米尺度多用于调节微纳米器件的性能,如热导和振动频率等。这些问题的出现激发了研究人员对薄膜充气结构壁面失稳问题的关注,薄膜充气结构稳定性问题逐渐成为当前研究热点之一。

充气梁作为典型分析模型被广泛用于研究薄膜结构壁面失稳问题中。依据是否考虑褶皱面外信息(波长和幅度等)可以将研究分为 3 类:一类是基于虚拟梁理论不考虑褶皱面外变形的充气梁整体失稳行为研究;第二类是基于薄壳理论仅考虑褶皱面外信息的充气梁壁面失稳行为研究;第三类是基于分叉理论同时考虑结构整体屈曲与局部褶皱的相关失稳行为研究。当前,第一类重点解决褶皱刚度在整体屈曲中的准确表述问题;第二类重点解决壁面褶皱扩展演化规律的准确表述问题;第三类重点解决截面椭圆化失稳、整体屈曲与褶皱之间的耦合作用问题。从目前的研究趋势来看,针对第三类问题的研究主导了薄膜充气结构稳定性的研究方向。从实际问题角度出发,多种失稳模式的耦联作用也是十分突出的。而对于大尺度薄膜结构而言,褶皱幅度、截面椭圆化变形与结构整体失稳变形之间基本不在一个量级上,从理论上该如何处理这一多尺度问题仍是当前的研究热点之一。诸如这类问题如果不搞清楚,就不能从本质上理解褶皱的产生和扩展机制,也就无法在实际的应用中有效地抑制和高效地利用褶皱。

基于对上述问题的理解和认识,作者从 2007 年开始着手薄膜充气结构稳定性相关研究工作,先后在壁面失稳判定准则、壁面褶皱演化规律追踪及充气梁结构相关失稳等方面开展了相关研究,同时针对典型的飞行器薄膜结构的应用开展了褶皱预报和控制研究。尽管这些问题比较复杂,但在经过理论分析和实际应用之后,对薄膜充气结构失稳问题的理解更加深入了,也取得了一些实质性的成果。作者近年来所取得的研究成果曾在力学、宇航、材料和土木等相关领域的有关刊物和学术会议上陆续发表并做过介绍,引起了同行研究者的兴趣，尤其受到了用户单位的欢迎。正是在他们的鼓励下，作者把这些积累的成果进行总结，并作为本书的主要支撑内容，在进一步补充相关资料和研究内容之后，写成了本书。因此，本书没有局限在专门针对飞行器薄膜结构稳定性理论和方法的探讨上，而是结合实际飞行器薄膜结构的失稳问题并给出分析方法和控制方法的实用内涵，这也是本书的一个特点。这样做既可以加深对飞行器薄膜结构稳定性问题的理解，也可以从实际问题出发指导和深化对稳定性理论的认识。

本书的研究工作受到国家自然科学基金和国家重大科技专项等项目的支持。

由于本书是作者研究成果的总结，书中的一些论点仅代表作者当前对这些问题的理解和认识，随着科学的不断发展和对薄膜充气结构稳定性问题研究的深入，以及鉴于所探讨问题的复杂性，某些论点会随着研究工作的深入和扩大而得到改进，作者衷心欢迎同行专家对本书提出指正意见和建议。

本书第一作者王长国主持整个研究工作，并执笔撰写了本书。第二作者谭惠丰主要负责第 1 章飞行器薄膜结构研究现状分析、充气天线支撑结构稳定性分析和飞艇骨架结构稳定性分析部分内容的研究，为本书的实用算例分析提供了大量素材。博士研究生薛智明参与完成了第 2 章的研究内容，博士研究生郭佳铭参与完成了第 3 章的研究内容，博士研究生杜振勇参与完成了第 4、5 和 8 章的研究内容，博士研究生刘远鹏参与完成了第 6 章的研究内容，博士研究生陶强参与完成了第 9 章的研究内容，博士研究生刘猛雄参与完成了第 10 章的研究内容，特借此机会对他们表示诚挚的谢意。

由于作者水平有限，书中疏漏之处在所难免，恳请专家及读者批评指正。

作者
2021 年 12 月

目　　录

第1章 绪 论

1.1 概 述

随着我国航空航天事业的快速发展,许多空间探索活动对多功能超大超轻型飞行器结构的需求日益迫切,飞行器结构向大型和轻量化发展已成为必需。近年来,一种新型的飞行器结构——空间充气展开薄膜结构(以下简称"空间充气薄膜结构")凭借其质量轻、折叠体积小、成本低和展开可靠性高等突出优点,已经引起人们的普遍关注。许多未来的航空宇航器结构都以空间充气薄膜结构作为主要的结构形式进行结构方案设计,如大型星载充气展开天线和临近空间飞艇等[1]。

说起薄膜,我们首先会想到它很轻,即所谓的"轻质"主要体现在面密度小,这样的材料主要被用来减轻结构的质量,尤其是对于结构质量有苛刻要求的航天器结构,质量的减轻将会极大地节约发射成本,这也是未来大型化轻量化宇航器结构首选膜材作为主要材料的关键原因。其次,一提及薄膜,就会想到它的第二个特性——柔软,即所谓的"柔性",从力学的角度来讲,膜材的柔性主要体现在它的弯曲刚度和压缩强度低。由于其厚度十分薄,所以抗弯曲变形和抗压缩变形的能力十分有限,因此,膜材厚度薄刚度低的特性使得薄膜结构在工作状态时必须要处于均匀张拉状态,且非均匀受拉易出现褶皱和松弛等形变,进而影响结构性能。也正是由于膜材具有这样突出的特性,使得这种材料特别适合用来构建超大超轻型结构,如地面的张拉膜结构、临近空间浮空器结构和宇航器空间充气展开结构等。

膜结构是一种非传统的全新结构形式,其设计和分析也不同于传统的刚性结构。柔性薄膜仅当赋予适当预张力时才具有确定的形状和抵抗外载荷的刚度,才能成为"结构"。例如"鼓膜",必须对薄膜施加一定的张拉力作用,使其处于张紧状态并固定于鼓的边缘,这样才可以承受外力敲击作用。薄膜的这种特殊的性质称为"应力刚化效应",属于柔性膜材所特有的性质。在进行膜结构力学性能分析时,首先需要对其进行预张力作用,然后才能进行其他力学行为分析。这样做主要是通过施加的预张力使膜面内应力水平提高,进而提高其面外的横向抗剪刚度,从而提高其抵抗面外变形的能力。即应力刚化效应实际上是膜面内应力与面外刚度的耦合效应。

以大型空间充气展开天线和大尺度临近空间飞艇等为代表的大型飞行器薄膜结构,

其在轨运行时都需要严格满足长期保持光滑/平整表面的要求,以保证其高分辨率成像。然而,质轻且柔软的薄膜由于面外欠刚度,极易受外界载荷作用而发生局部失稳形成大范围褶皱。褶皱的产生改变了结构中载荷的传递路径,且具有显著的应力集中特性,极大地影响了结构的构形与振动特性,严重时褶皱与振动强耦合会导致膜面破裂直至结构功能失效。因此,膜面褶皱及其控制是此类空间膜结构设计的核心理论问题,如何能借助理论研究探寻有效的膜面抗屈抑皱与维型调控策略,以实现膜面长期保型,是当下亟须解决的科学问题。

1.2　几类典型的空间充气薄膜结构

空间充气薄膜结构按充气薄膜结构应用的领域空间,可划分为地面建筑类、近空间浮空器类和宇航器类 3 类结构[2]。

地面建筑类充气薄膜结构主要通过压力控制膜腔内充气,使腔内外保持一定的压力差,并产生一定的预张力,以保证体系的刚度[图 1.1(a)];也可多个充气薄膜构件进行组合形成一定形状的一个整体受力体系[图 1.1(b)];也有采用充气支撑结构撑拉膜成型的结构形式[图 1.1(c)]。

(a)日本东京充气棒球馆　　　(b)日本充气薄膜“富士馆”　　　(c)充气支撑帐篷

图 1.1　地面建筑类充气薄膜结构

近空间浮空器类充气薄膜结构包括浮空气球和充气飞艇。充气飞艇与浮空气球的最大区别在于充气飞艇具有推进和控制飞行状态的装置,因此其在近空间领域的应用较浮空气球广泛得多[3-5]。近空间浮空气球如图 1.2 所示。浮空气球因没有承力构架而不能形成有效的气动外形,此外由于没有动力、控制和能源系统,因此也不能定点悬停,这些缺点都不利于其应用。而充气飞艇(图 1.3)所面临的主要问题就是如何最大限度地减轻结构质量和减小发射体积。鉴于如上问题,空中展开飞艇的概念应运而生,这种飞艇在发射之前被折叠进入发射装置之中,当发射装置到达一定高度后释放飞艇,充气展开形成初步气动外形,由充气支撑结构维持结构形状。

图 1.2　近空间浮空气球

图 1.3　充气飞艇

　　有关宇航类充气薄膜结构,可追溯到 20 世纪五六十年代,但由于当时受材料技术、分析技术及成型工艺等多方面的限制,使得充气薄膜结构在航天器中的应用难以实现。直到 1996 年 5 月,美国成功进行了充气展开天线的在轨试验,极大地促进了充气式薄膜航天器结构技术的研究,其中对充气展开天线结构技术的研究最为热门[6-7],4 个典型的大型充气展开天线如图 1.4 所示。

（a）IAE（1996 年,直径为 14 m）

（b）ARISE（1998 年,直径为 25 m）

（c）ISAT（2004 年,直径为 100 m）

（d）NIS（2005 年,直径为 35 m）

图 1.4　4 个典型的大型充气展开天线

此外,膜材也被用于其他充气薄膜结构,如电池能源的充气太阳翼结构(图1.5)和空间望远镜太阳防护罩结构(图1.6)。

图1.5　电池能源的充气太阳翼结构

图1.6　空间望远镜太阳防护罩结构

1.3　充气薄膜承力结构及其应用

充气薄膜承力结构包括充气梁、充气拱或充气环及充气骨架等以充气内压作为主要承载方式的充气薄膜结构,广泛应用于各种地面结构和飞行器结构。

地面结构主要应用于地面建筑,如充气帐篷、充气水坝等。对于充气梁结构而言,其结构的外形和功能是关键[8-11]。作为柔性结构,受载后的形状变化较大,需要研究受载荷后的响应。图1.7所示为地面建筑类充气薄膜承力结构。

图1.7　地面建筑类充气薄膜承力结构

随着空间高度的不断提升,航空航天器对结构轻量化的要求更为苛刻,其充气骨架结构也越来越复杂。临近空间飞行器结构的充气梁结构主要用于充气飞艇[12-14]的承力骨架和无人机的充气机翼[15-18]。充气机翼可分为多腔式[19]和多管式[20]两种,可以看作由多个充气梁组成。图 1.8 所示为带有充气机翼的无人机。充气支撑结构在宇航飞行器结构中应用也十分广泛[21-23]。例如,在太阳帆板[24-25]中,充气薄膜管在其中主要起到辅助展开并支撑整个帆板面的作用,因此,对充气薄膜管的承力特性要求较高[26]。图 1.9 和图 1.10 所示分别为充气展开天线及充气展开薄膜太阳帆板。

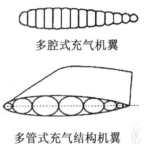

多腔式充气机翼

多管式充气结构机翼

图 1.8　带有充气机翼的无人机

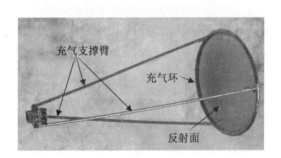

充气支撑臂

充气环

反射面

图 1.9　充气展开天线

柔基板

充气薄膜管

图 1.10　充气展开薄膜太阳帆板

1.4　宇航飞行器柔性薄膜结构及应用

1.4.1　空间充气展开结构技术

空间充气展开结构技术是一项新型空间结构技术。利用该技术构建的空间充气展开结构在发射前可折叠包装,发射入轨后能够通过充气展开,并且在展开后能够根据需要进行刚化以满足其结构性能要求。

传统宇航飞行器空间结构主要有两类构建方式:第一类是在地面上直接建造好的刚性空间结构,这种结构发射入轨后结构构形不变,可靠性较高,但对于大型空间结构来说,其发射成本和难度较大,甚至无法发射;第二类空间结构是机械展开结构,这种结构可以构建较为大型的空间结构,但对于特别大型、需要多次折叠的机械展开结构,其展开机构较为复杂,随着控制难度增大,可靠性降低[27]。与这两类空间结构构建方式相比,利用充气展开结构技术构建的空间结构具有下列优点:

(1)可折叠包装,成本低。空间充气展开结构一般以柔性膜材构建,在刚化之前结构是柔性的,可折叠包装。折叠包装的充气展开结构占用的发射体积小,并且其包装形状比较灵活,能够适应各种装载空间形状,充分利用发射舱空间。

(2)容易构建大型空间结构。空间充气展开结构一般在地面装配,发射升空后充气展开刚化形成大型空间结构,比在空间进行建造装配容易。由于充气展开结构占用发射体积小,使得发射较为容易。

(3)充气展开方式容易实施,可靠性高。空间充气展开结构通过充气方式展开,这种展开方式不需要复杂的机械展开机构,展开方式简单,容易实施,展开可靠性较高。

(4)材料和结构具有良好的可设计性。充气展开结构由多层柔性复合材料制备,结构性能具有良好的可设计性,如可以通过优化组分材料的比例和排列组合,调整充气内压和刚化程度等方式达到结构体所要求的刚度、强度和动态性能指标。

(5)良好的热、辐射防护能力。充气展开结构可以进行多层材料的防热、防辐射优化设计,如采用多层具有良好热、辐射防护能力的材料;充气展开结构材料表面也很容易涂覆各种涂层材料,如热控涂层、防辐射涂层等,这些措施都可使得充气展开结构具有良好的热、辐射防护能力。

(6)良好的撞击保护能力。充气展开结构具有一定的变形能力,可承担超高速撞击防护任务。1998 年美国国家航空航天局(NASA)在真空环境下进行的充气展开结构超高速粒子撞击试验证明了其优良的高速粒子撞击防护性能。

1.4.2　宇航器空间充气展开结构工作原理

空间充气展开结构的主要工作原理是:借助薄膜的柔性特性在地面高效折叠,收纳存储于发射舱内,随火箭发射携带入轨后,利用充气方式在空间将柔性薄膜材料制造的充气结构展开,并进一步对材料进行空间刚化定型,从而构建大型空间结构。空间充气展开结构工作过程如图 1.11 所示。

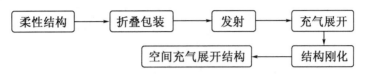

图 1.11　空间充气展开结构工作过程

1.4.3　宇航器空间充气展开结构的典型应用

利用空间充气展开结构技术可以较为容易地构建多种功能及结构形式的空间结构,尤其是体积庞大或需要数目较多的空间结构。几类典型的空间充气展开结构如下:

(1)充气展开天线。充气展开天线是以充气展开结构为主体构建的空间抛物面天线[28],包括反射器、支撑结构等都可用充气展开结构技术构建,如图 1.12 所示。充气展开天线为大口径天线的构建提供了一条新的途径,且发射费用低,展开可靠性高。

(2)充气展开太阳帆。充气展开薄膜太阳帆(图 1.13)的展开和支撑主体结构均可采用充气展开薄膜结构。

图 1.12　空间充气展开天线

图 1.13　充气展开薄膜太阳帆

（3）空间充气展开防护结构。空间充气展开防护结构是采用空间展开结构技术构建的飞行器防护结构，可为飞行器提供空间环境防护，也可作为飞行器的储存空间。如充气展开太阳辐射防护罩（图1.14），可以为卫星等提供太阳辐射防护。

图1.14　充气展开太阳辐射防护罩

（4）充气展开伪飞行器。充气展开伪飞行器是利用充气展开结构技术制造的飞行器仿制品，可用于干扰敌方对己方飞行器的攻击，或作为飞行器遥控遥测试验及空间打靶试验的替代品。由于占用的发射体积小，数目众多的充气展开伪飞行器比较容易一次发射完成，如充气展开结构的假卫星、假弹头（图1.15）及靶星等。

（5）星球探测器充气展开缓冲系统。利用充气展开结构技术制造的探测器在月球、火星等星球上着陆的能量缓冲系统，可为探测器着陆提供最后一级的良好缓冲，如缓冲气囊系统（图1.16）。

图1.15　充气展开结构的假弹头　　　　　　图1.16　缓冲气囊系统

（6）空间站用充气展开结构。空间站用充气展开结构是以充气展开结构技术构建的大型空间站结构，如控制舱、服务舱、工作舱、居住舱和储存舱等舱体结构。在空间站初期研究阶段，可以构建充气展开空间试验舱等一些简单空间站结构，如2016年在空间站展开的充气式空间舱，如图1.17所示。充气式空间舱舱段打破了原有金属制舱段的体积限制，在很小的发射体积下通过充气操作后可以提供庞大的生活空间。发射时它将以折叠状态升空，一旦与国际空间站完成连接后便将自动充气膨胀并形成可供宇航员在其内部居住的空间,其大小相当于在国际空间站上新加了一个舱段。

(7)充气展开太空居住地。充气展开太空居住地是利用充气展开结构技术构建的大型太空居住地。充气式居住地的模型如图 1.18 所示。

(a)测试舱段的效果图　　　　　　(b)等待装载并发射的测试舱段实物图

图 1.17　充气式空间舱

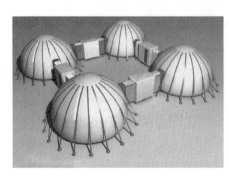 

图 1.18　充气式居住地模型

1.4.4　空间充气展开结构的折叠展开

大型结构的发射是目前火箭任务中的关键问题,如何有效地减小发射体积是需要重点关注的问题。空间充气展开结构的最大优点就是柔性、可折叠,且折叠体积相当小。充气展开结构相对比较复杂,因此其折叠展开在设计之初就应该考虑。此外,在空间环境下,尤其是微重力或无重力条件下,必须对其展开进行控制,否则会对航天器本体产生影响,尤其对航天器固有频率的影响最大[25]。

折叠展开方式多种多样,对于不同的结构形式可用的折叠展开方式不同。以充气管为例,有卷曲式折叠(图 1.19)和风琴式折叠(图 1.20)。

图 1.19 卷曲式折叠

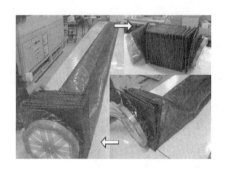

图 1.20 风琴式折叠

对于一些复杂的结构,从结构整体考虑可以折叠成其他样式或更为复杂的样式,如充气防护罩的折叠(图 1.21)、空间充气展开天线的折叠(图 1.22)和空间充气三角支撑架的折叠(图 1.23)。

(a)完全折叠　　　　(b)纵向展开　　　　　　(c)横向展开

(d)完全展开

图 1.21 充气防护罩的折叠

图 1.22 空间充气展开天线的折叠

图 1.23 空间充气三角支撑架的折叠

1.5 充气薄膜承力结构的屈曲与承力性能

1.5.1 充气薄膜承力结构的抗压屈曲行为

作为空间充气薄膜结构的主承力构件,充气薄膜承力结构的屈曲特性是设计者们最关心的问题,对该问题研究主要包括两方面,即本征屈曲研究和非线性屈曲特性分析。本征屈曲分析一般用于预测一个理想弹性结构的理论屈曲强度,通过提取使线性系统刚度矩阵奇异的特征值来获得系统失稳的临界载荷和失稳模态。本征屈曲分析是以小位移小应变的线弹性理论为基础的,分析中不考虑结构在受载变形过程中结构构形的变化,属于线性屈曲分析,是对结构承载力进行最基础的评估。但是,结构形状的初始缺陷、材料非线性和几何大变形效应使得实际结构的屈曲载荷要远小于线性屈曲的理论屈曲强度。充气薄膜承力结构是典型的柔性结构,几何非线性效应十分明显,因此,对充气薄膜承力结构进行非线性屈曲分析十分必要。非线性屈曲分析主要是结构承载性能分析的核心部分,是在本征屈曲分析结果的基础上,进一步深入研究结构变形、失效载荷、气压和失效载荷之间的关系。非线性屈曲分析是把增量非线性分析的有限元法与屈曲特征值的问题相结合,采用逐渐增加载荷的非线性静态分析过程。非线性屈曲分析中可以考虑结构的初始缺陷和膜结构的大变形效应,在增量加载的过程中,用包含加载过程中所有非线性影响的刚度矩阵来评价屈曲特征值,因此求出的失稳载荷会更接近结构的真实解。非线性屈曲分析前,预先进行本征屈曲分析有助于非线性屈曲分析,因为本征屈曲载荷是预期的非线性载荷的上限。另外,本征屈曲形状可以作为非线性屈曲分析中施加初始缺陷或扰动载荷的依据。

在对充气薄膜承力结构进行本征屈曲载荷分析时可采用 Euler – Bernoulli 公式的形式描述[29-31]。虽然其结果与试验结果[32]相差不是很大,但由于没有考虑充气内压的作用,因此不能准确地反映充气薄膜结构的屈曲特性。例如,充气内压作用下结构的横向抗剪能力显著提高,而该方法无法解释这种现象。尽管如此,由于该模型相对较简单,且对细长结构和高内压情况比较准确,所以该模型仍被部分学者所接受。

由于应用于充气薄膜结构中的充气薄膜承力结构多为细长充气管,对于长管的测试是比较复杂和困难的,因此,有必要针对短管进行系统的研究和分析,以便用短管的结果作为参考来分析长管的屈曲特性。由此,开展对不同长度薄膜充气管屈曲特性的研究是很必要的。Flügge[33]对不同长度的充气薄膜管的屈曲特性进行研究发现,对于短管,管长度对屈曲特性的影响较小,且短管的局部屈曲为主要屈曲模式,可以采用 NASA 的充气管局部屈曲公式进行预报,也可以采用基于 Donnell 壳理论的预报公式进行计算。随着管长度的增加,充气薄膜管的屈曲特性与长度密切相关,可以采用 Euler 屈曲预报公式进行预报。

考虑薄膜管与充气内压为一整体,利用 Euler 屈曲预报公式对充气薄膜管进行临界载荷 F 预报,其公式为[34]

$$F_{cr} = \frac{\pi^2 E I_0}{(k_c L)^2} \tag{1.1}$$

式中 E——管壁膜材的弹性模量;

L——充气管长度;

k_c——约束系数;

I_0——薄膜管的惯性矩,$I_0 = \pi R_{avg}^3 t$,其中 R_{avg} 是薄膜管的平均半径,t 是管壁厚度。

薄膜管的临界应力 σ_{cr} 可以表示为

$$\sigma_{cr} = \frac{\pi^2 E}{\lambda^2} \tag{1.2}$$

式中 λ——薄膜管结构的长细比。

对于短管,可采用 NASA 局部屈曲公式预报临界载荷[34]:

$$F_{local} = \gamma_c 0.72\pi E t^2 \tag{1.3}$$

式中 γ_c——NASA 局部屈曲修正系数。

基于 Donnell 壳理论得到短管的临界屈曲载荷预报公式为[35]

$$F_{scr} = \frac{2\pi E t^2}{\sqrt{3(1-\nu^2)}} \tag{1.4}$$

式中 ν——泊松比。

对于短管屈曲载荷的预报,由预报公式可以发现临界屈曲载荷与管长度无关,以局部屈曲为主。图 1.24 所示为不同长细比简支管的屈曲模态。

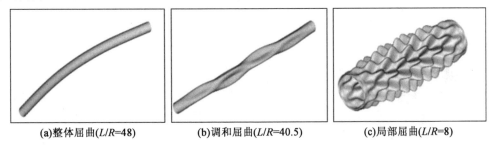

(a)整体屈曲(L/R=48) (b)调和屈曲(L/R=40.5) (c)局部屈曲(L/R=8)

图1.24 不同长细比简支管的屈曲模态

本征屈曲分析仅能得到线性结果,且较试验结果要高很多,因此不利于结构的轻量化和承载效率设计。要想更为准确地获得充气薄膜结构的屈曲特性,尤其是非线性屈曲特性,对于充气薄膜承力结构必须要考虑充气内压的作用,此外,还需要考虑充气薄膜结构受载过程中的大位移和大转动效应,此时从能量平衡的角度出发不失为一个好的方法。Fichter[36]将大位移和充气内压引入能量平衡方程中,考虑了内压对结构承载力的贡献。研究表明,充气压力的作用实际上提高了结构的横向抗剪刚度,相当于提高了结构的材料特性,如弹性模量。基于能量法可以得到如图 1.25 所示的充气薄膜管的受力状态。

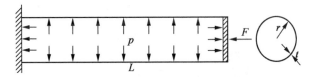

图1.25 充气薄膜管的受力状态

在充气压力 $P = p\pi r^2$ 和端部压缩载荷 F 作用下的充气管无量纲失稳载荷 $\overline{F}_{cr}$ 为

$$\overline{F}_{cr} = \frac{\pi}{1 + \dfrac{\pi^2}{\overline{P} + \overline{S}}} \tag{1.5}$$

式中　F_{cr}——无量纲化的临界屈曲载荷参数，$\bar{F}_{cr}=\dfrac{F_{cr}L^2}{EI}$，其中，$I=\pi r^3 t$；

$\bar{P}+\bar{S}$——无量纲化的横向剪切刚度参数，与充气压力和材料剪切刚度密切相关，$\bar{P}+\bar{S}=\dfrac{(P+G\pi rt)L^2}{EI}$。

由式(1.5)可以明显看到，充气压力的存在主要对结构的横向刚度存在贡献，即充气压力的增加实质上是结构横向剪切刚度的增加。此外，由于充气压力项总是与剪切项同时出现，当剪切参数 $\bar{S}$ 远大于 $\bar{P}$ 且趋于无穷大时，由式(1.5)可知，充气压力对屈曲临界载荷几乎没有影响。当 $\bar{S}$ 相对 $\bar{P}$ 很小且趋于无穷小时，整个充气管结构的横向抗剪刚度完全来源于充气压力的贡献，此时随着充气压力的增加，整个结构的屈曲临界载荷会显著提高。

在此基础上，Weeks[37] 将 Fichter 的方法应用到充气环结构的屈曲特性分析中。结果表明，充气压力不但具有提高结构横向抗剪刚度的效用，而且还是影响充气环结构面外屈曲载荷的关键要素之一。充气环结构的屈曲特性分析较充气管结构复杂，需要同时考虑面内屈曲和面外屈曲。另外，针对充气管的非线性后屈曲特性[38-40]，包括对初始缺陷的影响[41]等，部分学者基于 Fichter 理论进一步提出了新的充气梁理论[42-43]，并基于虚功原理以 Lagrangian 格式建立了充气梁的非线性屈曲控制方程，并开展了专门的充气梁屈曲和弯曲性能研究[44-46]。

此外，对充气薄膜结构屈曲特性的研究方法中还有一种比较独特的方法，就是将充气薄膜结构处理成空气夹芯板。这种特殊的结构是由上下两层膜做外皮，并在它们上面平行连接"落丝"，再封闭端部形成[47]（图1.26）。其中压力的作用转化到横向剪切和薄膜面内力中得以考虑，来实现对结构的屈曲特性分析。该方法考虑剪切变形和转动惯量，且可以考虑因充气压力作用，从而提高的膜面内应力和横向抗剪刚度，考虑横向剪切变形影响，因此也是目前充气薄膜结构屈曲特性分析的主要方法之一。Wielgosz 等[48-50]采用此方法分析了充气梁和充气环的屈曲和弯曲特性，并得到了试验验证。

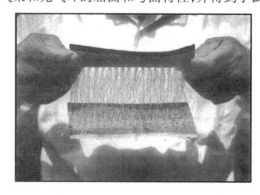

图1.26　空气夹芯板截面

如图 1.27 所示,给定空气夹芯板,其长度方向无限长,宽度为 L。在该板上施加每单位宽度为 F 的压缩力,其屈曲载荷 F_{cr} 可依据夹芯板理论确定,考虑夹芯的剪切变形,屈曲载荷的公式为

$$\frac{1}{F_{cr}} = \frac{1}{F_E} + \frac{1}{F_c} \tag{1.6}$$

式中 F_E——Euler 屈曲载荷;

F_c——夹芯的剪切刚度。

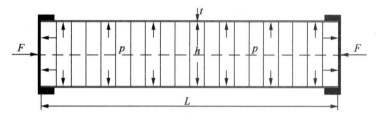

图 1.27 空气夹芯板轴向压缩

$$F_E = \frac{Et\pi^2 h^2}{2L^2(1-\nu^2)} \tag{1.7}$$

式中 E——蒙皮的弹性系数;

t——蒙皮厚度;

ν——泊松比。

$$F_c = G_c h \tag{1.8}$$

式中 G_c——夹芯的剪切模量。

当空气夹芯板在横向剪切力作用下(图 1.28),产生剪切应变 γ,蒙皮张力为 $ph/2$,p 为充气内压,剪切力 $Q = ph\gamma$,由此,$G_c = p$。

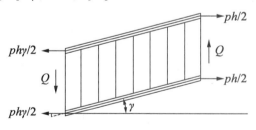

图 1.28 空气夹芯板剪切变形

进而求得空气夹芯板的屈曲载荷为

$$F_{cr} = \frac{\dfrac{E\pi^2 th^2}{2L^2(1-\nu^2)}}{1 + \dfrac{E\pi^2 th}{2L^2 p(1-\nu^2)}} \tag{1.9}$$

1.5.2　充气薄膜承力结构的抗弯皱曲行为

对充气薄膜承力结构的弯皱力学特性的研究始于 20 世纪中期，Comer 和 Levy[29] 首先假设充气梁的力学响应类似于一般梁模型，从而研究了其同时承受充气压力和剪力时的变形行为。图 1.29 所示为充气悬臂梁不同截面的应力分布图。

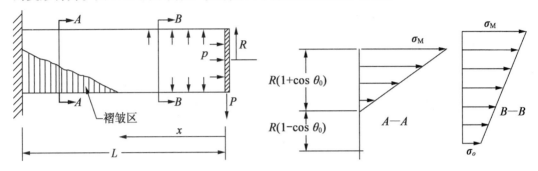

图 1.29　充气悬臂梁不同截面的应力分布图

忽略薄膜的面外刚度，即在充气悬臂梁的承载过程中，当由弯曲载荷产生的蒙皮轴向压缩应力与充气内压所引起的轴向拉伸应力大小相等时，便发生局部起皱，起皱区为松弛状态，不能承受载荷，并基于总体平衡公式(1.10)，分别推导了褶皱区和紧张区的挠曲微分公式(1.11)，解出了充气悬臂圆柱梁屈曲载荷(起褶皱)与失效载荷、充气悬臂梁屈曲前后的挠度关系曲线。

$$Px = -2\int_0^\pi t\sigma R^2 \cos\theta \mathrm{d}\theta \tag{1.10}$$

$$\frac{\mathrm{d}^2 y}{\mathrm{d}x^2} = \left(\frac{Px}{EtR^3}\right)\left(\frac{1}{\pi - \theta_0 + \sin\theta_0\cos\theta_0}\right), \quad \frac{\pi pR^3}{2P} < x < L \tag{1.11}$$

$$\frac{\mathrm{d}^2 y}{\mathrm{d}x^2} = \frac{Px}{EtR^3}, \quad 0 < x < \frac{\pi pR^3}{2P} \tag{1.12}$$

式中　R——充气悬臂梁截面半径；

　　　θ——环向角。

但实际上由于横截面上存在剪应力及充气内压产生的环向应力，结构的最小主应力比轴向合应力先达到零，此时蒙皮表面产生褶皱，因此起皱采用最小主应力为零判据更为合理。另外，Comer 认为当起皱区域扩展到整个圆周时，梁才发生整体失效。然而基于这一假设，失效时依然存在因充气内压产生的轴向外力将无法平衡，显然与实际情况不符。Weber[51] 做了聚酯薄膜充气梁弯曲试验，并将试验结果与 Comer 的理论做比较，但选用的长径比较小($l/d < 7.5$)，不足以验证 Comer 理论的精确性。陈帅等[52-53] 基于 Euler‑Bernoulli 梁对充气悬臂梁进行了研究，推导了相关方程，获得了起皱角与弯曲载荷的解析关系式，建立

了充气悬臂梁非线性承载变形行为的分析方法[54]，分析中考虑了充气内压的变化，推导了充气悬臂梁变形公式，并与试验结果进行了对比验证。但是其假设充气梁变形后仍然是直管，没有考虑因结构变形带来的截面形状变化，因此结果精确性有待考证。

Main 等[55]认为 Comer 的假设与实际情况不符，并进行了大量的分析研究，结果表明褶皱扩展到 0.99π 时作为充气梁结构发生整体失效的判据更为合理，并使用 Comer 的理论做了分析，得出褶皱出现之前充气梁与一般梁的弯曲行为一致。试验结果发现，对于长径比大于 10 的试件，试验结果与理论结果较一致，证明了该理论的正确性。Fichter[36]开展了充气梁的研究，并把充气梁考虑成 Timoshenko 梁，基于 Timoshenko 梁模型结合最小势能原理推导出了充气梁挠曲方程，该过程考虑了薄膜结构大变形及压力追随效应。由于结构变形会导致充气梁体积变化，因此方程中引入了因结构体积变化引起充气内压做功，结果发现充气内压直接影响梁结构的抗剪刚度。另外，Fichter 假设结构变形中充气压力不变，没有考虑到由于结构体积变化引起的充气压力的变化。Wielgosz 和 Thomas[48]发现当充气梁内充气内压较高时，应该把充气梁等效成 Timoshenko 梁模型，这是由于考虑了高内压下充气梁截面剪切应力的效应。于是基于 Timoshenko 梁理论，在充压变形后的构型上建立了平衡方程，对高压充气织物圆盘在弯曲载荷下力学行为做了试验及分析。分析时考虑了载荷追随效应，得到褶皱载荷及挠度，并与试验对比，结果较精确。为了进一步揭示充气内压对充气管承载性能影响规律，Thomas 等随后开展了弯曲载荷作用下高压充气管承载性能的试验、理论和数值研究[49,56]，建立了充气管平衡方程及其有限元模型，发现了不同边界条件下充气梁的理论解、有限元模拟结果和试验结果具有较好的一致性。Le van 和 Wielgosz[42]采用 Timoshenko 梁模型对充气梁的弯曲和屈曲行为进行了研究，基于拉格朗日形式的虚功原理建立了充气悬臂梁受面内拉伸和弯曲时的非线性平衡方程，解释了充入气体对提高材料性能所起的作用，获取了充气悬臂梁的起皱临界载荷与失效载荷。不同于 Fichter 中的小转动假设，Le van 采用了梁截面有限转动假设，很好地解释了控制方程中的非线性项。不同于 Comer 等人认为的薄膜材料弯曲刚度为零，即结构轴向应力或最小主应力为零时褶皱才产生。Veldman[57-58]将材料考虑为薄壳，即此时材料具有弯曲刚度，因此结构可以承受一定的压缩和弯曲变形。此时在进行弯皱分析时，只有当结构中压应力达到临界值时才产生褶皱。

综合来看，目前对充气薄膜承力结构的抗弯皱曲行为研究仍集中在皱曲临界弯矩预报方面，研究方法根据研究问题时的切入点不同，主要分为两大类。一类以是否考虑膜材弯曲刚度为切入点，主要包括基于薄膜理论和基于薄壳理论的两种理论分析方法。在"薄膜"理论中，忽略膜材抗弯刚度，认为膜材不能承受任何压应力的作用，一旦结构受压将会在结构中产生褶皱以抵消这部分压缩作用。褶皱的出现表明受压面的最小主应力为零，此时将褶皱区的可变泊松比[59]引入材料本构方程中来替代广义泊松比项实现褶皱分析。薄壳理论中计及材料弯曲刚度，将褶皱考虑为局部起皱形变，认为当面内压缩应力达到临界起皱应力时充气结构弯曲受压区域出现褶皱[60]。实际上,薄膜模型是薄壳模型对应于临界起皱应力为零的特殊情况。另一类根据所用材料性能和结构的不同,主要考虑各向同性和正交各向异性两种材料模型。对于充气薄膜承力结构而言,管壁所选用的材料主要有两种:一种是单层薄膜,另一种是织物复合薄膜。对于单层薄膜而言,一般选择各向同性的薄膜材料,保证受压作用时各向变形性质保持一致,应力分布均匀,不易产生非均匀变形。对于织物复合薄膜而言,这种薄膜由于受其增强材料特性的限制,描述这种膜材的本构应以正交各向异性本构为主[31,58]。

基于薄膜理论,假设褶皱角布满环向时充气管结构失效,可得到失效弯矩[61]

$$M_{\text{coll}}^{\text{Leonard}} = \pi p r^3 \tag{1.13}$$

对高压织物梁进行了试验研究,发现试验中的失效弯矩小于上述理论值,所以对其进行了修正,得到失效弯矩的公式为[42,48]

$$M_{\text{coll}}^{\text{Levan}} = \frac{\pi^2 p r^3}{4} \tag{1.14}$$

式中　p——充气内压;

　　　r——横截面半径。

引入的修正系数为 0.785,同 NASA[62] 给出的修正系数 0.8 相近。

对于一端固定的悬臂充气梁,其起皱载荷可表示为[61,48]

$$F_{\text{w}}^{\text{Levan}} = \frac{\pi p r^3}{2L} \tag{1.15}$$

而 Stein 和 Hedgepeth[59] 针对薄膜充气梁对上述典型公式进行修正,给出起皱载荷为

$$F_{\text{w}}^{\text{Stein}} = \frac{2 p r^3}{L} \tag{1.16}$$

Apedo 等[63] 对正交各向异性织物做成的充气悬臂梁进行了高内压承载性能的研究,给出充气梁在自由端受集中载荷时的起皱载荷为

$$F_{\text{w}} = \frac{\pi r^3 p}{2L} \left[1 + \frac{pr(1 - \nu_{\text{lt}}\nu_{\text{tl}})}{2E_1 h} \right] \tag{1.17}$$

式中　L——充气梁的长度;

　　　ν——泊松比;

　　　E_1——纵向方向的弹性模量;

　　　h——厚度;

　　　ν_{lt}、ν_{tl}——正交各向异性织物泊松比。

上述模型的区别是系数发生了变化,一些模型是基于一定假设的理论上得出的,另外一些模型是在上述公式基础上结合试验结果进行了经验修正得到的。至于何种公式最精确,与材料和结构参数等相关。另外,Leonard 等[61] 将薄膜充气梁看作是悬臂梁,针对其端部受载情况进行了悬臂抗弯试验,假定充气梁根部塑性铰转动,则结构失效,粗略

地计算了屈曲、失效弯矩和挠度等。针对两种材料的屈曲和失效弯矩进行了试验,且与试验结果吻合较好。Suhey 等[64]对基于薄膜理论的简支充气圆柱管受均匀横向载荷的工况进行了研究,得到了充气圆管的褶皱区域长度表达式。

Steeves[65]使用线性理论研究了充气梁的稳定性行为,将充气梁看成薄壳模型,并应用变分的方法导出了充气梁在均布和集中荷载下的挠度解,此时边界条件分别为简支或固定。充气梁的挠度解和承载能力是内压、几何参数和材料参数的函数。Molloy 等[66]使用壳单元对倾斜充气拱受雪载和风载的屈曲问题进行了有限元分析。Plaut 等[67]基于壳理论推导出了充气拱的屈曲控制方程,并基于改进的 Rayleigh – Ritz 法分析了雪载和风载作用时的结构屈曲行为。Brazier[68]通过使应变能最小化得出了单位长度壳的失效弯矩,该变形能取决于轴向曲率。起皱载荷同失效弯矩的关系仍然成立,对于没有充气内压的各向同性壳结构,失效弯矩和起皱载荷分别为

$$M_{\text{coll}}^{\text{Brazier}} = \frac{2\sqrt{2}}{9} \frac{\pi Ert^2}{\sqrt{1-\nu^2}} \tag{1.18}$$

$$F_{\text{w}}^{\text{Brazier}} = \frac{4\sqrt{2}}{9} \frac{Ert^2}{L\sqrt{1-\nu^2}} \tag{1.19}$$

在上述研究的基础上,Wood[69]将 Brazier 的公式进行了改进,考虑了充气内压的影响,得到了含充气内压的失效弯矩与起皱弯矩公式,分别为

$$M_{\text{coll}}^{\text{Wood}} = \frac{2\sqrt{2}}{9} \pi Ert^2 \sqrt{\frac{1}{1-\nu^2} + 4\frac{p}{E}\left(\frac{r}{t}\right)^3} \tag{1.20}$$

$$F_{\text{coll}}^{\text{Wood}} = \frac{4\sqrt{2}}{9} \frac{Ert^2}{L} \sqrt{\frac{1}{1-\nu^2} + 4\frac{p}{E}\left(\frac{r}{t}\right)^3} \tag{1.21}$$

Baruch[70]在 Brazier 研究成果的基础上,采用了 Brazier 的公式,并将其应用于正交各向异性的材料中,得到了由正交各向异性材料构成充气梁的失效弯矩和起皱载荷,分别为

$$M_{\text{coll}}^{\text{Baruch}} = \frac{2\sqrt{2}}{9} \pi rt^2 \sqrt{\frac{E_1 E_t}{1-\nu_{\text{lt}}\nu_{\text{tl}}}} \tag{1.22}$$

$$F_{\text{w}}^{\text{Baruch}} = \frac{4\sqrt{2}}{9} \frac{rt^2}{L} \sqrt{\frac{E_1 E_t}{1-\nu_{\text{lt}}\nu_{\text{tl}}}} \tag{1.23}$$

以上公式都是采用壳方法得到的,满足壳模型的问题是:当其内压为零时起皱载荷不为零,高压时其起皱载荷变化不大,显然,这些模型不能预报织物充气梁的弯皱行为。

另外,一些研究人员改进了基于壳和膜理论的响应模型并进行了验证分析。Zender[71]和 MeComb[72]利用薄膜理论研究了各向同性受压圆柱壳的失效弯矩,并认为受压薄膜的失效弯矩能够达到未受压壳的失效弯矩。失效弯矩和起皱载荷的半经验公式分别为

$$M_{\text{coll}}^{\text{Zender}} = \pi pr^3 + \frac{\pi Ert^2}{2\sqrt{3(1-\nu^2)}} \tag{1.24}$$

$$F_{\mathrm{w}}^{\mathrm{Zender}} = \frac{2pr^3}{L} + \frac{Ert^2}{L\sqrt{3(1-\nu^2)}} \qquad (1.25)$$

亦有学者将起皱弯矩称为极限弯矩[73]，认为充气梁在褶皱产生时即到达了其承载能力极限，不适宜继续加载，给出薄壳模型起皱弯矩为

$$M_{\mathrm{w}}^{\mathrm{Guan}} = \frac{\pi pr^3}{2} + \frac{\pi Ert^2}{\sqrt{3(1-\nu^2)}} \qquad (1.26)$$

在 NASA SP 8007 报告[62]中，研究人员认为可以忽略两个方向的耦合作用，通过大量试验得到了充压圆柱壳的失效弯矩的经验公式为

$$M_{\mathrm{coll}}^{\mathrm{NASA}} = 0.8p\pi r^3 + \pi r E_1 t^2 \left[\frac{1 - 0.731(1 - e^{-\phi})}{\sqrt{3(1-\nu_{\mathrm{lt}}\nu_{\mathrm{tl}})}} + \Delta\gamma \right] \qquad (1.27)$$

式中

$$\phi = \frac{\sqrt[4]{12}}{29.8}\sqrt{\frac{r}{t}}, \quad \Delta\gamma = f\left[\frac{p}{E}\left(\frac{r}{t}\right)^2\right] \qquad (1.28)$$

Veldman 等[58]将由聚酯类材料制成的充气梁看作是薄壳结构，而非薄膜结构则通过应力准则 $\sigma = \sigma_s$ 来评估充气梁是否产生褶皱，提出了一个新型正交各向异材料的失效弯矩模型。通过试验得到了 5 种不同充气压力时的荷载 – 挠度关系曲线，并与考虑材料正交各向异性的理论预测结果符合较好。其失效弯矩分为两部分：第一部分为纯膜结构的理论失效弯矩；第二部分为壳材料的附加部分。而正交各向异性薄膜材料充气梁的失效弯矩和起皱载荷形式由 Wood 的改进公式和 Le van 的公式组成，即

$$M_{\mathrm{coll}}^{\mathrm{Veldman}} = \left(\frac{\pi}{2}\right)^2 pr^3 + \frac{2\sqrt{2}}{9}\pi E_1 rt^2 \sqrt{\frac{E_{\mathrm{t}}}{E_1}} \sqrt{\frac{1}{1-\nu_{\mathrm{lt}}\nu_{\mathrm{tl}}} + 4\frac{p}{E_{\mathrm{t}}}\left(\frac{r}{t}\right)^2} \qquad (1.29)$$

$$F_{\mathrm{w}}^{\mathrm{Veldman}} = \frac{\pi pr^3}{2L} + \frac{4\sqrt{2}}{9}E_1\frac{rt^2}{L}\sqrt{\frac{E_{\mathrm{t}}}{E_1}} \sqrt{\frac{1}{1-\nu_{\mathrm{lt}}\nu_{\mathrm{tl}}} + 4\frac{p}{E_{\mathrm{t}}}\left(\frac{r}{t}\right)^2} \qquad (1.30)$$

式(1.29)和式(1.30)适用于 $L/r > 20$ 的充气梁。

1.5.3　网格增强充气结构及褶皱控制

近年来，提高承载性能的同时降低质量已成为充气结构核心议题。通常减轻结构的质量首先应该选择质量轻、强度高的材料，如织物材料。除此之外，近年来一些研究人员使用外部覆盖绳索的方式增强充气结构[74-75]，类似于复合材料 ISOGRID 网格结构，网格大幅降低了蒙皮应力，使得结构能够承受更高的气压，具有更高的性能。ISOGRID 结构是一种典型的网格增强结构，它作为 AGS（Advanced Grid Structures）结构的一种，具有优越的力学性能，国外对于 ISOGRID 的研究开始较早，第一块 ISOGRID 结构铝板由 McDonnell – Douglas 公司设计并制造；第一块轻质高刚的复合材料 ISOGRID 结构由美国菲利普实验室[76]在 20 世纪 90 年代初成功制造。最早开展 AGS 结构研究的国家是苏联和美国[77]，它们将 AGS 结构直接用于军事和航天领域。目前，网格结构的研究方法主要包括

两大类,即连续化方法和离散化的有限元法[78]。当利用有限元软件对复杂结构进行有限元分析时,进行结构的全过程分析是十分困难的,此时等效连续化的分析方法具有较大的优越性。理想 ISOGRID 结构的刚度特性可以看作是各向同性的。在由其组成的大型板壳类结构分析过程中,可以通过假设等效厚度和等效弹性模量的方法使得 ISOGRID 结构的分析计算简化。所以,基于各向同性和泊松比为 1/3 的特点,在数值上 ISOGRID 结构可以等效为各向同性材料,从而利用各向同性材料的理论来求解这类板壳结构问题。

外部覆盖绳索的方式增强充气结构[75,79-81]的绳索布置具有周期性,若将该组合结构等效为一种材料,则该材料在不明显增大质量的前提下具有比薄膜更高的承载性能。例如,等网格充气梁是将高强纤维外附于充气梁外侧,通常使用"关节"来实现二者的结合。Allred 等[82]采用紫外光刚化的碳纤维增强充气管,如图 1.30 所示,其原理是将可在阳光下低温固化的环氧树脂预浸在碳纤维和碳纤维 – 玻璃纤维的混合绳索中,该充气梁具有良好的折叠效率、折叠精度与力学性能。John 等[83]制作了类似的结构,但由于该结构需固定于充气梁上的工件上,绳索与充气梁分离,连接性能不良。

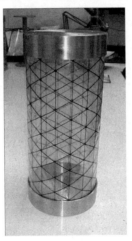

图 1.30 紫外光刚化的碳纤
维增强充气管

Blandino 等[84]针对等网格充气梁做了悬臂受弯试验,使用非接触测量得到了多个位置在不同载荷下的载荷挠度曲线(图 1.31),包括加载和卸载过程,全程均处于线性段,未出现局部褶皱。

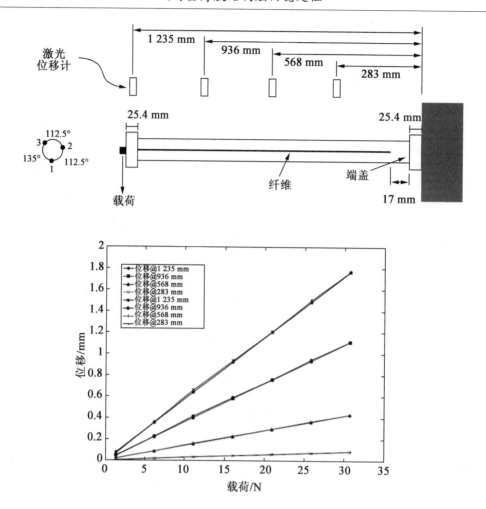

图 1.31　等网格充气梁的抗弯试验(彩图见附录)

　　Stanciulescu 等[85]对等网格梁的静力学问题进行了分析,并对其屈曲前后的动力学性能进行了分析。Simburger 等[86]对可刚化的等网格梁的悬臂受弯状态进行了分析,得到了 Euler 柱屈曲、等网格面屈曲和局部 Euler 纤维屈曲随轴向纤维数目的变化关系,并进行了优化。Natori 等[87]提出了充气刚化一体化结构(IRIS),该结构由薄膜和索网组成,其结构精度主要取决于索网,具有可设计性,适用于高性能展开结构。为了保持刚度,薄膜需要刚化,必要时索网也要刚化。Walker 等[88]研究了钢卷尺增强的充气梁,并对该结构的初始性能进行了评估。Brayley 等[89]对由增强带增强的织物拱和织物梁进行了弯曲分析和试验研究,并对织物梁进行了扭转分析。以上研究均将薄膜和增强索作为结构进行分析,而未将它们简化等效为一种材料,分析过程比较复杂。

　　另外,褶皱在充气薄膜结构中是不可避免的,通过有效的措施消减褶皱并减小其对结构性能的影响是提升充气薄膜承力结构承载能力的关键。专门针对褶皱的智能控制研究不多,相关研究多涉及智能材料基础理论及其对结构振动及整体形变的控制研究,且方法相对独立。Leifer[90]尝试使用剪切容许边界研究了薄膜剪皱的消除,并进行了模拟分析和试验验证。Sakamoto[91]使用悬拉索边界控制来进行褶皱消减分析。许多薄膜和丝状智能材料被大量用于控制充气薄膜结构变形和提高结构性能,如 MFC(Macro-Fiber Composites)、PVDF(Polyvinylidene Fluoride)、EAP(Electro Active Polymer)和 SMA(Shape Memory Alloy)丝或薄膜[92-103]。Peng 等[94-107]研究了方形膜褶皱的主动控制方法,其中采用遗传算法获得对应最小褶皱形变的力,采用神经网络法预测膜的平整度。将 SMA 丝布置在方形薄膜的四角,用于控制和调整薄膜的平整度。Wang 等[108]采用类似的力法对基于 SMA 丝的薄膜平整度及其控制方法进行了研究。Ruggiero[109]通过试验验证了应用智能材料抑制空间膜结构振动的可行性。同时他提出智能材料在膜结构静态变形的控制上有很大的潜能,但可惜未进行深入研究。Bao[110]采用无线控制电聚合物(EAP)制成充气反射面天线,对在预应力、预应变及表面分布电荷作用下的充气 EAP 薄膜的形变行为进行了有限元分析,提出了一种基于重叠运算法来确定电场分布以将失常的 Hencky 曲线纠正为标准抛物面曲线的方法,完成了抛物面天线形面精度分析。Fang 和 DeSmidt[111-112]分别提出了在薄膜天线边界及薄膜本身布置压电薄膜(PVDF)控制形状的方法。通过通入电流使其发生形变来调整天线反射面的边界悬线长度,进而张紧和释放反射面薄膜以达到控制形变的目的。这种方法属于间接的控制形变,其形变控制效果不明显,将 PVDF 直接布置在薄膜表面通过其形变直接调整反射面形状,反射面形变越大,需要的 PVDF 越多,附加质量会越大,所需电能也越多。Lee 等[113]将 SMA 丝用于充气圆管的变形控制,通过调节温度使得 SMA 丝产生记忆变形实现对充气薄膜管构型的控制。Yoo 等[114]采用 SMA(形状记忆合金)金属丝对充气管根部局部皱曲形变进行了控制试验和模拟研究,但其试验和模拟结果仅表明褶皱区域有所减小,而描述褶皱形变的特征参数远不止这一个,还有最关键的褶皱幅度、波长、数量等,因此,该研究未能证明 SMA 金属丝对褶皱形变的有效控制,但也不失为一个具有特色的可参考的控制策略。他们在 ABAQUS 有限元软件中采用基于 Miller-Hedgepeth 薄膜理论的算法进行数值模拟,模拟和试验得出充气薄膜管的材料模量、厚度、充气内压、外部载荷对充气管的承载能力有很大的影响。同时,他们进行了以 SMA 丝为作动器,利用 SMA 的回复力抵消产生褶皱的内部应力,控制充气管变形的试验分析,并给出了薄膜充气管在不同载荷作用下,SMA 丝对褶皱区域的控制结果,如图 1.32 所示。SMA 丝对充气薄膜管弯皱变形控制有比较积极的作用,它可以有效缩减充气薄膜管褶皱变形区域。另外,他们还提到由于与充气薄膜管材料接触面积大小不同,使用 SMA 单丝比 SMA 丝束的控制效果要好。

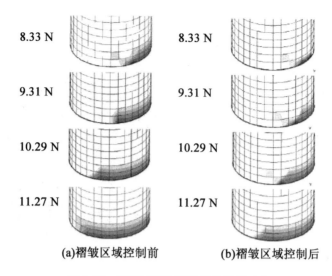

8.33 N   8.33 N

9.31 N   9.31 N

10.29 N   10.29 N

11.27 N   11.27 N

(a)褶皱区域控制前   (b)褶皱区域控制后

图1.32　褶皱区域控制前后的模拟对比

基于智能材料及其复合材料的形变控制研究是新兴的研究热点,相关研究多为基础性和探索性,还有待于进一步的深入研究和试验验证[115]。

1.6　本章小结

本章主要介绍了空间充气薄膜结构的基本概念和典型应用,宇航器飞行器柔性膜结构的特点和应用,并重点介绍了充气薄膜承力结构的承力特点,以及充气薄膜承力结构的屈曲与承力性能研究现状与发展趋势。

本章参考文献

[1]　马小飞, 宋燕平, 韦娟芳, 等. 充气式空间可展开天线结构概述[J]. 空间电子技术, 2006, 3(3):10-15.

[2]　陈志华. 多姿多彩的充气薄膜结构[J]. 建筑知识, 2000(4):30-33.

[3]　曹秀云. 近空间飞行器成为各国近期研究的热点(上)[J]. 中国航天, 2006(6):32-35.

[4]　崔尔杰. 近空间飞行器研究发展现状及关键技术问题[J]. 力学进展, 2009, 39(6):658-673.

[5]　LIAO L, PASTERNAK I. A review of airship structural research and development[J]. Progress in Aerospace Sciences, 2009, 45(4):83-96.

[6]　王彦广, 李健全, 李勇, 等. 临近空间飞行器的特点及其应用前景[J]. 航天器工

程, 2007, 16(1):50-57.

[7] 沈自才. 充气展开式结构在航天器中的应用[J]. 航天器, 2008, 25(4):323-329.

[8] 王援朝. 充气天线结构技术概述[J]. 电讯技术, 2003, 43(2):6-11.

[9] MALM C G, DAVIDS W G, PETERSON M L, et al. Experimental characterization and finite element analysis of inflated fabric beams[J]. Construction and Building Materials, 2009, 23(5):2027-2034.

[10] DAVIDS W G, ZHANG H. Beam finite-element for the analysis of pressurized fabric beam-columns[J]. Engineering Structures, 2008, 30(7):1969-1980.

[11] REDELL F H, LICHODZIEJEWSKI D, KLEBER J, et al. Testing of an inflation – deployed sub-T_g rigidized support structure for a planar membrane waveguide antenna [C]. Texas: 46th AIAA/ASME/ASCE/AHS/ASC Structures, Structural Dynamics and Materials Conference, 2005.

[12] FESEN R A. A high – altitude station – keeping astronomical platform[C] // Ground – based and Airborne Telescopes. Orlardo: International Society for Optics and Photonics, 2006.

[13] 谭惠丰, 王超, 王长国. 实现结构轻量化的新型平流层飞艇研究进展[J]. 航空学报, 2010, 31(2): 257-264.

[14] PERRY W D. Sentinel in the sky: an autonomous airship offers long-duration, high-altitude capabilities[J]. Technology today, 2010, Fall/Winter:10-12.

[15] PULLIAM R K N W J. Historical perspective on inflatable wing structures[C]. California:50th AIAA/ASME/ASCE/AHS/ASC Structures, Structural Dynamics and Materials Conference,2009.

[16] 叶正寅, 吕强, 李栋. 充气型无人机的研究与发展[C]. 杭州:中国航空学会航空飞行器发展与空气动力学研讨会,2006.

[17] KEARNS J, USUI M, SMITH S, et al. Development of UV-Cumble inflatable wings for low-density flight applications[C]. Palm Springs:45th AIAA/ASME/ASCE/AHS/ASC Structures, Structural Dynamics and Materials Conference,2004.

[18] COCK E B W J. Wind-tunnel investigation of the aerodynamic and structural deflection characteristics of the goodyear inflatoplane[R]. Technical Report Archive and Image Library, 1958.

[19] MURRAY J E, PAHLE J W, THORNTON S V, et al. Ground and flight evaluation of a small-scale inflatable-winged aircraft[C]. Reno: 40th AIAA Aerospace Sciences Meeting and Exhibit, 2002.

[20] SIMPSON A, SANTHANAKRISHNAN A, JACOB J, et al. Flying on air: UAV flight

testing with inflatable wing technology[C]. Chicago: AIAA 3rd "Unmanned Unlimited" Technical Conference, Workshop and Exhibit, 2004.

[21] WILLEY C E, SCHULZE R C, ROBERT S B, et al. Hybrid inflatable dish antenna system for spacecraft[C]. St. Louis: 19th AIAA Applied Aerodynamics Conference: 2001.

[22] YAHYA R S, HOFERER R A. ARISE: a challenging 25 m space antenna design [R]. Los Angeles: Department of Electrical Engineering, University of California, Los Angeles 405 Hilgard Avenue, 1999.

[23] WANG J T, JOHNSON A R. Deployment simulation of ultra-lightweight inflatable [C]. Denver:43rd AIAA/ASME/ASCE/AHS/ASC Structures, Structural Dynamics, and Materials Conference, 2002.

[24] BLOCK J, STRAUBEL M, WIEDEMANN M. Ultralight deployable booms for solar sails and other large gossamer structures in space[J]. Acta Astronautica, 2011, 68: 984-992.

[25] 卫剑征, 苗常青, 杜星文. 充气太阳能帆板展开动力学数值模拟预报[J]. 宇航学报, 2007, 28(2):322 – 326.

[26] NELLA J, ATKINSON C, BRONOWICKI A, et al. James Webb Space Telescope (JWST) observatory architecture and performance[C]. San Diego: Space 2004 Conference and Exhibit, 2004.

[27] 罗鹰, 段宝岩. 星载可展开天线结构现状与发展[J]. 电子机械工程, 2005, 21(5):30-34.

[28] OZAWA S, TSUJIHATA A. Lightweight design of 30 m class large deployable reflector for communication satellites [C]. Colorado: 52nd AIAA/ASME/ASCE/ AHS/ASC Structures, Structural Dynamics and Materials Conference < BR > 19th, 2011.

[29] COMER R L, LEVY S. Deflections of an inflated circular – cylindrical cantilever beam [J]. AIAA Journal, 1963,1(7):1652-1655.

[30] BREIVIK N, WATSON J, AMBUR D. Buckling of long, thin inflatable cylinders loaded in axial compression [C]. Virginia: 44th AIAA/ASME/ASCE Structures, Structural Dynamics and Materials Conference, 2003.

[31] RENDALL T, CORMIER C, MARZOCCA P, et al. Static, buckling and dynamic behaviour of inflatable beams[C]. Rhode Island:47th AIAA/ASME/ASCE/AHS/ASC Structures, Structural Dynamics, and Materials Conference, 2006.

[32] FANG H, LOU M, HSIA L M. A combined analytical and experimental study on inflatable booms[C]. Big Sky:IEEE Aerospace Conference, 2000.

[33] FLÜGGE W. Stresses in shells[M]. Berlin/Gottingen/Heidelberg: Springer-Verlag, 1960.

[34] SANDY C R. Next generation space telescope inflatable sunshield development[C]. Blg Sky: IEEE Aerospace Conference Proceedings, 2000.

[35] DONNEL L H. Stability of thin walled tubes under torsion[R]. New Jersey:NACA Report 479, 1933.

[36] FICHTER W B. A theory for inflated thin-wall cylindrical beams[J]. NASA Tech. Notes D-3466, 1966,1-19.

[37] WEEKS G E. Buckling of a pressurized toroidal ring under uniform external loading [R]. Hampton:NASA Langley Technical Report Server, 1967.

[38] KYRIAKIDES S, CHANG Y C. The initiation and propagation of a localized instability in an inflated elastic tube[J]. International Journal of Solids and Structures, 1991, 27(9):1085-1111.

[39] CHEN Y C. Stability and bifurcation of finite deformations of elastic cylindrical membranes—part I. stability analysis[J]. International Journal of Solids and Structures, 1997, 34(14):1735-1749.

[40] FU Y B, PEARCEA S P, LIU K K. Post-bifurcation analysis of a thin-walled hyperelastic tube under inflation[J]. International Journal of Non-linear Mechanics, 2008, 43(8):697-706.

[41] YANG B, LOU M, FANG H. Buckling analysis of long booms with initial geometric imperfections[C]. Palm Springs: 45th AIAA/ASME/ASCE/AHS/ASC Structures, Structural Dynamics and Materials Conference, 2004.

[42] VAN A L, WIELGOSZ C. Bending and buckling of inflatable beams: Some new theoretical results[J]. Thin-Walled Structures, 2005, 43(8):1166-1187.

[43] APEDO K L, RONEL S, JACQUELIN E, et al. Theoreticl analysis of inflatable beams made from orthotropic fabric[J]. Thin-Walled Structures, 2009, 47(12):1507-1522.

[44] DAVIDS W G. Finite-element analysis of tubular fabric beams including pressure effects and local fabric wrinkling[J]. Finite Element in Analysis and Design, 2007, 44(1):24-33.

[45] VAN A L, WIELGOSZ C. Finite element formulation for inflatable beams[J]. Thin-Walled Structures, 2007,45(2):221-236.

[46] DAVIDS W G, ZHANG H. Beam finite element for nonlinear analysis of pressurized fabric beam-columns[J]. Engineering structures, 2008, 30(7):1969-1980.

[47] BERTHE C, WYCKOOF P, BAALS J. Longitudinal stability of the goodyear inflato-

plane[R]. New Jersey: Report No. 689. Princeton University, Department of Aerospace and Mechanical Sciences, 1964.

[48] WIELGOSZ C, THOMAS J C. Deflections of inflatable fabric panels at high pressure [J]. Thin-Walled Structures, 2002, 40(6):523-536.

[49] WIELGOSZ C, THOMAS J C. An inflatable fabric beam finite element[J]. Communications in Numerical Methods in Engineering, 2003, 19(4):307-312.

[50] THOMAS J C, WIELGOSZ C. Deflection of highly inflated fabric tubes[J]. Thin-Walled Structures, 2004,42(7):1049-1066.

[51] WEBBER J P H. Deflections of inflated cylindrical cantilever beams subjected to bending and torsion[J]. Aeronautical Journal, 2016, 86(858):306-312.

[52] 陈帅,李斌,杨智春. 充气悬臂梁的弯曲失效行为研究[C]. 北京:第 18 届全国结构工程学术会议论文集(第Ⅲ册),2009.

[53] 陈帅,李斌,杨智春. 充气悬臂梁的弯曲失效行为[J]. 工程力学, 2010, 27(1):299-304.

[54] 陈帅,李斌,杨智春. 考虑压力追随效应的充气悬臂梁挠度计算模型与试验设计[J]. 工程力学, 2011, 28(7):245-251.

[55] MAIN J A, PETERSON S W, STRAUSS A M. Load-deflection behaviour of space-based inflatable fabric beams[J]. Joural of Aerospace Engineering, 1994, 7(2):225-238.

[56] NGUYEN Q T, THOMAS J C, VAN A L. Inflation and bending of an orthotropic inflatable beam [J]. Thin-Walled Structures, 2015, 88:129-144.

[57] VELDMAN S L. Design and analysis methodologies for inflated beams[D]. Delft: Delft University of Technology, 2005.

[58] VELDMAN S L, BERGSMA O K, BEUKERS A. Bending of anisotropic inflated cylindrical beams[J]. Thin-Walled Structure, 2005, 43(3):461-475.

[59] STEIN M, HEDGEPETH J M. Analysis of partly wrinkled membranes[R]. Hampton: NASA Technicol Note,TN D - 2456, 1964.

[60] VELDMAN S L. Wrinkling prediction of cylindrical and conical inflated cantilever beams under torsion and bending[J]. Thin-Walled Structures, 2006, 44(2):211-215.

[61] LEONARD R W,BROOKS G W,MECOMB H G. Structure considerations of inflatable re-entry vehicles[R]. Hampton:NASA TN D—457,1960.

[62] PETERSON J P, SEIDE P, WEINGARTEN V I, et al. Buckling of thin-walled circular cylinders. NASA SP - 8007[R]. Hampton:NASA Special Publication, 1965.

[63] APEDO K L, RONEL S, JACQUELIN E, et al. Theoretical analysis of inflatable beams made from orthotropic fabric[J]. Thin-Walled Structures, 2009, 47(12): 1507-1522.

[64] SUHEY J D, KIM N H, NIEZRECKI C. Numerical modeling and design of inflatable structures: application to open-ocean-aquaculture cages[J]. Aquaculture Engineering, 2005, 33(4):285-303.

[65] STEEVES E C. A linear analysis of the deformation of pressure stabilized beams[R] Hampton:Technical Report 75 – 47 – AMEL, US Army Natick Laboratories, 1975.

[66] MOLLOY S J, PLAUT R H, KIM J. Behavior of pair of leaning arch-shells under snow and wind loads[J]. Journal of Engineering Mechanics, 1999, 125(6):663-667.

[67] PLAUT R H, GOH J K S, KIGUDDE M, et al. Shell analysis of an inflatable arch subjected to snow and wind loading[J]. International Journal of Solids and Structures, 2000, 37(31):4275-4288.

[68] BRAZIER L G. On the flexure of thin cylindrical shells and other "Thin" sections [J]. Proceedings of the Royal Society of London, 1927, 116(773):104-114.

[69] WOOD J D. The flexure of a uniformly pressurized, circular, cylindrical shell[J]. Journal of Applied Mechanics, 1958, 25(12):453-458.

[70] BARUCH M, ARBOCA J, ZHANG G Q. Imperfection sensitivity of the brazier effect for orthotropic cylindrical shells[R]. New Jersey:Technical Report, Delft University of Technology, Report LR – 687, 1992.

[71] ZENDER G W. The bending strength of pressurized cylinders[J]. Journal Aerospae sci, 1962, 29(3):362-363.

[72] MECOMB H G, ZENDER G W, MIKULAS M M. The membrane approach to bending instability of pressurized cylindrical shells[R]. Hampton:NASA Technical Note TN – D 1510,1962.

[73] 管瑜. 充气展开自硬化支撑管的设计与分析[D].杭州:浙江大学, 2006.

[74] BAGINSKI F, BRAKKE K. Simulating clefts in Pumpkin Balloons[J]. Advances in Space Research, 2010, 45(4):473-481.

[75] FUKE H, IZUTSU N, AKITA D, et al. Progress of super-pressure balloon development: a new "Tawara" concept with improved stability[J]. Advances in Space Research, 2011,48(6): 1136-1146.

[76] HUYBRECHTS S, MEINK T E. Advanced grid stiffened structures for the next generation of launch vehicles[C]. Colorado:IEEE Aerospace Applications Conference Proceedings, 1997.

[77] 杜善义, 章继峰, 张博明. 先进复合材料格栅结构(AGS)应用与研究进展[J]. 航空学报, 2007, 28(2):419-424.

[78] 栗蕾. 考虑初始缺陷的网格结构的非线性稳定性理论及其应用[D]. 西安:西安建筑科技大学, 2011.

[79] JONES W V. Evolution of the NASA long-duration balloon program[J]. Advances in Space Researd, 1994, 14(2):191-200.

[80] HARADA M, SANO M. Theoretical analysis of a new design concept for LTA structure [C]. Virginia:AIAA's 1st Technical Conference and workshop on Unmanned Aerospace Vehicles, 2002.

[81] LENNON A, PELLEGRINO S. Stability of lobed inflatable structures[C]. Atlanta:41st AIAA/ASME/ASCE/AHS/ASC Structural Dynamics, and Materials Conference and Exhibit, 2000.

[82] ALLRED R E, HOYT A E, MCELROY P M, et al. UV rigidizable carbon-reinforced isogrid inflatable booms[C]. Colorado:43rd AIAA/ASME/ASCE/AHS/ASC Structural Dynamics, and Materials Conference, 2002.

[83] JOHN K H, GEORGE H, STEPHEN E, et al. Inflatable rigidizable isogrid boom development[C]. Colorado:43rd AIAA/ASME/ASCE/AHS/ASC Structural Dynamics, and Materials Conference, 2002.

[84] BLANDINO J R, DUNCAN R G, NUCKELS M C, et al. Three-dimensional shape sensing for inflatable booms[C]. Texas:46th AIAA/ASME/ASCE/AHS/ASC Structural Dynamics, and Materials Conference, 2005.

[85] STANCIULESCU I, VIRGIN L N, LAURSEN T A. Slender solar sail booms: finite element analysis[J]. Journal of Spacecraft and Rockets, 2007, 44(3):528-537.

[86] SIMBURGER E J, LIN J K, SCARBOROUGH S E, et al. Development, design, and testing of powersphere multifunctional ultraviolet – rigidizable inflatable structures[J]. Journal of Spacecraft and Rockets, 2005, 42(6):1091-1100.

[87] NATORI M C, HIGUCHI K, SEKINE K, et al. Adaptivity demonstration of inflatable rigidized integrated structures (IRIS)[J]. Acta Astronautica, 1995, 37(14):59-67.

[88] WALKER S J I, MCDONALD A D, NIKI T, et al. Initial performance assessment of hybrid inflatable structures[J]. Acta Astronautica, 2011, 68(7):1185-1192.

[89] BRAYLEY K E, DAVIDS W G, CLAPP J D. Bending response of externally reinforced, inflated, braided fabric arches and beams[J]. Construction and Building Materials, 2012, 30:50-58.

[90] LEIFER J. Simplified computational models for shear compliant borders in solar sails

[J]. AIAA Journal of Spacecraft and Rocket, 2007, 44(3):571-581.

[91] SAKAMOTO H, PARK K C, MIYAZAKI Y. Dynamic wrinkle reduction strategies for cable suspended membrane structures[J]. Journal of Spacecraft and Rockets, 2005, 42(5):850-858.

[92] 曹运红. 形状记忆合金的发展及其在导弹与航天领域的应用[J]. 飞航导弹, 2000(10):60-63.

[93] TUNG S, WITHERSPOON S R, ROE L A, et al. A MEMS-based flexible sensor and actuator system for space inflatable structures[J]. Smart Materials and Structures, 2001,10(6):1230-1239.

[94] HIGH J, WILKIE W. Method of fabricating NASA – standard macro – fiber piezocomposite actuators[R]. NASA – TM – 2003 – 212427,2003.

[95] WITHERSPOON S, TUNG S. Design and fabrication of an EAP actuator system for space inflatable sturctures[C]. Colorado:43rd AIAA/ASME/ASCE/AHS/ASC Structures, Structural Dynamics, and Materials Conference, 2002.

[96] SODANO H A, PARK G, INMAN D J. An Investigation into the performance of macro-fiber composites for sensing and structural vibration applications[J]. Mechanical Systems and Signal Processing, 2003, 18(3):683-697.

[97] TUNG S, WITHERSPOON S. EAP actuators for controlling space inflatable structures [C]. Virginia:44th AIAA/ASME/ASCE/AHS Structures, Structural Dynamics, and Materials Conference,2003.

[98] BOYKIN C, SARKISOV S S, CURLEY M J, et al. All-optical smart structure based on thin film chemical sensor/actuator[C]. Virginia:46th AIAA/ASME/ASCE/AHS Structures, Structural Dynamics, and Materials Conference,2005.

[99] 章磊, 谢超英, 吴建生. MEMS 领域中形状记忆合金薄膜的研究与进展[J]. 材料导报, 2006, 20(2):109-113.

[100] 魏凤春, 张恒, 张晓, 等. 智能材料的开发与应用[J]. 材料导报, 2006, 20(6):375-378.

[101] 谢建宏, 张为公, 梁大开. 智能材料结构的研究现状及未来发展[J]. 材料导报, 2006, 20(11):6-9.

[102] TUNG A T, PARK B H, LIANG D H, et al. Laser-machined shape memory alloy sensors for position feedback in active catheters[J]. Sensors and Actuators A:Physical, 2008, 147(1):83-92.

[103] 蔡继峰, 贺志荣, 刘艳, 等. Ti – Ni 基形状记忆合金及其应用研究进展[J]. 金属热处理, 2009, 34(5):64-69.

[104] PENG F, HU Y R, NG A. Active control of inflatable structure membrane wrinkles using genetic algorithm and neural network[C]. Palm Springs:45th AIAA/ASME/ASCE Structures, Structural Dynamics and Materials Conference,2004.

[105] PENG F, JIANG X, HU Y, et al. Application of shape memory alloy actuators in active shape control of inflatable space structures[C]. Montana: 2005 IEEE Aerospace Conference,2005.

[106] PENG F, JIANG X, HU Y, et al. Actuation precision control of SMA actuators used for shape control of inflatable SAR antenna[J]. Acta Astronautica, 2008, 63(5-6): 578-585.

[107] PENG F, JIANG X, HU Y, et al. Application of SMA in membrane structure shape sontrol[J]. IEEE Transactions on Aerospace and Electronic Systems, 2009,45(1): 85-93.

[108] WANG X, ZHENG W, HU Y. Active flatness control of space membrane structures using discrete boundary SMA actuators[C]. Xi'an:IEEE/ASME International Conference on Advanced Intelligent Mechatronics,2008.

[109] RUGGIERO E, PARK G, INMAN D J. Smart materials in inflatable structure applications[C]. Colorado:43rd AIAA/ASME/ASCE Structures, Structural Dynamics and Materials Conference,2002.

[110] BAO X, COHEN Y B, CHANG Z, et al. Wirelessly controllable inflated electro active polymer (EAP) reflectors[C]. San Diego:SPIE Smart Structures Conference, 2005.

[111] FANG H. Shape control of large membrane reflector with PVDF actuation[C]. Hawaii:48th AIAA/ASME/ASCE Structures,Structural Dynamics and Materials Conference,2007.

[112] DESMIDT H A, WANG K W, FANG H. Gore/Seam cable actuated shape control of inflated precision gossamer reflectors-assessment Study[C]. Rhode Island:47th AIAA/ASME/ASCE Structures, Structural Dynamics and Materials Conference,2006.

[113] LEE I, ROH J H, YOO E J, et al. Configuration control of aerospace structures with smart materials[J]. J. Adv. Sci. ,2006,18:1-5.

[114] YOO E J, ROH J H, HAN J H. Wrinkling control of inflatable booms using shape memory alloy wires[J]. Smart Materials and Structures, 2007,16(2):340-348.

[115] CADOGAN D P, SCARBOROUGH S E, LIN J K. Shape memory composite development for use in gossamer space inflatable structures[C]. Colorado:43rd AIAA/ASME/ASCE Structures, Structural Dynamics and Materials Conference,2002.

第2章 充气薄膜承力结构的整体屈曲特性分析

2.1 概　　述

充气薄膜承力结构因其轻质、可充气展开及重复利用等诸多优点广泛应用于航天、航空及建筑等领域,充气管、充气拱、充气环等是充气薄膜承力结构最典型的应用。充气薄膜承力结构刚度小、易产生褶皱,进而引发结构的承载失效,这是制约其应用的关键。充气膜由于其自身的结构特点,导致其力学行为的计算十分困难。

充气薄膜承力结构由其内部的充气内压作用使其具有面内张力进而可以承载,因此,充气内压对结构屈曲特性的影响是充气薄膜承力结构屈曲问题研究中的关键问题。由于充气薄膜承力结构为一个封闭的腔体,因此,在一般的分析中都将充气内压连同薄膜结构作为一个整体进行分析,该体系为一个内压和膜张力组成的自平衡体系。当外载荷作用时,通过内压和膜面形状的改变来平衡外载。

充气薄膜承力结构的整体屈曲特性分析主要是针对细长结构的屈曲载荷分析,分析模型主要包括 Euler – Bernoulli 梁[1-4] 和 Timoshenko 梁[5-11] 两类。这里的重点是对充气内压的准确考虑。另外,有必要开展对不同长度薄膜充气管屈曲特性的研究[12]。对于短管,管长度对屈曲特性影响较小,且短管时局部屈曲为主要失稳模式,可以采用 NASA 的充气管局部屈曲公式进行预报,也可以采用基于 Donnell 壳理论的预报公式进行计算。随着管长度的增加,充气薄膜管的屈曲特性与长度密切相关,可以采用 Euler 屈曲公式进行预报。

本章首先基于能量法给出充气梁的屈曲载荷预报公式,然后基于变分法给出环形充气梁的屈曲载荷预报公式,最后建立虚拟曲梁模型并进行充气拱面内外屈曲分析。

2.2 基于能量法的直管充气梁屈曲分析

通过本征屈曲分析仅能得到线性结果,且较试验结果要高很多,因此不利于结构的轻量化和承载效率设计。要想更为准确地获得充气薄膜结构的屈曲特性,尤其是非线性屈曲特性,对于充气薄膜承力结构必须要考虑充气内压的作用,此外,还需要考虑充气薄膜结构受载过程中的大位移和大转动效应,此时从能量平衡的角度出发不失为一个好的方法。Fichter[7]将大位移和充气内压引入能量平衡方程中,考虑了内压对结构承载力的贡献,得到的结论表明充气内压的作用实际上提高了结构的横向抗剪刚度,相当于提高了结构的材料特性,如弹性模量。

基于 Fichter 理论,给定充气薄膜管的坐标系统及受力状态,如图 2.1 所示。

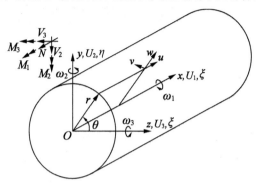

图 2.1　充气薄膜管的坐标系统及受力状态

由虚功原理得

$$\delta(\varPi_1 + \varPi_2 - W) = 0 \tag{2.1}$$

式中　$\varPi_1$——充气管的应变能;

　　　$\varPi_2$——充气内压随充气管形状变化而产生的势能;

　　　W——外力功。

充气管的应变能 $\varPi_1$ 为

$$\varPi_1 = \int_0^L (N\varepsilon_1 + M_2 k_2 + M_3 k_3 + M_1 \gamma_1 + V_2 \gamma_2 + V_3 \gamma_3)\,\mathrm{d}x \tag{2.2}$$

充气管具有轴对称特征,且管壁很薄,由此其充气内压所产生的势能仅与变量 x 有关,故

$$\varPi_2 = -p\Delta V = -p\pi r^2 \int_0^L \Big[U_1' + U_2'\omega_3 - U_3'\omega_2 - \frac{1}{2}(\omega_2^2 + \omega_3^2) \Big]\,\mathrm{d}x \tag{2.3}$$

外力功为

$$W = \int_0^L (q_1 U_1 + q_2 U_2 + q_3 U_3 + T_1\omega_1 + T_2\omega_2 + T_3\omega_3)\,\mathrm{d}x + (\overline{N}U_1 + \overline{V}_2 U_2 + \overline{V}_3 U_3 + \overline{M}_1\omega_1 + \overline{M}_2\omega_2 + \overline{M}_3\omega_3)\Big|_0^L \tag{2.4}$$

联合虚功原理式(2.1)得到屈曲控制方程为

$$\begin{cases} N' + q_1 = 0 \\ (NU_2')' - (M_2\omega_1')' + V_2' - (V_3\omega_1')' - P\omega_3' + q_2 = 0 \\ (NU_3')' - (M_3\omega_1')' + V_3' + (V_2\omega_1')' + P\omega_2' + q_3 = 0 \\ r^2(N\omega_1')' + M_1' - (M_2U_2' + M_3U_3')' + V_3U_2' - V_2U_3' + T_1 = 0 \\ M_2' - V_3 - P(\omega_2 + U_3') + T_2 = 0 \\ M_3' + V_2 + P(U_2' - \omega_3) + T_3 = 0 \end{cases} \tag{2.5}$$

式中 P——充气薄膜管端盖所受充气压力,$P = p\pi r^2$。

其端部的边界条件表示为

$$\begin{cases} U_1 = 0 & \text{或 } N - P - \overline{N} = 0 \\ U_2 = 0 & \text{或 } NU_2' - M_2\omega_1' + V_2 - V_3\omega_1' - P\omega_3 - \overline{V}_2 = 0 \\ U_3 = 0 & \text{或 } NU_3' - M_3\omega_1' + V_3 + V_2\omega_1' + P\omega_2 - \overline{V}_3 = 0 \\ \omega_1 = 0 & \text{或 } r^2 N\omega_1' + M_1 - M_2U_2' - M_3U_3' - \overline{M}_1 = 0 \\ \omega_2 = 0 & \text{或 } M_2 - \overline{M}_2 = 0 \\ \omega_3 = 0 & \text{或 } M_3 - \overline{M}_3 = 0 \end{cases} \tag{2.6}$$

其中,式(2.5)是非线性方程组,对其求解只能用数值方法。但对于充气管的长径比较大的情况,可以认其为长管的屈曲问题。此时,其处理类似于长杆稳定,只考虑长管的弯曲,故管长方向上的扭矩可以忽略,即 $\omega_1' = 0$。由此,平衡方程组(2.5)可化简为

$$\begin{cases} N' + q_1 = 0 \\ (NU_2')' + V_2' - P\omega_3' + q_2 = 0 \\ (NU_3')' + V_3' + P\omega_2' + q_3 = 0 \\ M_2' - V_3 - P(\omega_2 + U_3') + T_2 = 0 \\ M_3' + V_2 + P(U_2' - \omega_3) + T_3 = 0 \end{cases} \tag{2.7}$$

相应地,简化后的边界条件表示为

$$\begin{cases} U_1 = 0 & \text{或 } N - P - \overline{N} = 0 \\ U_2 = 0 & \text{或 } NU_2' + V_2 - P\omega_3 - \overline{V}_2 = 0 \\ U_3 = 0 & \text{或 } NU_3' + V_3 + P\omega_2 - \overline{V}_3 = 0 \\ \omega_2 = 0 & \text{或 } M_2 - \overline{M}_2 = 0 \\ \omega_3 = 0 & \text{或 } M_3 - \overline{M}_3 = 0 \end{cases} \tag{2.8}$$

经过上面的化简,平衡方程组(2.7)虽然仍为非线性方程组,但由于求解时无须考虑横向载荷和变形,故可近似为线性的,即对非线性屈曲方程组(2.5)线性化处理后,联合

边界条件方程组(2.8)可获得充气管的临界屈曲载荷。

　　基于此方法分析了图2.2所示的充气薄膜管,一端固支,另一端扭转角为零,但可以存在平动位移。

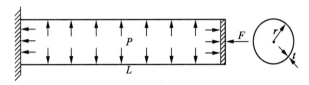

图2.2　充气薄膜管的受力状态

在充气压力 $P = p\pi r^2$ 和端部压缩载荷 F 作用下的充气管的屈曲载荷 F_{cr} 为

$$F_{cr} = \frac{\dfrac{E\pi^3 r^3 t}{L^2}(p\pi r^2 + G\pi r t)}{p\pi r^2 + G\pi r t + \dfrac{E\pi^3 r^3 t}{L^2}} \qquad (2.9)$$

对结果进行无量纲化处理后得到

$$\overline{F}_{cr} = \frac{\pi}{1 + \dfrac{\pi^2}{\overline{P} + \overline{S}}} \qquad (2.10)$$

式中　　F_{cr}——无量纲化的临界屈曲载荷参数,$\overline{F}_{cr} = \dfrac{F_{cr} L^2}{EI}$;

　　　　$\overline{P} + \overline{S}$——无量纲化的横向剪切刚度参数,与充气内压和材料剪切刚度密切相关,

$$\overline{P} + \overline{S} = \frac{(P + G\pi r t)L^2}{EI}, I = \pi r^3 t。$$

　　根据式(2.10)可以明显看到,充气压力的存在主要对结构的横向刚度有贡献,即充气压力的增加实质上是结构横向剪切刚度的增加。此外,由于充气压力项总是与剪切项同时出现,当剪切参数 $\overline{S}$ 远大于 $\overline{P}$ 且趋于无穷大时,由式(2.10)可知,充气压力对屈曲临界载荷几乎没有影响;当 $\overline{S}$ 相对 $\overline{P}$ 很小且趋于无穷小时,整个充气管结构的横向抗剪刚度完全来源于充气压力的贡献,此时随着充气压力的增加,整个结构的屈曲临界载荷会显著提高。

2.3　基于变分法分析环形充气梁的屈曲特性

2.3.1　充气支撑圆环的屈曲方程

　　充气支撑圆弧段的构形、受力状态以及整体和局部坐标系如图2.3所示。

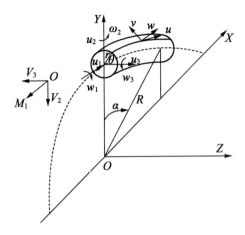

图 2.3　充气支撑圆弧段的构形、受力状态以及整体和局部坐标系

其中,充气圆弧段的轴心线半径为 R,圆环截面半径为 r。α、θ 分别为充气弧段平面和横截面的角坐标,可用来表示充气环表面上一点的位置。u、v 和 w 分别为充气环面上一点相对于环中心轴的刚体平动与转动位移。u_i 代表沿环中心轴的 Cartesian 坐标系统中的刚体平动位移,u_1 与环中心轴相切,u_2 和 u_3 在环截平面内。w_i 是与 u_i 在同一坐标系中表示转动的量。

为了简化分析,做如下假定:①材料假定为薄膜,忽略环壁的弯曲刚度;②不考虑局部皱曲;③横截面始终为圆形;④忽略结构的转动刚度,环面位移可用环截面的平动和转动表示。

则该充气圆弧段的屈曲方程可由变分方程求得

$$\delta \Pi_1 + \delta \Pi_2 + \delta \Pi_3 + \delta W = 0 \tag{2.11}$$

式中　Π_1 ——应变能;

　　　Π_2 ——内压的势能;

　　　Π_3 ——屈曲前薄膜应力的势能;

　　　W ——外力功[13]。

充气环的局部位移 u、v、w 可用环截面的刚体运动 u_i 和 w_i 表示为

$$\begin{cases} u = u_1 + rw_2 \cos \theta - rw_3 \sin \theta \\ v = -rw_1 + u_2 \cos \theta - u_3 \sin \theta + \dfrac{r}{2}(w_2^2 - \omega_3^2) \sin \theta \cos \theta \\ w = u_2 \sin \theta + u_3 \cos \theta - \dfrac{r}{2}(w_1^2 + w_2^2 \cos^2 \theta + w_3^2 \sin^2 \theta) \end{cases} \tag{2.12}$$

式中　u_i 和 w_i ——α 的函数。

假设弧段范围为 $[-\gamma, \gamma]$,则方程中各能量的变分表达式如下:

(1)结构变形后的应变能。

$$\delta\varPi_1 = \frac{\delta}{2}\int_{-\gamma}^{\gamma}\Big[\Big(EA+\frac{EI}{R^2}\Big)\Big(\frac{u_1'+u_2}{R}\Big)^2 + EI\Big(\frac{w_2'-w_1}{R}\Big)^2 + EI\Big(\frac{w_3'}{R}\Big)^2 +$$

$$\frac{2EI}{R^2}w_3\Big(\frac{u_1'+u_2}{R}\Big) + \Big(\frac{GA}{2}+\frac{3GJ}{8R^2}\Big)\Big(w_2+\frac{u_3'}{R}\Big)^2 + GJ\Big(\frac{w_1'+w_2}{R}\Big)^2 +$$

$$\Big(\frac{GA}{2}+\frac{GJ}{8R^2}\Big)\Big(w_3-\frac{u_2'-u_1}{R}\Big)^2 - \frac{GJ}{R^2}(w_1'+w_2)\Big(\frac{w_2+u_3'}{R}\Big)\Big]R\mathrm{d}\alpha \qquad (2.13)$$

（2）充气内压的势能。

$$\delta\varPi_2 = -p\delta(\Delta V)$$

$$= -p\bar{A}\delta\int_{-\gamma}^{\gamma}\Big(\frac{u_1'+u_2}{R} + \frac{w_3u_2'-w_3u_1-u_3'w_2}{R} - \frac{w_2^2+w_3^2}{2}\Big)R\mathrm{d}\alpha \qquad (2.14)$$

式中　$\bar{A}$——充气弧段横截面面积，$\bar{A}=\pi r^2$。

（3）屈曲前薄膜应力的附加势能。

为了考虑结构的屈曲行为，必须考虑屈曲前因均匀线载荷作用下的薄膜应力的附加势能。屈曲前薄膜应力的附加势能变量可以表示为

$$\delta\varPi_3 = \delta\int_{-\gamma}^{\gamma}\int_0^{2\pi}\sigma_0\mathrm{e}_\alpha rh(r\sin\theta+R)\mathrm{d}\theta\mathrm{d}\alpha$$

$$= \frac{p\bar{A}-qR(1+c)}{2}\delta\int_{-\gamma}^{\gamma}\Big[2\,\frac{u_1'+u_2}{R} + \frac{u_3'^2+u_1^2}{R^2} + \frac{u_2'(u_2'-2u_1)}{R^2}\Big]R\mathrm{d}\alpha \qquad (2.15)$$

（4）外力功。

对于均匀分布在弧段外表面的径向线载荷，其外力功的变分表示为

$$\delta W = -qR(1+c)\int_{-\gamma}^{\gamma}\Big[1+\frac{u_1'+Rcw_3'-u_2}{R(1+c)}\Big]\delta\Big\{-\frac{c}{2}(w_1^2+w_2^2) - \frac{u_2}{R} + \frac{1+c+c^2}{2}\cdot$$

$$\Big[\frac{u_1^2+u_3^2}{R^2} + \frac{2c}{R}(u_1w_3-u_3w_1) + c^2(w_1^2+w_3^2)\Big]\Big\}R\mathrm{d}\alpha \qquad (2.16)$$

其中，$c=\dfrac{r}{R}$。

将式（2.12）~（2.16）代入式（2.11）中，对 α 遍历积分并利用分布积分可分别得到面内和面外屈曲方程，其中面内屈曲方程为

$$\begin{cases} -(T+1)(u_1''+u_2') + (P+S)(u_1-u_2'+Rw_3) - Rw_3'' - \bar{q}(1+c)(u_1-u_2') + \bar{q}(u_1-Rcw_3)=0 \\ (T+1)(u_1'+u_2) + (P+S)(u_1'-u_2''+Rw_3') + Rw_3' - \bar{q}(1+c)(u_1'-u_2'') + \bar{q}(u_1'+u_2-Rcw_3')=0 \\ -Rw_3'' - (u_1''+u_2') - (P+S)(-u_1+u_2'-Rw_3) - \bar{q}c(u_1+Rw_3)=0 \end{cases}$$

$$(2.17)$$

面外屈曲方程为

$$\begin{cases} -R(w_2' - w_1) - \dfrac{R\Gamma}{2}\left(2w_1'' + w_2' - \dfrac{u_3''}{R}\right) - \bar{q}c\,(-u_3 + Rw_1) = 0 \\[2mm] -R(w_2'' - w_1') + \left(P + S + \dfrac{3\Gamma}{8}\right)(u_3' + Rw_2) + \dfrac{R\Gamma}{2}\left(w_1' - \dfrac{u_3'}{R}\right) = 0 \\[2mm] -\left(P + S + \dfrac{3\Gamma}{8}\right)(u_3'' + Rw_2') + \dfrac{R\Gamma}{2}(w_1'' + w_2') + \bar{q}(1 + c)u_3'' + \bar{q}(Rcw_1 + u_3) = 0 \end{cases} \tag{2.18}$$

式中

$$T = \frac{EAR^2}{EI}, \quad \bar{q} = \frac{qR^3}{EI}, \quad P = \frac{p\,AR^2}{EI}, \quad S = \frac{AGR^2}{EI}, \quad \Gamma = \frac{JG}{EI} \tag{2.19}$$

其中,Γ 为等效扭转刚度。

2.3.2 环形充气梁的屈曲特性分析

利用上述面内外屈曲方程,合理假设其屈曲模态,就可以求解环形充气梁的面内外屈曲载荷。

(1)两端铰支半圆环拱形梁受均布径向载荷,设其面内局部位移分量可表示为

$$\begin{cases} u_1 = \bar{u}_{1s}\sin(n\alpha) + \bar{u}_{1c}\cos(n\alpha) \\ u_2 = \bar{u}_{2s}\sin(n\alpha) + \bar{u}_{2c}\cos(n\alpha) \\ w_3 = \bar{w}_{3s}\sin(n\alpha) + \bar{w}_{3c}\cos(n\alpha) \end{cases} \tag{2.20}$$

式中 n——屈曲波的个数;

$\bar{u}_i$、$\bar{w}_3$——表征面内局部位移幅度的常量,$i = 1, 2$。

设其对应的一阶面内屈曲模态为面内反对称形式,且其屈曲时假设轴向变形可以忽略,则有

$$u_1 = 0, \quad u_2(\theta) = -u_2(-\theta), \quad w_3(\theta) = w_3(-\theta) \tag{2.21}$$

将式(2.21)代入式(2.20)中,并将简化计算后的结果代入式(2.17)中,将结果写成矩阵形式为

$$\{[K_{in}] + [Q_{in}]\}[Z] = 0 \tag{2.22}$$

式中 $[K_{in}]$——刚度矩阵,即

$$[K_{in}] = \begin{bmatrix} 1 + T + (P + S)n^2 & -Rn(P + S + 1) \\ -n(P + S + 1) & R(P + S + n^2) \end{bmatrix} \tag{2.23}$$

$[Q_{in}]$——与外载荷相关的初应力刚度矩阵,即

$$[Q_{in}] = \bar{q}\begin{bmatrix} -n^2(1 - c) - 1 & Rcn \\ 0 & -Rc \end{bmatrix} \tag{2.24}$$

$[Z]$——局部位移列阵,即

$$[Z] = \begin{bmatrix} \bar{u}_2 & \bar{w}_3 \end{bmatrix}^{\mathrm{T}} \tag{2.25}$$

当充气拱结构发生面内屈曲时，其整体刚度矩阵的行列式为零，即

$$\big| [K_{\mathrm{in}}] + [Q_{\mathrm{in}}] \big| = 0 \tag{2.26}$$

求解式(2.26)就可以得到面内屈曲临界载荷。

（2）两端铰支充气圆弧拱受均布径向载荷，设其面外局部位移分量可表示为

$$\begin{cases} w_1 = \bar{w}_{1\mathrm{s}}\sin(n\alpha) + \bar{w}_{1\mathrm{c}}\cos(n\alpha) \\[4pt] w_2 = \bar{w}_{2\mathrm{s}}\sin(n\alpha) + \bar{w}_{2\mathrm{c}}\cos(n\alpha) \\[4pt] u_3 = \bar{u}_{3\mathrm{s}}\sin(n\alpha) + \bar{u}_{3\mathrm{c}}\cos(n\alpha) \end{cases} \tag{2.27}$$

式中　n——屈曲波的个数；

　　　$\bar{u}_3$ 和 $\bar{w}_{i=1,2}$——表征面外局部位移幅度的常量。

此处铰支对结构的约束相当于拱结构在约束处可以沿其轴线自由转动，但是绕连接两约束端的转动自由度被限制。设其对应的一阶面外屈曲模态为面外反对称形式，该屈曲模态对应充气环受径向均布压缩载荷时的面外屈曲模态，此时有

$$w_1\big|_{\theta=\pm\frac{\pi}{2}} = 0, \quad w_2(\theta) = w_2(-\theta), \quad u_3\big|_{\theta=0,\pm\frac{\pi}{2}} = 0 \tag{2.28}$$

将式(2.28)代入式(2.27)中，并将简化计算后的结果代入式(2.18)中，将结果写成下矩阵形式为

$$\big\{ [K_{\mathrm{out}}] + [Q_{\mathrm{out}}] \big\} [Z] = 0 \tag{2.29}$$

式中　$[K_{\mathrm{out}}]$——刚度矩阵，即

$$[K_{\mathrm{out}}] = \begin{bmatrix} R(1+n^2\varGamma) & Rn\left(1+\dfrac{\varGamma}{2}\right) & -\dfrac{n^2\varGamma}{2} \\[10pt] Rn\left(1+\dfrac{\varGamma}{2}\right) & R\left(n^2+P+S+\dfrac{3\varGamma}{8}\right) & n\left(P+S-\dfrac{\varGamma}{8}\right) \\[10pt] -\dfrac{Rn^2\varGamma}{2} & Rn\left(P+S-\dfrac{\varGamma}{8}\right) & n^2\left(P+S+\dfrac{3\varGamma}{8}\right) \end{bmatrix} \tag{2.30}$$

$[Q_{\mathrm{out}}]$——与外载荷相关的初应力刚度矩阵，即

$$[Q_{\mathrm{out}}] = \bar{q}\begin{bmatrix} -c & -n(1-c) & -Rc \\[4pt] -cn & -n^2(1-c)-1 & -Rcn \\[4pt] -c & 0 & -Rc \end{bmatrix} \tag{2.31}$$

$[Z]$——局部位移列阵，即

$$[Z] = \begin{bmatrix} \bar{w}_1 & \bar{w}_2 & \bar{u}_3 \end{bmatrix}^{\mathrm{T}} \tag{2.32}$$

当充气拱结构发生面外屈曲时，其整体刚度矩阵的行列式为零，即

$$\big| [K_{\mathrm{out}}] + [Q_{\mathrm{out}}] \big| = 0 \tag{2.33}$$

求解方程(2.33)就可以得到面外屈曲临界载荷。

通过上述分析发现,合理地假设屈曲模态,就可以求解任意约束工况下径向均布受载时圆弧拱对应于假设屈曲模态下的屈曲载荷。为了分析充气拱的屈曲特性,探讨结构屈曲特性对结构材料等参数的敏感性,分析上述无量纲化参数 P、S、Γ、c 等对结构的面内外临界屈曲载荷的影响,分别如图 2.4 ~ 2.6 所示。

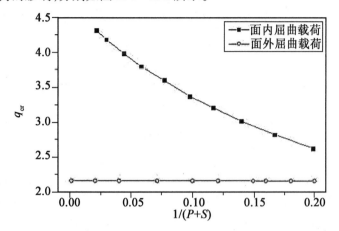

图 2.4　$P + S$ 对面内外屈曲载荷的影响

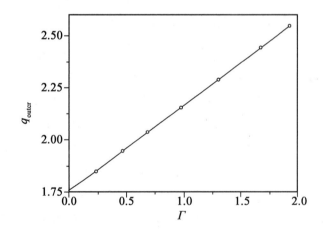

图 2.5　Γ 对面外屈曲载荷的影响

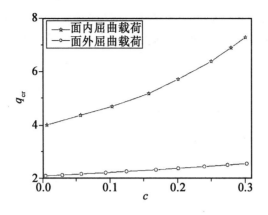

图 2.6　c 对屈曲载荷的影响($c = r/R$)

　　对比上述计算结果可以发现,对于承受径向均布压力的充气拱结构,c 越大,相对充气拱截面面积越大,抗弯刚度越大,抵抗变形的能力越大,面内屈曲临界载荷越大。随着 $P + S$ 的增加,有效的面外横向剪切刚度增加,充气拱抵抗横向剪切变形的能力提高,屈曲临界载荷增加。其中,观察结构的面内外屈曲方程发现,充气压力项总是与剪切项同时出现,当剪切参数 S 远大于 P 且趋于无穷大时,充气压力对面内屈曲临界载荷几乎没有影响;当 S 相对 P 很小且趋于无穷小时,整个充气拱结构的横向抗剪刚度完全来源于充气压力的贡献,此时随着充气压力的增加,整个结构的面内屈曲临界载荷会显著提高,充气压力越大,屈曲载荷越大。通过上面的分析可知,充气压力的增加实际上是提高了结构的面外横向剪切刚度,提高了其抵抗面外横向剪切变形的能力,进而使得结构的屈曲载荷提高。另外,由于充气拱结构的面内屈曲主要以弯曲应变为主,结构不发生剪切变形,因此 $\varGamma$ 对充气拱结构的面内屈曲载荷无影响。一般相对于 c 而言,$\varGamma$ 对面内屈曲临界载荷的影响很小,因此对于结构的面内屈曲,采用轴向不可压缩假设是合理的。

　　充气拱结构的面外屈曲模态为面外反对称构形,因此结构主要发生弯曲变形。结构 c 越大,充气拱截面面积越大,抗弯刚度越大,抵抗弯曲变形的能力越大,屈曲临界载荷越大。另外,面外反对称屈曲时结构发生扭转变形,因此,等效扭转刚度 $\varGamma$ 对结构的面外屈曲载荷会有影响,观察上述结果发现 $\varGamma$ 越大,充气供抵抗扭转变形的能力越大,面外屈曲临界载荷越大。$P + S$ 对充气拱面外屈曲临界载荷影响很小,但根据分析结果仍可判断出其影响规律,随着 $P + S$ 的增加,面外剪切刚度增加,充气拱抵抗面外横向剪切变形的能力提高,导致面外屈曲临界载荷增加。此时充气压力对面外屈曲临界载荷的影响很小。

　　比较充气拱结构的面内外屈曲载荷发现,面外屈曲载荷值相对要小一些,大约占面内屈曲载荷值的一半,这说明充气拱受面内径向均布力作用下,整个结构更易出现面外屈曲。因此,充气拱结构面外屈曲载荷应该是充气拱结构的一阶整体屈曲载荷。另外,当结构发生面外屈曲后,其整个充气拱结构的平整度将无法保证,且此时结构已经不能继续承载。屈曲的发生还将直接导致具有较高精度要求的结构的功能失效。

2.4　虚拟曲梁模型的建立

2.4.1　虚拟梁模型

考虑受充气内压和外载作用下一般情况的薄膜充气梁,受载分析建立在预应力构形上,充气梁长度为 l_0,截面半径为 r_0,壁厚为 t_0,薄膜充气管的位移场分量如下: U 表示轴向位移,V 表示横向位移,θ 表示转动角,如图 2.7 所示。

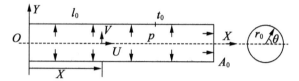

图 2.7　充气梁模型

基于预应力构形的以 Lagrangian 格式表述的虚功方程为

$$\int_{\Omega_0} (\boldsymbol{FS})^{\mathrm{T}} : \mathrm{grad}\ \boldsymbol{V}^* \mathrm{d}\boldsymbol{\Omega}_0 = \int_{\Omega_0} \boldsymbol{f}_0 \cdot \boldsymbol{V}^* \mathrm{d}\boldsymbol{\Omega}_0 + \int_{\partial\Omega_0} \boldsymbol{V}^* \cdot (\boldsymbol{FS}) \cdot N \mathrm{d}A_0 \quad (2.34)$$

式中　$\boldsymbol{V}^*$——虚位移场;

　　　$\boldsymbol{F}$——变形梯度;

　　　$\boldsymbol{S}$——第二类 Piola - Kirchhoff 应力张量;

　　　Ω_0——充气梁在预应力构形内所占的三维空间区域;

　　　$\partial\Omega_0$——该空间区域的边界;

　　　$\boldsymbol{f}_0$——每单位体积的体力;

　　　N——预应力构形中单位外法线矢量;

　　　A_0——预应力构形下的充气梁的截面面积。

其中,等式左边项为内力虚功,等式右边项为外力虚功。外力虚功包括恒载或固定载荷的外力虚功以及充气内压作用的外力虚功。

由 Timoshenko 梁模型得到充气梁内任一点 $Q_0(X,Y,\theta)$ 处的位移形式为

$$\boldsymbol{U}(Q_0) = \{\,U - Y\sin\theta \quad V - Y + Y\cos\theta \quad 0\,\}^{\mathrm{T}} \quad (2.35)$$

由式(2.20)可直接求得 Green 应变张量分量形式为

$$\begin{cases} E_{XX} = U_X - Y\theta_X\cos\theta + \dfrac{1}{2}(U_X^2 + V_X^2 + Y^2\theta_X^2 - 2Y\theta_X U_X\cos\theta - 2Y\theta_X V_X\sin\theta) \\[2mm] E_{XY} = \dfrac{1}{2}(V_X\cos\theta - U_X\sin\theta - \sin\theta) \\[2mm] E_{YY} = 0 \end{cases} \tag{2.36}$$

式中　　E_{XX}——充气梁的轴向应变；

　　　　E_{XY}、E_{YY}——剪切应变和环向应变。

由此,可得到虚位移形式为

$$\boldsymbol{V}^*(Q_0) = \{U^* - Y\theta^*\cos\theta \quad V^* - Y\theta^*\sin\theta \quad 0\}^{\mathrm{T}} \tag{2.37}$$

将式(2.37)代入虚功方程,引入边界条件后可得到充气内压作用下充气管长度 l_0、截面半径 r_0 和壁厚 t_0 分别为

$$l_0 = l_\phi\left(1 + \dfrac{1-2\nu}{2}\dfrac{pr_\phi}{Et_\phi}\right),\quad r_0 = r_\phi\left(1 + \dfrac{2-\nu}{2}\dfrac{pr_\phi}{Et_\phi}\right),\quad t_0 = t_\phi\left(1 - \dfrac{3\nu}{2}\dfrac{pr_\phi}{Et_\phi}\right) \tag{2.38}$$

式中　　l_ϕ——未充气前管子的初始长度;

　　　　r_ϕ、t_ϕ——初始截面半径和初始壁厚。

2.4.2　曲梁模型

1. 空间任意曲梁数学描述

2.4.1 节推导的虚拟梁理论可以把充气拱等效成梁型拱结构,而对于一般的拱结构,普遍的方法是采用有限直梁单元进行等效,当单元的个数足够多时,就可以保证结果的精度。然而,对于拱结构等有初始曲率的弧段,采用曲梁单元更能体现结构的力学性质,为此,本节开展空间任意曲梁的几何关系的推导。空间任意曲梁如图 2.8 所示。

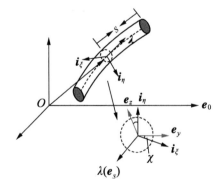

图 2.8　空间任意曲梁

曲梁中心线上的任意点 P_0,其在曲线上的位置可以由弧坐标 s 确定。以空间中的固定点 O 为原点,建立空间惯性坐标系 $\boldsymbol{e}_0$,P_0 点相对于空间惯性坐标系 $\boldsymbol{e}_0$ 的矢径为 $\boldsymbol{r}$,并且矢径 $\boldsymbol{r}$ 为弧坐标 s 的单值连续可微函数。矢量 $\boldsymbol{r}_{P_0}$ 完全确定曲梁轴线的几何形状。P_0 点

处沿轴线切线方向的切线矢量、P_0 点处的曲率分别定义为[14-15]

$$\boldsymbol{\lambda}(s) = \frac{\mathrm{d}\boldsymbol{r}_{P_0}}{\mathrm{d}s}, \quad \kappa(s) = \left|\frac{\mathrm{d}\boldsymbol{\lambda}}{\mathrm{d}s}\right| \tag{2.39}$$

中心线 P_0 点处的主法线矢量 $\boldsymbol{i}_\xi(s)$、副法线矢量 $\boldsymbol{i}_\eta(s)$ 及切向量 $\boldsymbol{\lambda}(s)$ 构成了结构的 Frenet 标架。

P_0 点处的挠率可定义为

$$\tau(s) = \left|\frac{\mathrm{d}\,\boldsymbol{i}_\eta}{\mathrm{d}s}\right| \tag{2.40}$$

以曲梁中心线上的任意点 P_0 为原点,建立横截面上的主轴坐标系 $\boldsymbol{e}$,各坐标轴的基矢量分别为 $\boldsymbol{e}_s$、$\boldsymbol{e}_y$、$\boldsymbol{e}_z$,其中 $\boldsymbol{e}_s$ 与切线轴重合。χ 为横截面相对于 Frenet 坐标系扭转的角度,则 $\boldsymbol{e}$ 与 $P - \boldsymbol{\lambda}\boldsymbol{i}_\xi\boldsymbol{i}_\eta$ 之间的关系可表示为

$$\begin{bmatrix} \boldsymbol{e}_s \\ \boldsymbol{e}_y \\ \boldsymbol{e}_z \end{bmatrix} = \begin{bmatrix} 1 & 0 & 0 \\ 0 & \cos\chi & \sin\chi \\ 0 & -\sin\chi & \cos\chi \end{bmatrix} \begin{bmatrix} \boldsymbol{\lambda} \\ \boldsymbol{i}_\xi \\ \boldsymbol{i}_\eta \end{bmatrix} \tag{2.41}$$

将主轴坐标系 $\boldsymbol{e}$ 对弧长求一阶导数,得

$$\begin{bmatrix} \boldsymbol{e}_{s,s} \\ \boldsymbol{e}_{y,s} \\ \boldsymbol{e}_{z,s} \end{bmatrix} = \begin{bmatrix} \dfrac{\mathrm{d}\boldsymbol{e}_s}{\mathrm{d}s} \\[2mm] \dfrac{\mathrm{d}\boldsymbol{e}_y}{\mathrm{d}s} \\[2mm] \dfrac{\mathrm{d}\boldsymbol{e}_z}{\mathrm{d}s} \end{bmatrix} = \begin{bmatrix} 0 & \kappa_3 & -\kappa_2 \\ -\kappa_3 & 0 & \kappa_1 \\ \kappa_2 & -\kappa_1 & 0 \end{bmatrix} \begin{bmatrix} \boldsymbol{e}_s \\ \boldsymbol{e}_y \\ \boldsymbol{e}_z \end{bmatrix} = K_s \begin{bmatrix} \boldsymbol{e}_s \\ \boldsymbol{e}_y \\ \boldsymbol{e}_z \end{bmatrix} \tag{2.42}$$

式中

$$\kappa_1 = \tau + \frac{\mathrm{d}\chi}{\mathrm{d}s}, \quad \kappa_1 = \kappa\sin\chi, \quad \kappa_1 = \kappa\cos\chi \tag{2.43}$$

2. 曲梁的格林应变

本节采用 Власов 假定,即假定曲梁的横截面在其变形过程中,在其原来平面内的投影保持不变。设曲梁在变形前主轴坐标系为初始位形 $\boldsymbol{e}$,其变形后考虑剪切变形与 Kirchhoff 假设下该点的主轴坐标系分别记为现时位形 $\hat{\boldsymbol{e}}$ 及中间位形 $\hat{\boldsymbol{e}}^*$(不考虑剪切变形时)。空间任意曲梁变形前后对应坐标系的变化如图 2.9 所示。

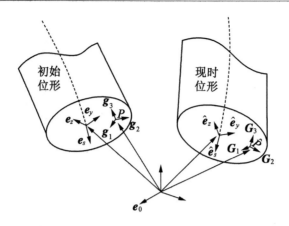

图 2.9 空间任意曲梁变形前后对应坐标系的变化

设初始位形 e 分别沿自身的 3 个基矢量 e_x、e_y、e_z 转动 θ_1、θ_2、θ_3 到达中间位形 $\hat{e}^*$。中间位形 $\hat{e}^*$ 继续沿着初始位形 e 的基矢量 e_y、e_z 分别转动 $-\gamma_2$、$-\gamma_3$ 到达现时位形 $\hat{e}$。则 3 个坐标系之间的转换关系可表示为

$$\hat{e}^* = [Q_{ij}]e, \quad \hat{e} = [H_{ij}]\hat{e}^*, \quad \hat{e} = [H_{ij}][Q_{ij}]e = [T_{ij}]e \tag{2.44}$$

式中 $[H_{ij}]$、$[Q_{ij}]$、$[T_{ij}]$——正交矩阵。

$$[Q_{ij}] = \begin{bmatrix} c_2 c_3 & c_2 s_3 & -s_2 \\ s_1 s_2 c_3 - c_1 s_3 & s_1 s_2 s_3 + c_1 c_3 & s_1 c_2 \\ c_1 s_2 c_3 + s_1 s_3 & c_1 s_2 s_3 - s_1 c_3 & c_1 c_2 \end{bmatrix}$$

$$[H_{ij}] = \begin{bmatrix} h_2 h_3 & h_2 t_3 & -t_2 \\ -t_3 & h_3 & 0 \\ t_2 h_3 & t_2 t_3 & h_2 \end{bmatrix}$$

$$s_i = \sin\theta_i, \quad c_i = \cos\theta_i, \quad i = 1,2,3$$

θ_i 的物理解释为 Kirchhoff 假设下主轴坐标系 e 沿坐标轴 e_i 的转换角度。$t_i = \sin(-\gamma_i) = -\sin\gamma_i h_i = \cos(-\gamma_i) = \cos\gamma_i (i = 2,3)$，其中，$-\gamma_i$ 的物理解释为考虑剪切变形时中间位形 $\hat{e}^*$ 沿坐标轴 e_i 的转换角度。

基于式(2.43)可以得到

$$\begin{bmatrix} e_{s,s}^* \\ e_{y,s}^* \\ e_{z,s}^* \end{bmatrix} = \begin{bmatrix} \dfrac{\mathrm{d}e_s}{\mathrm{d}s} \\ \dfrac{\mathrm{d}e_y}{\mathrm{d}s} \\ \dfrac{\mathrm{d}e_z}{\mathrm{d}s} \end{bmatrix} = \begin{bmatrix} 0 & \hat{\kappa}_3^* & -\hat{\kappa}_2^* \\ -\hat{\kappa}_3^* & 0 & \hat{\kappa}_1^* \\ \hat{\kappa}_2^* & -\hat{\kappa}_1^* & 0 \end{bmatrix} \begin{bmatrix} e_s^* \\ e_y^* \\ e_z^* \end{bmatrix} = \hat{K}^* \begin{bmatrix} e_s^* \\ e_y^* \\ e_z^* \end{bmatrix} \tag{2.45}$$

对比式(2.43)、式(2.44)、式(2.45)可以得到如下关系：

$$\left[\hat{K}_s^*\right] = \left[Q_{ij}\right]_s \left[Q_{ij}\right]^{\mathrm{T}} + \left[Q_{ij}\right]\left[K_s\right]\left[Q_{ij}\right]^{\mathrm{T}} \tag{2.46}$$

将式(2.46)、式(2.43)代入式(2.45)得

$$\begin{bmatrix} \boldsymbol{e}_{s,s}^* \\ \boldsymbol{e}_{y,s}^* \\ \boldsymbol{e}_{z,s}^* \end{bmatrix} = \hat{K}_s^* \begin{bmatrix} \boldsymbol{e}_s^* \\ \boldsymbol{e}_y^* \\ \boldsymbol{e}_z^* \end{bmatrix} = \hat{K}_s^* \left[Q_{ij}\right] \begin{bmatrix} \boldsymbol{e}_s^* \\ \boldsymbol{e}_y^* \\ \boldsymbol{e}_z^* \end{bmatrix}$$

$$= \left(\left[Q_{ij}\right]_s \left[Q_{ij}\right]^{\mathrm{T}} + \left[Q_{ij}\right]\left[K_s\right]\left[Q_{ij}\right]^{\mathrm{T}}\right)\left[Q_{ij}\right] \begin{bmatrix} \boldsymbol{e}_s \\ \boldsymbol{e}_y \\ \boldsymbol{e}_z \end{bmatrix} \tag{2.47}$$

简记 $\left[B_{ij}\right] = \left(\left[Q_{ij}\right]_s \left[Q_{ij}\right]^{\mathrm{T}} + \left[Q_{ij}\right]\left[K_s\right]\left[Q_{ij}\right]^{\mathrm{T}}\right)\left[Q_{ij}\right] = \left[Q_{ij}\right]_s + \left[Q_{ij}\right]\left[K_s\right]$，将其代入式(2.47)得

$$\begin{bmatrix} \hat{\boldsymbol{e}}_{s,s} \\ \hat{\boldsymbol{e}}_{y,s} \\ \hat{\boldsymbol{e}}_{z,s} \end{bmatrix} = \left[H_{ij}\right] \begin{bmatrix} \boldsymbol{e}_{s,s}^* \\ \boldsymbol{e}_{y,s}^* \\ \boldsymbol{e}_{z,s}^* \end{bmatrix} + \left[H_{ij}\right]_s \begin{bmatrix} \boldsymbol{e}_s^* \\ \boldsymbol{e}_y^* \\ \boldsymbol{e}_z^* \end{bmatrix} = \left(\left[H_{ij}\right]\left[B_{ij}\right] + \left[H_{ij}\right]_s\left[Q_{ij}\right]\right) \begin{bmatrix} \boldsymbol{e}_s \\ \boldsymbol{e}_y \\ \boldsymbol{e}_z \end{bmatrix} \tag{2.48}$$

曲梁变形前，其截面上任一点 P 在惯性坐标系下 $\boldsymbol{e}$ 的矢径可表示为

$$\boldsymbol{r}_P = \boldsymbol{r}_{P_0} + y\boldsymbol{e}_y + z\boldsymbol{e}_z \tag{2.49}$$

将其对弧坐标 s 求导，并结合 Frenet 公式，有

$$\begin{bmatrix} \boldsymbol{g}_1 \\ \boldsymbol{g}_2 \\ \boldsymbol{g}_3 \end{bmatrix} = \begin{bmatrix} \boldsymbol{r}_{P,s} \\ \boldsymbol{r}_{P,y} \\ \boldsymbol{r}_{P,z} \end{bmatrix} = \begin{bmatrix} 1 - y\kappa_3 + z\kappa_2 & -z\kappa_1 & y\kappa_1 \\ 0 & 1 & 0 \\ 0 & 0 & 1 \end{bmatrix} \begin{bmatrix} \boldsymbol{e}_s \\ \boldsymbol{e}_y \\ \boldsymbol{e}_z \end{bmatrix} \tag{2.50}$$

得到点 P 处度量张量的协变张量为

$$g_{ij} = \boldsymbol{g}_i \boldsymbol{g}_j \tag{2.51}$$

对应的矩阵形式为

$$\left[g_{ij}\right] = \begin{bmatrix} g + (z\kappa_1)(z\kappa_1) + (y\kappa_1)(y\kappa_1) & -z\kappa_1 & y\kappa_1 \\ & 1 & 0 \\ \mathrm{sym} & & 1 \end{bmatrix} \tag{2.52}$$

式中，$g = (1 - y\kappa_3 + z\kappa_2)^2$。

当曲梁发生变形后，原来曲梁截面上 P 点就会发生一个位移而移到点 $\hat{P}$。此时，其在惯性坐标系下 $\boldsymbol{e}$ 的矢径为

$$\hat{\boldsymbol{r}}_{\hat{P}_0} = \boldsymbol{r}_{P_0} + u\boldsymbol{e}_s + v\boldsymbol{e}_y + w\boldsymbol{e}_z + y\hat{\boldsymbol{e}}_y + z\hat{\boldsymbol{e}}_z \tag{2.53}$$

式中　u、v、w——曲梁中心线上的点 P_0 点在惯性坐标系 $\boldsymbol{e}$ 下的位移。

则曲梁变形后 $\hat{P}$ 处的基矢量为

$$\begin{bmatrix} \hat{\boldsymbol{G}}_1 \\ \hat{\boldsymbol{G}}_2 \\ \hat{\boldsymbol{G}}_3 \end{bmatrix} = \begin{bmatrix} \hat{\boldsymbol{r}}_{P,s} \\ \hat{\boldsymbol{r}}_{P,y} \\ \hat{\boldsymbol{r}}_{P,z} \end{bmatrix} = \begin{bmatrix} (\boldsymbol{r}_{P_0} + u\boldsymbol{e}_s + v\boldsymbol{e}_y + w\boldsymbol{e}_z + y\hat{\boldsymbol{e}}_y + z\hat{\boldsymbol{e}}_z)_s \\ \hat{\boldsymbol{e}}_y \\ \hat{\boldsymbol{e}}_z \end{bmatrix} \tag{2.54}$$

即

$$\begin{cases} \hat{\boldsymbol{G}}_1 = \boldsymbol{e}_s\left(1 + \dfrac{\mathrm{d}u}{\mathrm{d}s}\right) + \boldsymbol{e}_y\left(\dfrac{\mathrm{d}v}{\mathrm{d}s}\right) + \boldsymbol{e}_z\left(\dfrac{\mathrm{d}w}{\mathrm{d}s}\right) + u[K_s]_{1i}\boldsymbol{e}_i + v[K_s]_{2i}\boldsymbol{e}_i + w[K_s]_{3i}\boldsymbol{e}_i + \\ \qquad y([H][B] + [H]_s[Q])_{2i}\boldsymbol{e}_i + z([H][B] + [H]_s[Q])_{3i}\boldsymbol{e}_i \\ \hat{\boldsymbol{G}}_2 = [T]_{2i}\boldsymbol{e}_i \\ \hat{\boldsymbol{G}}_2 = [T]_{3i}\boldsymbol{e}_i \end{cases}$$

$$\tag{2.55}$$

得到变形后点 $\hat{P}$ 处度量张量的协变张量为

$$\boldsymbol{G}_{ij} = \boldsymbol{G}_i\boldsymbol{G}_j \tag{2.56}$$

根据 Green 应变张量的定义式,可以得到曲梁横截面上任意点 P 处的 Green 应变张量为

$$E = \frac{1}{2}(\boldsymbol{G}_{ij} - \boldsymbol{g}_{ij}) \tag{2.57}$$

为了便于应用,在梁轴线上建立局部笛卡尔坐标系 $(x^{1'}, x^{2'}, x^{3'})$,对应的单位向量 $(\boldsymbol{i}, \boldsymbol{j}, \boldsymbol{k})$ 分别与主轴坐标系的方向矢量 $(\boldsymbol{e}_s \quad \boldsymbol{e}_y \quad \boldsymbol{e}_z)^{\mathrm{T}}$ 一致,其关系为[14]

$$\frac{\partial(x^{1'}, x^{2'}, x^{3'})}{\partial(s, y, z)} = \begin{bmatrix} \sqrt{g} & 0 & 0 \\ \dfrac{-z\kappa_1}{\sqrt{g}} & 1 & 0 \\ \dfrac{y\kappa_1}{\sqrt{g}} & 0 & 1 \end{bmatrix} \tag{2.58}$$

由此,空间任意形状曲梁在局部笛卡尔坐标系 (x^1, x^2, x^3) 下的 Green 应变张量为

$$\begin{bmatrix} e_{11} & e_{12} & e_{13} \\ e_{21} & e_{22} & e_{23} \\ e_{31} & e_{32} & e_{33} \end{bmatrix} = \begin{bmatrix} \dfrac{1}{\sqrt{g}} & \dfrac{z\omega_1}{\sqrt{g}} & \dfrac{-y\omega_1}{\sqrt{g}} \\ 0 & 1 & 0 \\ 0 & 0 & 1 \end{bmatrix} \begin{bmatrix} E_{11} & E_{12} & E_{13} \\ E_{21} & E_{22} & E_{23} \\ E_{31} & E_{32} & E_{33} \end{bmatrix} \begin{bmatrix} \dfrac{1}{\sqrt{g}} & 0 & 0 \\ \dfrac{z\omega_1}{\sqrt{g}} & 1 & 0 \\ \dfrac{-y\omega_1}{\sqrt{g}} & 0 & 1 \end{bmatrix} \tag{2.59}$$

3. 大变形小转动时的简化

观察式(2.58)发现,完整的空间任意曲梁 Green 应变张量十分烦琐,不利于工程实

际应用。因此,对于工程中的许多问题,根据其要求在保证精度的情况下可进行合理的简化。例如,对工程中常见的梁、索等结构,其变形可以为大变形小转动,此时可做以下简化:

$$s_i = \sin \theta_i \approx \theta_i, \quad c_i = \cos \theta_i \approx 1, \quad i = 1,2,3$$

$$t_i = \sin(-\gamma_i) = -\sin \gamma_i \approx -\gamma_i, \quad h_i = \cos(-\gamma_i) = \cos \gamma_i \approx 1, \quad i = 2,3$$

代入式(2.55)得,变形后轴线基矢量为

$$\begin{cases} \hat{\boldsymbol{G}}_1 = \left[(1+\varepsilon_s) + y\chi_{sz} + z\chi_{sy}\right]\boldsymbol{e}_s + (\varepsilon_y + y\chi_{yz} + z\chi_{yy})\boldsymbol{e}_y + (\varepsilon_z + y\chi_{zz} + z\chi_{zy})\boldsymbol{e}_z \\ \hat{\boldsymbol{G}}_2 = [T]_{2i}\boldsymbol{e}_i = \begin{bmatrix} \gamma_3 - \theta_3 & 1 & \theta_1 \end{bmatrix}\begin{bmatrix} \boldsymbol{e}_s & \boldsymbol{e}_y & \boldsymbol{e}_z \end{bmatrix}^{\mathrm{T}} = (\gamma_3 - \theta_3)\boldsymbol{e}_s + \boldsymbol{e}_y + \theta_1\boldsymbol{e}_z \\ \hat{\boldsymbol{G}}_3 = [T]_{3i}\boldsymbol{e}_i = \begin{bmatrix} \theta_2 - \gamma_2 & -\theta_1 & 1 \end{bmatrix}\begin{bmatrix} \boldsymbol{e}_s & \boldsymbol{e}_y & \boldsymbol{e}_z \end{bmatrix}^{\mathrm{T}} = (\theta_2 - \gamma_2)\boldsymbol{e}_s + (-\theta_1)\boldsymbol{e}_y + \boldsymbol{e}_z \end{cases}$$

$$(2.60)$$

式中

$$\begin{cases} \varepsilon_s = \dfrac{\mathrm{d}u}{\mathrm{d}s} - v\kappa_3 + w\kappa_2, \quad \chi_{sz} = \gamma_{3,s} - \theta_{3,s} + \theta_1\kappa_2 - \kappa_3, \quad \chi_{sy} = \theta_{2,s} - \gamma_{2,s} + \theta_1\kappa_3 + \kappa_2 \\ \varepsilon_y = \dfrac{\mathrm{d}v}{\mathrm{d}s} + u\kappa_3 - w\kappa_1, \quad \chi_{yz} = \kappa_3(\gamma_3 - \theta_3) - \kappa_1\theta_1, \quad \chi_{yy} = \kappa_3(\theta_2 - \gamma_2) + \kappa_1 - \theta_{1,s} \\ \varepsilon_z = \dfrac{\mathrm{d}w}{\mathrm{d}s} - u\kappa_2 + v\kappa_1, \quad \chi_{zz} = \theta_{1,s} + \kappa_1 - \kappa_2(\gamma_3 - \theta_3), \quad \chi_{zy} = \kappa_2(\gamma_2 - \theta_2) - \kappa_1\theta_1 \end{cases}$$

$$(2.61)$$

变形后的度量张量$\hat{\boldsymbol{G}}$的协变分量为

$$\begin{cases} \hat{\boldsymbol{G}}_{11} = \left[(1+\varepsilon_s) + y\chi_{sz} + z\chi_{sy}\right]^2 + (\varepsilon_y + y\chi_{yz} + z\chi_{yy})^2 + (\varepsilon_z + y\chi_{zz} + z\chi_{zy})^2 \\ \hat{\boldsymbol{G}}_{12} = \left[(1+\varepsilon_s) + y\chi_{sz} + z\chi_{sy}\right](\gamma_3 - \theta_3) + (\varepsilon_y + y\chi_{yz} + z\chi_{yy}) + (\varepsilon_z + y\chi_{zz} + z\chi_{zy})\theta_1 \\ \hat{\boldsymbol{G}}_{13} = (1+\varepsilon_s + y\chi_{sz} + z\chi_{sy})(\theta_2 - \gamma_2) + (\varepsilon_y + y\chi_{yz} + z\chi_{yy})(-\theta_1) + (\varepsilon_z + y\chi_{zz} + z\chi_{zy}) \\ \hat{\boldsymbol{G}}_{22} = (\gamma_3 - \theta_3)^2 + 1 + \theta_1^2 \\ \hat{\boldsymbol{G}}_{23} = (\gamma_3 - \theta_3)(\theta_2 - \gamma_2) \\ \hat{\boldsymbol{G}}_{33} = (\theta_2 - \gamma_2)^2 + (-\theta_1)^2 + 1 \end{cases}$$

$$(2.62)$$

由此得到任意曲梁在主轴曲线坐标系下的 Green 应变为

$$\boldsymbol{E}_{ij} = \frac{1}{2}(\hat{\boldsymbol{G}}_{ij} - \boldsymbol{g}_{ij}) = \begin{bmatrix} E_{11} & E_{12} & E_{13} \\ E_{21} & E_{22} & E_{23} \\ E_{31} & E_{32} & E_{33} \end{bmatrix} \quad (2.63)$$

引入刚性面假设,得

$$\begin{cases} 2E_{12} = \left[(1+\varepsilon_s) + y\chi_{sz} + z\chi_{sy}\right](\gamma_3 - \theta_3) + (\varepsilon_y + y\chi_{yz} + z\chi_{yy}) + (\varepsilon_z + y\chi_{zz} + z\chi_{zy})\theta_1 + z\kappa_1 \\ 2E_{13} = \left[(1+\varepsilon_s) + y\chi_{sz} + z\chi_{sy}\right](\theta_2 - \gamma_2) + (\varepsilon_y + y\chi_{yz} + z\chi_{yy})(-\theta_1) + (\varepsilon_z + y\chi_{zz} + z\chi_{zy}) - y\kappa_1 \\ E_{22} = E_{23} = E_{32} = E_{33} = 0 \end{cases}$$

$$(2.64)$$

将式(2.64)代入式(2.60),得到局部笛卡尔坐标系下任意曲梁小转动时格林应变为

$$e_{11} = \frac{E_{11} + 2z\kappa_1 E_{12} - 2y\kappa_1 E_{31}}{g}, \quad e_{12} = \frac{E_{12}}{\sqrt{g}}, \quad e_{13} = \frac{E_{13}}{\sqrt{g}} \qquad (2.65)$$

2.5 基于虚拟曲梁模型的充气拱面内外屈曲分析

利用上述推导的几何关系,结合有限元理论,分析曲梁结构的屈曲,再结合前述推导的虚拟梁模型可以计算充气拱结构的屈曲。下面建立几何大变形梁的屈曲有限元方程。

图2.10所示为空间梁节点六自由度梁单元,单元中每个节点包含3个平动自由度 u、v、w,以及3个转动自由度 θ_1、θ_2、θ_3。结构的总势能记为 Π,其应变能记为 U,外力势能记为 V(同外力功反号),则有[16]

$$\Pi = U + V \qquad (2.66)$$

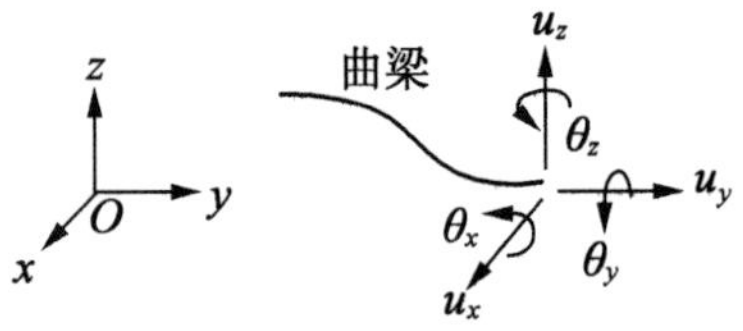

图 2.10 空间梁节点六自由度梁单元

将结构离散化后,其结构总应变能 U 等于各单位应变能 U^e 的代数和,即

$$U = \sum \int U^e = \sum \int_V \{\varepsilon\}^T \{\sigma\} \mathrm{d}V \qquad (2.67)$$

式中 $\{\varepsilon\}$——单元应变列向量;

  $\{\sigma\}$——单元应力列向量。

结构的总体外力势能可表示为

$$V = -\{d\}^T \{P\} \qquad (2.68)$$

式中 $\{d\}$——节点的位移列向量;

  $\{P\}$——相应的节点外力列向量。

将式(2.68)、式(2.67)代入式(2.66),则有

$$\Pi = \sum \int_V \{\varepsilon\}^T \{\sigma\} \mathrm{d}V - \{d\}^T \{P\} \qquad (2.69)$$

对式(2.68)求一阶变分,得

$$\delta \varPi = \sum \int_V \delta \{\varepsilon\}^T \{\sigma\} dV - \delta \{d\}^T \{P\} \tag{2.70}$$

结构的应变位移关系用应变的增量形式表示为

$$\delta \{\varepsilon\} = [B] \delta \{d\} \tag{2.71}$$

将式(2.71)代入式(2.70),得

$$\delta \varPi = \delta \{d\}^T \sum \int_V [B]^T \{\sigma\} dV - \delta \{d\}^T \{P\} \tag{2.72}$$

利用最小势能原理,即结构稳定时,其总势能 $\varPi$ 为极小值,此时 $\delta \varPi = 0$,并消去 $\{d\}^T$,则可得到非线性问题的一般平衡性方程为

$$\delta \varPi(d) = \sum \int_V [B]^T \{\sigma\} dV - \{P\} = 0 \tag{2.73}$$

如果采用非线性几何关系,即式(2.70),则式(2.72)中的矩阵$[B]$是位移向量$\{d\}$的函数,一般可以将该矩阵分解为如下形式:

$$[B] = [B_0] + [B_N^w] + [B_N^u] \tag{2.74}$$

式中,$[B_0]$是作为线性应变分析;而$[B_N^w]$和$[B_N^u]$都取决于$\{d\}$,而且一般来说它们都是 $\{d\}$的线性函数。$[B_N^w]$是由横向位移 w 的非线性项所引起的,而$[B_N^u]$是由轴向位移 u 的非线性项所引起的。

为了书写简化,令

$$\{F(d)\} = \sum \int_V [B]^T \{\sigma\} dV \tag{2.75}$$

则由有限元理论,结构的刚度矩阵为

$$[K_T] = \frac{\delta F(d)}{\delta \{d\}} \tag{2.76}$$

对于小应变的情况,即应力应变呈线性弹性关系,可将式(2.73)中的应力矩阵$\{\sigma\}$表示为

$$\{\sigma\} = [D] \{\varepsilon\} \tag{2.77}$$

式中　$[D]$——材料的弹性矩阵。

为了求解结构刚度矩阵$[K_T]$,需要确定$\delta F(d)$与$\delta(d)$之间的关系:

$$\delta F(d) = \sum \int_V \delta [B]^T \{\sigma\} dV + \sum \int_V [B]^T \delta \{\sigma\} dV \tag{2.78}$$

由式(2.78)可得

$$\delta \{\sigma\} = [D] \delta \{\varepsilon\} = [D] [B] \delta \{d\} \tag{2.79}$$

对式(2.74)变分可以得

$$\delta [B] = \delta [B_N^w] + \delta [B_N^u] \tag{2.80}$$

将式(2.79)、式(2.80)代入式(2.78)可得

$$\delta F(d) = \sum \int_V \delta [B_N^w]^T \{\sigma\} dV + \sum \int_V \delta [B_N^u]^T \{\sigma\} dV +$$

$$\sum \int_V [B]^T [D][B] dV \delta \{d\} \tag{2.81}$$

式(2.81)最后一项可表示为

$$\sum \int_V [B]^T [D][B] dV \delta \{d\} = ([K_0] + [K_d]) \delta \{d\} \tag{2.82}$$

式中

$$[K_0] = \sum \int_V [B_0]^T [D][B_0] dV \tag{2.83}$$

$$[K_d] = \sum \int_V \{[B_0]^T [D][B_N^u] + [B_N^u]^T [D][B_0] + [B_0]^T [D][B_N^w] +$$

$$[B_N^u]^T [D][B_N^w] + [B_0^u]^T [D][B_N^u] + [B_0]^T [D][B_N^w] +$$

$$[B_N^w]^T [D][B_0] + [B_0^w]^T [D][B_N^w]\} dV \tag{2.84}$$

式(2.83)是小位移线性刚度矩阵;式(2.84)是大位移非线性刚度矩阵。

对于式(2.81)中的前两项:

$$\sum \int_V \delta [B_N^w]^T \{\sigma\} dV + \sum \int_V \delta [B_N^u]^T \{\sigma\} dV = [K_\sigma] \delta \{d\} \tag{2.85}$$

式中 $[K_\sigma]$——初应力矩阵。

则结构总体刚度矩阵为

$$[K_T] = [K_0] + [K_d] + [K_\sigma] \tag{2.86}$$

结构的刚度方程为

$$([K_0] + [K_d] + [K_\sigma])\{d\} = \{P\} \tag{2.87}$$

线性稳定问题归结为求特征值问题,并且对于线性屈曲问题,大位移项$[K_d]$可以忽略,初应力矩阵及外力向量可分别表示为

$$[K_0] = \lambda [K_0^*], \quad \{P\} = \lambda \{P^*\} \tag{2.88}$$

式中 λ——常数。

则经典结构屈曲特征方程可表示为[76]

$$([K_\sigma] + \lambda [K_0^*])\{d\} = 0 \tag{2.89}$$

利用上述推导的曲梁理论及梁的屈曲方程,结合虚拟梁理论,可以求解充气拱的面内外屈曲载荷及其对应的屈曲模态,并将其结果与2.3节中的理论推导结果比较,可以验证虚拟曲梁理论的合理性。计算充气拱结构参数及材料参数如下:结构半径为 4 m,结构半径与截面半径之比为80;薄膜选用的材料为聚酰亚胺薄膜,其厚度为 25 μm;工况选用充气拱底部两端固支,最外围均布受载,选用 80 个曲梁单元计算结构面内外屈曲特性。两种计算方法的线性拱面内外屈曲结果对比见表 2.1。

表 2.1　两种计算方法的线性拱面内外屈曲结果对比

屈曲形式	屈曲模态	虚拟梁模型计算结果 $/(\mathrm{N} \cdot \mathrm{m}^{-1})$	理论计算结果[16] $/(\mathrm{N} \cdot \mathrm{m}^{-1})$	偏差/%
面外反对称屈曲		1.377 9	1.354 4	1.7
面内反对称屈曲		2.562 0	2.684 4	5.58

通过屈曲模态可以发现,对于两端固支均布受载时的充气圆弧拱结构,其面内最先呈反对称屈曲。事实上,通过虚拟梁模型计算的充气拱结构的面外首先发生的是面外对称屈曲,其次才是面外反对称屈曲形式,从而证明了 2.3 节充气拱的屈曲特性分析中假设的充气拱的屈曲模态是符合实际情况的。对比结果发现,对于充气拱的面内屈曲,虚拟曲梁模型预报结果略大于基于虚功原理建立的充气拱屈曲方程预报结果,这是由于在虚拟梁模型把充气薄膜管等效成充气梁的过程中,薄壁具有了面外刚度,因此提升了结构的整体刚度。而对于面内屈曲载荷而言,虚拟曲梁模型预报结果小于基于虚功原理建立充气拱屈曲方程预报结果,这是由于在结构面内屈曲模态的假设过程中考虑了轴向不可压缩,此时相当于强化了拱结构的面内刚度,因此得出的屈曲载荷偏大。

2.6　本章小结

本章从能量的角度获取了充气拱结构的面内外屈曲方程,并分析了结构长细比、等效抗弯曲刚度、截面抗扭转刚度对充气拱结构面内外屈曲载荷的影响规律;建立了用于分析充气薄膜承力结构力学行为的虚拟曲梁模型,结合有限元法分析了充气薄膜拱的面内外屈曲特性,通过对两种方法的计算结果进行对比验证发现,虚拟曲梁模型能有效地预报充气拱的面内外屈曲,同时大幅度节省了计算时间,提高了计算效率。

本章参考文献

[1] JENKINS C H M. Gossamer spacecraft: membrane and inflatable structures technology for space applications[R]. Reston: VA, USA American Institute of Aeronautics and Astronautics, 2001.

[2] JIAO R, KYRIAKIDES S. Ratcheting and wrinkling of tubes due to axial cycling under internal pressure: Part I experiments[J]. International Journal of Solids and Structures, 2011, 48(20):2814-2826.

[3] NGUYEN T T, RONEL S, MASSENZIO M, et al. Numerical buckling analysis of an inflatable beam made of orthotropic technical textiles[J]. Thin-Walled Structures, 2013, 72:61-75.

[4] COMER R L, LEVY S. Deflections of an inflated circular cylindrical cantilever beam[J]. AIAA, 1963, 1(7):1652-1655.

[5] MAIN J A, PETERSON S W, STRAUSS A M. Load-deflection behaviour of space-based inflatable fabric beams[J]. Journal of Aerospace Engineering, 1994, 7(2):225-238.

[6] SUHEY J D, KIM N H, NIEZRECKI C. Numerical modeling and design of inflatable structures – application to open-ocean-aquaculture cages[J]. Aquacultural Engineering, 2005, 33(4):285-303.

[7] FICHTER W B. A theory for inflated thin wall cylindrical beams[J]. Technical Report, NASA Technical Note, NASA TND-3466, 1966.

[8] WIELGOSZ C, THOMAS J C. Deflection of inflatable fabric panels at high pressure[J]. Thin-walled Structures, 2002, 40(6):523-536.

[9] THOMAS J C, WIELGOSZ C. Deflections of highly inflated fabric tubes[J]. Thin-Walled Structures, 2004, 42(7):1049-1066.

[10] VAN A L, WIELGOSZ C. Bending and buckling of inflatable beams: some new theoretical results[J]. Thin-Walled Structures, 2005, 43(8):1166-1187.

[11] DAVIDS W G, ZHANG H. Beam finite element for nonlinear analysis of pressurized fabric beam-columns[J]. Engineering Structures, 2008, 30(7):1969-1980.

[12] FLÜGGE W. Stresses in shells[M]. Berlin/Gottingen/Heidelberg: Springer-Verlag,

1960.

[13]　GEORGE E W. Buckling of a pressurized toroidal ring under uniform external loading [R]. Hampton：NASA Langley Technical Report Server，1967.

[14]　MARTINI L, VITALIANI R. On the polynomial convergent formulation of a C_0 isoparametric skew beam element[J]. Computers and Structures，1988，29(3)：437-449.

[15]　潘科琪. 曲梁和板壳结构多体系统刚－柔耦合动力学研究[D].上海：上海交通大学，2012.

[16]　项海帆，刘光栋. 拱结构的稳定与振动[M]. 北京：人民交通出版社，1991.

第3章 等截面薄膜充气梁的抗弯皱曲特性

3.1 概　述

对柔性薄膜结构而言,由局部皱曲导致的褶皱是不可避免的,而对于高精度宇航器薄膜结构而言(如充气展开遮阳罩等),一定程度褶皱的存在是结构的主要失效模式。对于其他相对较低精度要求的应用(如充气展开太阳帆和充气展开遮阳罩等),虽然褶皱的产生不是导致结构功能失效的主要原因,但褶皱会随着载荷工况的变化而不断扩展和演化,进而影响结构的形状、振动特性和热力学特性。因此,对薄膜结构而言,尤其是充气薄膜承力结构,褶皱的产生是结构失效的前兆,会加速结构失效的进程[1-3]。对于应用于高精度结构中的充气薄膜承力结构,褶皱的产生会直接影响结构的屈曲特性和指向精度,进而导致整个结构承载能力的大幅下降,而且会严重影响结构的整体构形。

本章主要针对薄膜充气梁结构进行弯皱特性的预报和分析,为后续章节中的变截面充气梁弯皱特性分析及褶皱智能控制研究奠定基础。

3.2 薄膜充气梁的弯曲变形特性

薄膜充气梁作为充气结构的主承力结构,其刚度和强度设计是关键。稳定性设计是薄膜充气梁结构设计的核心问题。

考虑一个圆柱形充气支撑管(半径为 r,厚度为 t),受到均匀充气内压 p、弯矩 M(端载 F)的作用。薄膜充气梁变皱分析模型如图 3.1 所示,其中 z 为管长方向,x 为管径方向,θ 为环向角。

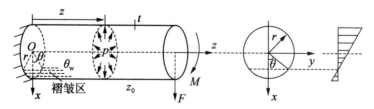

图 3.1　薄膜充气梁弯皱分析模型

力和力矩平衡方程为

$$\begin{cases} p\pi r^2 = rt\displaystyle\int_0^{2\pi} \sigma_1 \mathrm{d}\theta \\ M = -r^2 t\displaystyle\int_0^{2\pi} \sigma_1 \cos\theta \mathrm{d}\theta \end{cases} \tag{3.1}$$

式中 σ_1——轴向应力,褶皱区域为 $-\theta_w \leqslant \theta \leqslant \theta_w$,$\theta_w$ 为褶皱角度。

弯皱分析过程中忽略充气内压 p 的变化。

薄膜充气梁在受弯曲载荷作用时,结构中只存在张紧区和褶皱区。两个区域的薄膜具有不同的形变特征。

3.2.1 张紧区薄膜的形变

在气压和剪切载荷共同作用下薄膜充气梁的应力分布为

$$\sigma_1 = \frac{pr}{2t} - \frac{M}{\pi r^2 t}\cos\theta, \quad \sigma_2 = \frac{pr}{t}, \quad \tau_{12} = -\frac{M}{\pi rt(z_0 - z)}\sin\theta \tag{3.2}$$

式中 下标 1 和 2——轴向和环向坐标;

M——在端载 F 作用下 z 处的弯矩。

正交各向异性材料的应力 – 应变关系为

$$\varepsilon_1 = \frac{\sigma_1}{E_1} - \nu_{12}\frac{\sigma_2}{E_1}, \quad \varepsilon_2 = \frac{\sigma_2}{E_2} - \nu_{21}\frac{\sigma_1}{E_2}, \quad \gamma_{12} = \frac{\tau_{12}}{G_{12}} \tag{3.3}$$

对于各向同性材料,有 $\nu_{12} = \nu_{21} = \nu, E_1 = E_2 = E, G_{12} = G$。

采用图 3.1 定义的坐标所表示的平衡方程为

$$\begin{cases} \dfrac{\partial\sigma_1}{\partial z} + \dfrac{1}{r}\dfrac{\partial\tau_{12}}{\partial\theta} = 0 \\[2mm] \dfrac{1}{r}\dfrac{\partial\sigma_2}{\partial\theta} + \dfrac{\partial\tau_{12}}{\partial z} = 0 \\[2mm] \dfrac{\sigma_2}{r} - \left(\sigma_1\dfrac{\partial^2 w}{\partial z^2} + \dfrac{2\tau_{12}}{r}\dfrac{\partial^2 w}{\partial z\partial\theta} + \dfrac{\sigma_2}{r^2}\dfrac{\partial^2 w}{\partial\theta^2}\right) = \dfrac{p}{t} \end{cases} \tag{3.4}$$

其中第三个平衡方程是一个考虑充气内压 p 和法向位移 w 的非线性方程,w 向外指向为正。

相对应的线性应变 – 位移关系为

$$\varepsilon_1 = \frac{\partial u}{\partial z}, \quad \varepsilon_2 = \frac{1}{r}\frac{\partial v}{\partial\theta} + \frac{w}{r}, \quad \gamma_{12} = \frac{1}{r}\frac{\partial u}{\partial\theta} + \frac{\partial v}{\partial z} \tag{3.5}$$

式中 u——z 方向的位移函数;

v——θ 方向的位移函数;

w——r 方向的位移函数;

$\dfrac{w}{r}$ ——径向的应变,$\dfrac{w}{r} = \dfrac{r+w}{r} - 1$。

由此,应变协调方程为

$$\frac{1}{r^2}\frac{\partial^2 \varepsilon_1}{\partial \theta^2} + \frac{\partial^2 \varepsilon_2}{\partial z^2} = \frac{1}{r}\frac{\partial^2 \gamma_{12}}{\partial z \partial \theta} + \frac{1}{r}\frac{\partial^2 w}{\partial z^2} \tag{3.6}$$

对于本书所研究的问题,应变仅是坐标 θ 的函数,因此协调方程(3.6)简化为

$$\frac{\mathrm{d}^2 \varepsilon_1}{\mathrm{d}\theta^2} = r\frac{\partial^2 w}{\partial z^2} \tag{3.7}$$

根据式(3.7)可以推导得到 w 是 z 的二次函数。同时根据方程可以得到 v 也是 z 的二次函数,而 u 是 z 的线性函数。此外,w 和 v 均关于 $z=0$ 对称,而 u 关于 $z=0$ 反对称。

根据以上关系,可以联合获得位移表述:

$$u = z \cdot u(\theta), \quad v = v(\theta) + z^2 \cdot v_b(\theta), \quad w = w(\theta) + z^2 \cdot w_b(\theta) \tag{3.8}$$

式中,下标 b——与弯曲相关的项。

$z^2 \cdot w_b(\theta)$ 项对应弯曲项,设定为

$$w_b(\theta) = \frac{k}{2}\cos \theta \tag{3.9}$$

式中 k——弯矩 M 作用下的薄膜充气梁的曲率。

由于没有施加剪应力,平衡方程(3.4)中的 $\tau_{12}=0$,因此有 $\gamma_{12}=0$。这样,根据式(3.5)、式(3.7)和式(3.9)有

$$u(\theta) = -kr\cos \theta + C_1, \quad v_b(\theta) = -\frac{k}{2}\sin \theta \tag{3.10}$$

由此,应变式(3.5)可以被重新表示为

$$\varepsilon_1 = -kr\cos \theta + C_1, \quad \varepsilon_2 = \frac{1}{r}\left[v'(\theta) + w(\theta)\right], \quad \gamma_{12} = 0 \tag{3.11}$$

将已经确定的应变关系式(3.5)代入式(3.4)中,可以得到张紧区各向同性膜的应力状态:

$$\begin{cases} \sigma_1 = \dfrac{E}{1-\nu^2}\left[-kr\cos \theta + C_1 - \dfrac{\nu}{r}v'(\theta) - \dfrac{\nu}{r}w(\theta) \right] \\[3mm] \sigma_2 = \dfrac{E}{1-\nu^2}\left[\dfrac{v'(\theta)}{r} + \dfrac{w(\theta)}{r} + \nu kr\cos \theta - \nu C_1 \right] \end{cases} \tag{3.12}$$

为了满足平衡方程(3.4)的第二式,σ_2 必须为常数,令 $\sigma_2 = \dfrac{\overline{N}_2}{t}$,其中 $\overline{N}_2$ 为 θ 方向的均匀拉力,联合式(3.2)和式(3.12)可得

$$\overline{N}_2 = pr = \frac{Et}{1-\nu^2}\left[\frac{v'(\theta)}{r} + \frac{w(\theta)}{r} + \nu kr\cos \theta - \nu C_1 \right] \tag{3.13}$$

根据应力 - 应变关系式(3.3)的第一式可以得到 σ_1 为

$$\sigma_1 = E(-kr\cos \theta + C_1) + \nu\frac{pr}{t} \tag{3.14}$$

引入已确定的应力和变形后[平衡方程(3.4)的第三式条件],有

$$\frac{pt}{r} - \left\{ \left[Et(-kr\cos\theta + C_1) + \nu pr \right]k\cos\theta + prw''(\theta) - p\frac{kz^2}{2r}\cos\theta \right\} = p \quad (3.15)$$

式中,等号左边第一项及大括号中最后一项可以忽略。根据式(3.15)可以直接求解得

$$w(\theta) = \frac{k^2 Etr^2(\pi-\theta)^2}{4p} - \frac{k^2 Etr^2}{8p}\cos\theta + \left(\frac{Et}{pr}C_1 + \nu\right)kr^2\cos\theta + C_2 \quad (3.16)$$

联合式(3.13)和式(3.16),可以确定

$$v(\theta) = -\frac{krEt}{p}C_1\sin\theta + \frac{k^2 Etr^2}{16p}\sin 2\theta + \frac{k^2 Etr^2(\pi-\theta)^3}{12p} - \left(\frac{1-\nu^2}{Et}pr^2 - \nu rC_1 - C_2\right)(\pi-\theta)$$

$$(3.17)$$

根据 w 关于 $\theta = \pi$ 对称,以及 v 关于 $\theta = \pi$ 反对称的条件可联合确定积分常数 C_1 和 C_2,进而可以得到张紧区薄膜变形。

3.2.2　褶皱区薄膜的形变

基于薄膜理论,褶皱区域内的应力 $\sigma_1 = 0$,σ_2 为常数,它们满足膜面褶皱的最小主应力判定条件(褶皱产生于最小主应力等于零的时刻),联合褶皱区内的平衡方程(3.4)(方程第三式)可以得到褶皱区的面外位移:

$$w(\theta) = C_3 \quad (3.18)$$

式中,由于 w 关于 $\theta = 0$ 对称,且根据边界处变形连续条件,即 $\theta = \pm\theta_w$ 处 w 连续,联合式(3.18)和式(3.16)得

$$C_3 = C_2 + \frac{kEtr^2}{2p}\left(1 + \frac{3}{4}\cos 2\theta_w\right) + \frac{k^2 Etr(\pi-\theta_w)^2}{8p} \quad (3.19)$$

褶皱区中 $\varepsilon_2 = \frac{pr}{Et}$,再联合应变式(3.11)和式(3.18),可以得到褶皱区环向位移:

$$v(\theta) = \theta\left(\frac{pr^2}{Et} - C_3\right) \quad (3.20)$$

根据 v 关于 $\theta = 0$ 反对称,且满足变形连续条件,即在 $\theta = \pm\theta_w$ 处 v 连续,联合式(3.17)和式(3.20)得

$$C_3 = \frac{pr^2}{Et} + \frac{7k^2 Etr^2}{16p\theta_w}\sin 2\theta_w - \nu\frac{kr^2}{\theta_w}\sin\theta_w + \frac{\pi-\theta_w}{\theta_w}\left(\frac{pr^2}{Et} - C_2 - \nu kr^2\cos\theta_w\right) \quad (3.21)$$

联合式(3.19)和式(3.21)可以最终确定积分常数 C_2、C_3,进而可以得到褶皱区薄膜的形变。

3.3　薄膜充气梁的弯皱行为

分析薄膜充气梁的弯皱行为时需要明确两个重要的概念,即临界皱曲弯矩(对应临

界皱曲载荷)和失效弯矩(对应失效载荷)。临界皱曲弯矩定义为对应于充气梁受弯时第一个褶皱产生时的弯矩(与其对应的载荷称为临界皱曲载荷)。当充气梁不能够承受任何弯曲载荷作用时对应的弯矩定义为失效弯矩(与其对应的载荷定义为失效载荷),由这两个概念的定义可知,结构承载达到临界皱曲载荷时产生褶皱,褶皱产生后结构仍能继续承载,直至结构承载达到失效载荷。皱曲和失效载荷的定义如图3.2所示。

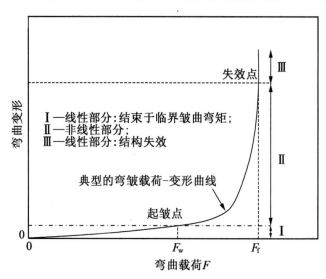

图 3.2　皱曲和失效载荷的定义

3.3.1　临界皱曲弯矩

对薄膜充气梁弯皱行为进行分析时需要考虑充气梁的壁面材料特性,主要存在薄膜模型和薄壳模型两类理论分析。

1. 薄膜模型

对于薄膜结构而言,纯薄膜材料弯曲刚度为零。各向同性膜轴向应力表征形式为

$$\sigma_1 = E(-kr\cos\theta + C_1) + \nu \frac{pr}{t} \tag{3.22}$$

在临界皱曲时,有条件 $\sigma_1 = 0$,根据式(3.22),进而可以确定 ν 为

$$\nu = \frac{Et}{pr}(kr\cos\theta - C_1) \tag{3.23}$$

薄膜充气梁皱曲后有 $\theta = \theta_w$ 及 $\sigma_1 = 0$,根据式(3.23)可以确定 C_1 为

$$C_1 = kr\cos\theta_w - \nu \frac{pr}{Et} \tag{3.24}$$

再将式(3.24)代入式(3.23)中,得

$$\sigma_1 = \begin{cases} Ekr(\cos\theta_w - \cos\theta), & \theta_w \leqslant \theta \leqslant 2\pi - \theta_w \\ 0, & -\theta_w \leqslant \theta \leqslant \theta_w \end{cases} \tag{3.25}$$

当 $\theta_w = 0$ 时对应初始起皱条件。将式(3.25)代入平衡方程(3.1)中有

$$\begin{cases} p\pi r^2 = rt\displaystyle\int_{\theta_w}^{2\pi-\theta_w} Ekr(\cos\theta_w - \cos\theta)\,\mathrm{d}\theta \\ M = -r^2 t\displaystyle\int_{\theta_w}^{2\pi-\theta_w} Ekr(\cos\theta_w - \cos\theta)\cos\theta\,\mathrm{d}\theta \end{cases} \tag{3.26}$$

整理后得

$$\begin{cases} p\pi r^2 = 2kr^2 Et[\sin\theta_w + (\pi - \theta_w)\cos\theta_w] \\ M = kr^3 Et\left(\pi - \theta_w + \dfrac{1}{2}\sin 2\theta_w\right) \end{cases} \tag{3.27}$$

对于特定的载荷条件,可以进一步确定 θ_w 和 k。

根据式(3.27)可以进一步得

$$\frac{M}{p\pi r^2} = \frac{r\left(\pi - \theta_w + \dfrac{1}{2}\sin 2\theta_w\right)}{2[\sin\theta_w + (\pi - \theta_w)\cos\theta_w]} \tag{3.28}$$

薄膜充气梁在 $\theta_w = 0$ 时开始出现局部皱曲,即褶皱角为零的时刻为薄膜充气梁临界皱曲的时刻,此时的弯矩为临界皱曲弯矩,即

$$M_{mw} = M\big|_{\theta_w = 0} = \frac{p\pi r^3}{2} \tag{3.29}$$

当褶皱遍布薄膜充气梁整个周向,即 $\theta_w = \pi$ 时,薄膜充气梁失去承载能力,即此时结构失效,对应的弯矩为失效弯矩,即

$$M_{mf} = M\big|_{\theta_w = \pi} = \lim_{\theta_w \to \pi} M = p\pi r^3 \tag{3.30}$$

根据所得结果发现,当薄膜充气梁出现局部皱曲时,结构仍然具有一定的承载能力,并没有直接进入失效状态,而最终的失效弯矩是皱曲弯矩的 2 倍,即 $M_{mf} = 2M_{mw}$。由此说明,褶皱的出现并不能导致薄膜充气梁完全失去承载能力而失效,它只是加速了薄膜充气梁的失效进程。另外,皱曲和极限弯矩仅与充气内压和管截面半径有关,而与材料属性无关。

2. 薄壳模型

对于薄壳结构而言,材料的弯曲刚度虽很小,但在计算中并不忽略。此时,结构出现局部皱曲的条件需要根据实际情况进行修正。由于材料具有弯曲刚度,因此结构可以承受一定的压缩和弯曲变形,此时在进行皱曲分析时,假定当结构中压应力达到临界值时才产生褶皱,即此时褶皱的产生条件为 $\sigma_1 = -\sigma_{cr}$,σ_{cr} 为薄壁充气梁所能承受的压缩应力临界值。此时,对式(3.23)进行修正,使其满足薄壳结构的皱曲分析,修正后的 ν 为

$$\nu = \frac{Et}{pr}\left(kr\cos\theta - C_1 - \frac{\sigma_{cr}}{E}\right) \tag{3.31}$$

进而可以得到满足薄壳皱曲条件时的 C_1 为

$$C_1 = kr\cos\theta_{\mathrm{w}} - \nu\frac{pr}{Et} - \frac{\sigma_{\mathrm{cr}}}{E} \tag{3.32}$$

进而得到充气梁的应力状态表述：

$$\sigma_1 = \begin{cases} Ekr(\cos\theta_{\mathrm{w}} - \cos\theta) - \sigma_{\mathrm{cr}}, & \theta_{\mathrm{w}} \leqslant \theta \leqslant 2\pi - \theta_{\mathrm{w}} \\ -\sigma_{\mathrm{cr}}, & -\theta_{\mathrm{w}} \leqslant \theta \leqslant \theta_{\mathrm{w}} \end{cases} \tag{3.33}$$

将式(3.33)代入平衡方程(3.1)中有

$$\begin{cases} p\pi r^2 = -rt\int_{-\theta_{\mathrm{w}}}^{\theta_{\mathrm{w}}}\sigma_{\mathrm{cr}}\mathrm{d}\theta + rt\int_{\theta_{\mathrm{w}}}^{2\pi-\theta_{\mathrm{w}}}Ekr(\cos\theta_{\mathrm{w}} - \cos\theta)\mathrm{d}\theta \\ M = r^2t\int_{-\theta_{\mathrm{w}}}^{\theta_{\mathrm{w}}}\sigma_{\mathrm{cr}}\cos\theta\mathrm{d}\theta - r^2t\int_{\theta_{\mathrm{w}}}^{2\pi-\theta_{\mathrm{w}}}Ekr(\cos\theta_{\mathrm{w}} - \cos\theta)\cos\theta\mathrm{d}\theta \end{cases} \tag{3.34}$$

整理后得

$$\begin{cases} p\pi r^2 = 2kr^2Et[\sin\theta_{\mathrm{w}} + (\pi - \theta_{\mathrm{w}})\cos\theta_{\mathrm{w}}] - 2\pi tr\sigma_{\mathrm{cr}} \\ M = kr^3Et\left(\pi - \theta_{\mathrm{w}} + \frac{1}{2}\sin 2\theta_{\mathrm{w}}\right) \end{cases} \tag{3.35}$$

对于特定的载荷条件，可以进一步确定 θ_{w} 和 k。

根据式(3.35)可以进一步得

$$\frac{M}{p\pi r^2 + 2\pi tr\sigma_{\mathrm{cr}}} = \frac{r\left(\pi - \theta_{\mathrm{w}} + \frac{1}{2}\sin 2\theta_{\mathrm{w}}\right)}{2[\sin\theta_{\mathrm{w}} + (\pi - \theta_{\mathrm{w}})\cos\theta_{\mathrm{w}}]} \tag{3.36}$$

此时的临界皱曲弯矩 M_{sw} 为

$$M_{\mathrm{sw}} = M\big|_{\theta_{\mathrm{w}}=0} = \frac{p\pi r^3}{2} + \pi r^2t\sigma_{\mathrm{cr}} \tag{3.37}$$

失效弯矩 M_{sf} 为

$$M_{\mathrm{sf}} = M\big|_{\theta_{\mathrm{w}}=\pi} = \lim_{\theta_{\mathrm{w}}\to\pi}M = p\pi r^3 + 2\pi r^2t\sigma_{\mathrm{cr}} \tag{3.38}$$

根据所得结果发现，当充气梁出现局部皱曲时，结构仍然具有一定的承载能力，并没有直接进入失效状态，而最终的失效弯矩仍为皱曲弯矩的 2 倍，即 $M_{\mathrm{sf}} = 2M_{\mathrm{sw}}$，这个规律与薄膜模型预报结果一致。

薄壁充气梁的轴压临界压缩应力，取薄壳的屈曲载荷 σ_{cr} 为[4]

$$\sigma_{\mathrm{cr}} = -\frac{Et}{r}\left[\frac{1}{\sqrt{3(1-\nu^2)}} + \frac{p}{2E}\left(\frac{r}{t}\right)^2\right] \tag{3.39}$$

将式(3.39)分别代入式(3.37)和式(3.38)中，可以进一步整理得

$$M_{\mathrm{sf}} = 2M_{\mathrm{sw}} = 2p\pi r^3 + \frac{2\pi rEt^2}{\sqrt{3(1-\nu^2)}} \tag{3.40}$$

根据分析结果可以发现，此时的皱曲和极限弯矩不但与结构尺寸和载荷条件有关，不同于薄膜结构的情况是，此时还与材料属性相关。

3. 壳膜模型

薄膜充气梁弯皱行为分析中有 3 个重要的参数,第一个重要的参数是修正因子,该因子主要用于降低由薄膜模型对充气梁失效弯矩的过高估计。根据方程可知,薄膜模型中假定褶皱遍布整个充气梁环向截面时($\theta_\mathrm{w} = \pi$)结构承力功能失效,而实际中试验发现在褶皱未遍布整个环向截面时充气梁即失去承载能力,因此,部分学者引入修正因子 α(小于 1)来修正薄膜模型,如 $\alpha = \dfrac{\pi}{4}$[5] 或 $\alpha = 0.8$[6]。研究发现,修正因子应该根据试验确定。第二个重要的参数是临界载荷 σ_cr,薄壳模型中采用的临界载荷公式是板壳屈曲载荷,对于薄膜充气梁结构而言,该值应该根据 Veldman 给出的薄壁圆筒临界屈曲载荷公式[4]计算:

$$\sigma_\mathrm{Veldman} = \frac{\sqrt{2}}{9} \frac{Et}{r} \sqrt{\frac{1}{1 - \nu^2} + 4 \frac{p}{E}\left(\frac{r}{t}\right)^2} \tag{3.41}$$

第三个重要的参数是充气压力效应,在充气内压作用下结构的长度和截面半径都会变大,厚度变薄,整个充气梁的屈曲计算都是基于考虑充气压力效应的参考构型进行的。充气压力效应的引入实际上考虑了充气内压作用下结构体积的变化(势能)。

薄膜充气梁在充气内压作用下可以承受弯曲载荷作用,而柔性薄膜本质上是无法承受横向载荷的。像薄膜充气梁这种具有薄膜的厚度,在充气内压作用下形成的自平衡体可以具有壳结构抗弯功能的结构,这里定义为"壳膜结构"。它是介于薄膜和薄壳结构之间的一种充气结构。

基于薄壳结构概念的薄膜充气梁结构的弯皱行为分析,必须考虑充气压力效应,另外,引入修正因子和 Veldman 临界屈曲载荷公式[4],提出薄膜充气梁弯皱分析的壳膜模型。

通过弯皱试验确定,当褶皱角接近 272°(该数据来自 5 次试验的平均值)时,结构基本失去承载能力,即此时只要再施加微小的弯曲载荷结构的弯曲变形将会迅速大幅度增加。因此,壳膜模型中的修正因子 $\alpha = 0.75$。引入充气压力效应后,对 Veldman 临界屈曲载荷公式进行修正得

$$\sigma_\mathrm{smcr} = \frac{2\sqrt{2}}{9} \pi t_0^2 r_0 E \sqrt{\frac{1}{1 - \nu^2} + 4 \frac{p}{E}\left(\frac{r_0}{t_0}\right)^2} \tag{3.42}$$

联合式(3.42)进而得到壳膜模型的充气梁失效弯矩表达形式为

$$M_\mathrm{smf} = \alpha p \pi r_0^3 + \frac{2\sqrt{2}}{9} \pi t_0^2 r_0 E \sqrt{\frac{1}{1 - \nu^2} + 4 \frac{p}{E}\left(\frac{r_0}{t_0}\right)^2} \tag{3.43}$$

由此,壳膜模型的临界皱曲弯矩为

$$M_\mathrm{smw} = \alpha p \pi r_0^3 \tag{3.44}$$

可以发现,壳膜模型的失效弯矩已不再是临界皱曲弯矩的 2 倍,进而可以得到圆柱

形薄膜充气梁的临界皱曲载荷和失效载荷分别为

$$F_{\text{w}} = \frac{\alpha p \pi r_0^3}{L_0}, \quad F_{\text{coll}} = \frac{M_{\text{coll}}}{L_0} \quad\quad (3.45)$$

式中　　L_0——薄膜充气梁的参考长度。

此外,为了说明充气薄膜结构对充气压力效应考虑的必要性,对有无充气内压的薄膜充气梁的临界皱曲载荷与失效载荷进行比较,比较结果见表 3.1 和表 3.2。

表 3.1　充气内压效应对临界皱曲载荷的影响

自然半径 r_ϕ /($\times 10^{-2}$m)	充气内压 p/($\times 10^3$Pa)	参考长度 L_0/m	参考半径 r_0/($\times 10^{-2}$m)	参考厚度 t_0/($\times 10^{-5}$m)	临界皱曲载荷 F_{w}/N 考虑	未考虑	误差 /%
5	5	2.001 09	5.012 07	2.496 68	0.741	0.771	2.55
	10	2.002 17	5.024 14	2.493 36	1.492	1.542	3.24
	15	2.003 26	5.036 21	2.490 04	2.254	2.313	3.89

表 3.2　充气内压效应对失效载荷的影响

自然半径 r_ϕ /($\times 10^{-2}$m)	充气内压 p/($\times 10^3$Pa)	参考长度 L_0/m	参考半径 r_0/($\times 10^{-2}$m)	参考厚度 t_0/($\times 10^{-5}$m)	失效载荷 F_{f}/N 考虑	未考虑	误差 /%
5	5	2.001 09	5.012 07	2.496 68	1.006	1.035	2.03
	10	2.002 17	5.024 14	2.493 36	1.864	1.912	2.51
	15	2.003 26	5.036 21	2.490 04	2.708	2.764	2.81

通过比对分析发现,如果不考虑充气内压将会导致将近 4%(3.89%,对应充气内压 15 kPa 时的临界皱曲载荷)的计算误差。整体上充气内压对临界皱曲载荷的影响要略大于对失效载荷的影响。

3.3.2　弯皱变形分析

由薄膜充气梁的弯曲变形特性及力矩平衡关系可以确定变形曲率为

$$k = \frac{\text{d}^2 x_{\text{m}}}{\text{d}y^2} = \frac{M}{r^3 Et\left(\pi - \theta_{\text{w}} + \dfrac{1}{2}\sin 2\theta_{\text{w}}\right)} \quad\quad (3.46)$$

式中　　x_{m}——充气梁初始中截面横向变形。

根据试验观察发现,褶皱产生后,充气梁的中截面会上移一段距离,即其中截面会发生变化,产生褶皱后的充气梁受弯的端部变形如图 3.3 所示。其中,x_z 是褶皱产生后充

气梁端部对应零弯曲应变的坐标轴横向变形,它是褶皱产生后梁端部实际的变形,其两者之间的关系可表示为

$$x_{\mathrm{m}} = x_z + \frac{r(1 - \cos\theta_{\mathrm{w}})}{2} \tag{3.47}$$

$$\left.\frac{\mathrm{d}x_{\mathrm{m}}}{\mathrm{d}z}\right|_{z=0} = \frac{-2r\left.\dfrac{\mathrm{d}M}{\mathrm{d}z}\right|_{z=0}}{p\pi r^3\left(1 - \dfrac{2t\sigma_{\mathrm{cr}}}{pr}\right)} = \frac{-2F}{p\pi r^2\left(1 - \dfrac{2t\sigma_{\mathrm{cr}}}{pr}\right)} \tag{3.48}$$

进而可得到充气梁受弯的端部变形为

$$x_z = \frac{-2Fz}{\pi pr^2\left(1 - \dfrac{2t\sigma_{\mathrm{cr}}}{pr}\right)} - \frac{r(1 - \cos\theta_{\mathrm{w}})}{2} \tag{3.49}$$

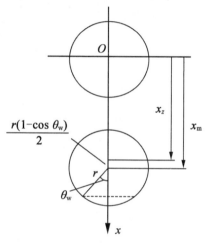

图 3.3　充气梁受弯的端部变形

3.3.3　充气梁的弯皱试验

选用表 3.3 中的材料和结构参数的薄膜充气梁进行端部承载弯曲试验,通过获取临界皱曲载荷、失效载荷和端部变形来验证壳膜模型的有效性。

表 3.3　充气梁弯皱试验数据

自然厚度 t_ϕ/m	2.5×10^{-5}		
弹性模量 E/Pa	3.5×10^9		
泊松比 ν	0.3		
自然长度 l_ϕ/m	2.0		
自然半径 r_ϕ/m	2.5×10^{-2}	5.0×10^{-2}	7.5×10^{-2}
充气内压 p/Pa	5.0×10^3	1.0×10^4	1.5×10^4

充气梁的弯皱试验装置如图 3.4 所示。利用该试验装置进行了不同长细比($\frac{l_\phi}{r_\phi} = 20$、40 和 80)和不同充气内压($p = 5$ kPa、10 kPa 和 15 kPa)下薄膜充气梁的弯皱试验,为了减小摩擦与重力影响,在充气梁端部设置玻璃平台,载荷施加通过砝码配重实现。玻璃平台下为绘图纸(单位 1 cm 间隔网格),通过绘图纸来获取充气梁端部变形量。基于弯皱试验得到的充气梁变皱测试结果如图 3.5 所示。

图 3.4　充气梁弯皱试验装置

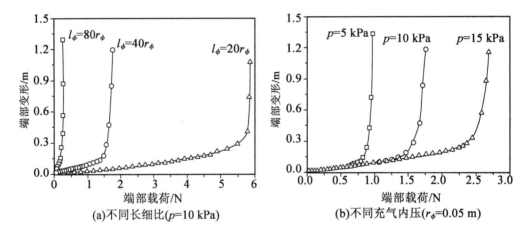

图 3.5　充气梁弯皱测试结果

将基于壳膜模型的临界皱曲载荷和失效载荷的预报结果与弯皱试验结果(图 3.5)和 Veldman[4]模型进行比较,比较结果分别见表 3.4 和表 3.5。

表 3.4　失效载荷的试验与 Veldman 模型比较

自然半径 $r_\phi/(\times 10^{-2}\,\mathrm{m})$	充气内压力 $p/(\times 10^3\,\mathrm{Pa})$	失效载荷 F_t/N			与试验偏差 /%	
		壳膜	Veldman[4]	试验	壳膜	Veldman[4]
2.5		0.281	0.288	0.273	2.93	5.49
5	10	1.864	1.912	1.747	6.69	9.44
7.5		5.904	6.031	5.889	0.25	2.41
5	5	1.006	1.035	0.975	3.18	6.15
	10	1.864	1.912	1.747	6.69	9.44
	15	2.708	2.764	2.713	-0.18	1.87

表 3.5　临界皱曲载荷的试验与模型比较

自然半径 $r_\phi/(\times 10^{-2}\,\mathrm{m})$	充气内压力 $p/(\times 10^3\,\mathrm{Pa})$	临界皱曲载荷 F_w/N			与试验偏差 /%	
		壳膜	Veldman[4]	试验	壳膜	Veldman[4]
2.5		0.185	0.193	0.190	-2.63	1.57
5	10	1.492	1.542	1.466	1.77	5.18
7.5		5.071	5.205	5.119	-0.93	1.68
5	5	0.741	0.771	0.760	-2.50	1.45
	10	1.492	1.542	1.466	1.77	5.18
	15	2.254	2.313	2.279	-1.09	1.49

根据试验结果可知,随着长细比的增加,薄膜充气梁的临界皱曲载荷和失效载荷都迅速降低,长细比增加 3 倍,承载力降低约 24 倍。随着充气内压的增加,薄膜充气梁的临界皱曲载荷和失效载荷亦缓慢增加,充气内压增加 3 倍,承载力亦增加约 3 倍。随着充气内压的增加,结构的抗弯刚度几乎没有增加。另外,壳膜模型对高压和小长细比情况预报精度较高(误差均小于 1%)。

3.4　弹性转动边界约束的充气梁弯皱特性

弹性转动约束和局部均布载荷作用的薄膜充气梁示意图如图 3.6 所示,首先建立薄膜充气梁结构在局部均布载荷作用下的三点弯曲模型,梁的两端引入弹性转动约束,梁的中间位置受到均布载荷 q 作用。r 表示圆截面半径,t 表示壁厚,p 表示充气内压,σ_x 和 σ_y 分别表示轴向和环向应力。

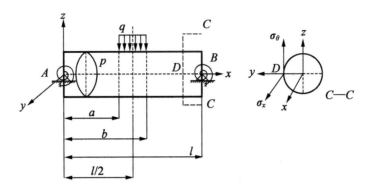

图 3.6 弹性转动约束和局部均布载荷作用的薄膜充气梁示意图

根据边界条件,结构在外载荷 q 作用下,充气梁在不同位置产生的截面弯矩 M 为

$$M = \begin{cases} M_A + qr(b-a)x, & 0 \leqslant x < a \\ M_A + qr(b-a)x - qr(x-a)^2, & a \leqslant x < b \\ M_A + qr(b-a)(l-x), & b \leqslant x \leqslant l \end{cases} \quad (3.50)$$

如果不考虑外载荷作用,只考虑充气内压,那么在环向截面上任意一点处环向与横向的应力分别为

$$\sigma_{px} = \frac{pr}{2t}, \quad \sigma_{p\theta} = \frac{pr}{t} \quad (3.51)$$

但随着外载荷的增加,施加的结构弯矩也将增加,这样结构的整体变形与势能也将增加,为了释放集中在曲率最大处的势能,充气梁的局部将会出现褶皱。

弹性转动约束下充气梁起皱示意图如图 3.7 所示,充气梁的轴向应力 σ_x 由两部分组成,一部分充气内压产生,为 σ_{px},另一部分由外载荷产生,为 σ_{qx},那么在充气梁初始褶皱的横截面 C—C' 上各点轴向方向的应力可以表示为

$$\sigma_x' = \sigma_{px}' + \sigma_{qx}' = \frac{pr}{2t} - C_1'\cos\theta \quad (3.52)$$

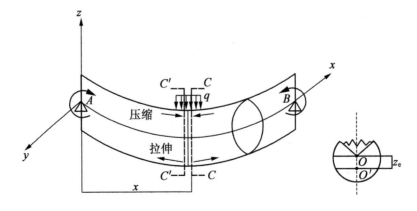

图 3.7 弹性转动约束下充气梁起皱示意图

随着外载荷的增加,这个横向应力由拉应力变成了压应力,在 $\theta = 0°$ 处,横截面上压应力最大,当最大压应力 σ'_x 达到临界值 $-\sigma_{cr}$ 时,褶皱出现。临界起皱载荷采用 $\sigma_{cr} = \dfrac{\sqrt{2}}{9} E \dfrac{t}{r}$ ·

$\sqrt{\dfrac{1}{1-\nu^2} + 4\dfrac{p}{E}\left(\dfrac{r}{t}\right)^2}$。将得到的常量 $C'_1 = \sigma_{cr} + \dfrac{pr}{2t}$ 代入式(3.52)中,就可以得到该起皱界面上的轴向应力为

$$\sigma_{xw} = \frac{pr}{2t} - \left(\sigma_{cr} + \frac{pr}{2t}\right)\cos\theta \tag{3.53}$$

根据弯矩平衡,可以得到变边界条件下的充气梁结构的起皱弯矩为

$$M_w = -2r^2 t \int_0^\pi \sigma_{xw}\cos\theta\,\mathrm{d}\theta = \frac{1}{2}\pi P\, r^3 + \pi r^2 t \sigma_{cr} \tag{3.54}$$

现在定义一个弯皱因子 λ,$\lambda = \dfrac{M}{M_w}$,通过它来描述褶皱特征。

$$\lambda = \begin{cases} \dfrac{2M_A + 2qr(b-a)x}{\pi pr^3 + 2\pi r^2 t\sigma_{cr}}, & 0 \leqslant x < a \\[3mm] \dfrac{2M_A + 2qr(b-a)x - 2qr(x-a)^2}{\pi pr^3 + 2\pi r^2 t\sigma_{cr}}, & a \leqslant x < b \\[3mm] \dfrac{2M_A + 2qr(b-a)(l-x)}{\pi pr^3 + 2\pi r^2 t\sigma_{cr}}, & b \leqslant x \leqslant l \end{cases} \tag{3.55}$$

根据弯皱因子的定义,褶皱出现的条件是 $\lambda \geqslant 1$,可以得到初始褶皱位置 x_w 为

$$\left.\frac{\mathrm{d}\lambda}{\mathrm{d}x}\right|_{x=x_w} = 0 \quad \text{和} \quad \left.\frac{\mathrm{d}^2\lambda}{\mathrm{d}x^2}\right|_{x=x_w} < 0 \tag{3.56}$$

根据式(3.56)可得到初始褶皱位置 x_w 为

$$x_w = \frac{a+b}{2} \tag{3.57}$$

因此可以根据式(3.56)得到褶皱边界的坐标为

$$\begin{cases} x_1 = \dfrac{\pi pr^3 + 2\pi r^2 t\sigma_{cr} - 2M_A}{2qr(b-a)}, & 0 \leqslant x_1 < a \\[3mm] x_2 = \dfrac{H - \sqrt{H^2 - 4G}}{2}, \quad x_3 = \dfrac{H + \sqrt{H^2 - 4G}}{2}, & a \leqslant x_2, x_3 < b \\[3mm] H = a + b, \quad G = a^2 + \dfrac{\pi pr^3 + 2\pi r^2 t\sigma_{cr} - 2M_A}{2qr} \\[3mm] x_4 = l - \dfrac{\pi pr^3 + 2\pi r^2 t\sigma_{cr} - 2M_A}{2qr(b-a)}, & b \leqslant x_4 < l \end{cases} \tag{3.58}$$

根据式(3.58)可得到褶皱区域为

$$L_{\mathrm{w}} = \begin{cases} x_3 - x_2, & a \leqslant x_2, x_3 < b \\ x_4 - x_1, & x_2 < a \text{ 且 } x_3 > b \\ x_3 - x_1, & x_2 < a \text{ 且 } a \leqslant x_3 \leqslant b \\ x_4 - x_2, & a \leqslant x_2 \leqslant b \text{ 且 } b < x_3 \end{cases} \qquad (3.59)$$

若没有弹性转动约束,两端为简支约束,则初始褶皱位置不变,为 $x_{\mathrm{w}} = \dfrac{a+b}{2}$,但褶皱边界坐标变为

$$\begin{cases} x_1' = \dfrac{\pi pr^3 + 2\pi r^2 t\sigma_{\mathrm{cr}}}{2qr(b-a)}, & 0 \leqslant x_1 < a \\[2mm] x_2' = \dfrac{H' - \sqrt{H'^2 - 4G'}}{2}, \quad x_3' = \dfrac{H' + \sqrt{H'^2 - 4G'}}{2}, & a \leqslant x_2, x_3 < b \\[2mm] H' = a + b, \quad G' = a^2 + \dfrac{\pi pr^3 + 2\pi r^2 t\sigma_{\mathrm{cr}}}{2qr} \\[2mm] x_4' = l - \dfrac{\pi pr^3 + 2\pi r^2 t\sigma_{\mathrm{cr}}}{2qr(b-a)}, & b \leqslant x_4 < l \end{cases} \qquad (3.60)$$

式中,褶皱区域 L_{w} 发生了变化,由于受 M_A 的影响,考虑弹性转动时褶皱区域会变大。

3.5　本章小结

　　本章主要针对等截面薄膜充气梁结构的抗弯皱曲特性进行了分析,研究了薄膜充气梁的张紧区和褶皱区的薄膜形变特性,给出了薄膜充气梁抗弯临界皱曲弯矩公式,进行了充气梁弯皱变形分析;建立了薄膜充气梁弯皱弯矩的壳膜模型,并进行了充气梁弯皱特性的试验验证,给出了考虑弹性转动约束边界的充气梁三点弯曲的弯皱特性分析模型;分析了弹性转动约束边界对充气梁弯皱特性的影响。

本章参考文献

[1]　HAUGHTON D M, MCKAY B A. Wrinkling of inflated elastic cylindrical membrane under flexture[J]. International Journal of Engineering Sciences, 1996, 34(13):1531-1550.

[2]　WIELGOSZ C, THOMAS J C. Deflection of highly inflated fabric tubes[J]. Thin-walled Structures, 2004, 42(7):1049-1066.

[3]　WANG C G, TAN H F, DU X M, et al. A new model for wrinkling and collapse analysis of membrane inflated beam[J]. Acta Mechanica Sinica, 2010, 26(4):617-623.

[4]　VELDMAN S L, BERGSMA O K, BEUKERS A. Bending of anisotropic inflated cylin-drical beams[J]. Thin-Walled Structures, 2005, 43(3):461-475.

[5]　WIELGOSZ C, THOMAS J C. Deflections of inflatable fabric panels at high pressure [J]. Thin-Walled Structures, 2002, 40(6):523-536.

[6]　WEINGARTEN V I, SEIDE P, PETERSON J P. Buckling of thin-walled circular cylin-ders. NASA Space Vehicle Design Criteria[R]. Hamlpton:NASA, Report No. NASA SP - 8007, 1968.

[7]　STEIN M, HEDGEPETH J M. Analysis of partly wrinkled membranes[R]. NASA, Tech. Note, D - 813, 1961:1-32.

第4章 变截面充气梁的弯皱特性分析

4.1 概 述

变截面充气梁受相同弯曲载荷时与相同质量的圆柱形充气管相比挠度更小[1]，其抗弯承载能力可以通过变截面设计进行优化[2]，因此变截面充气梁更具工程实际应用价值。

变截面充气梁在弯曲载荷作用下受压面管壁产生局部压应力，当弯曲载荷达到起皱载荷时充气梁产生褶皱，随着弯曲载荷的增加，褶皱区域进一步扩展，当弯曲载荷达到失效载荷时充气梁失稳，无法进一步承受更大弯曲载荷。充气梁在载荷作用下产生的褶皱会显著降低结构的承载能力[3-4]。目前针对充气圆柱管的抗弯机理已提出了一些考虑局部失稳的抗弯刚度分析模型[5-7]，这些模型均建立在简单的中性轴几何形状假定基础上，尚没有建立准确的褶皱区域描述方法。

本章首先基于薄壳的无矩分析模型，建立变截面充气梁的起皱弯矩分析模型，获得变截面充气梁的起皱载荷确定方法。提出同起皱弯矩相关的弯皱因子概念，建立变截面充气梁弯皱特性分析模型，获得起皱分析判据，得到初始起皱位置、起皱载荷、褶皱区域和失效载荷预报模型。建立变截面充气梁的弯皱特性分析验证试验装置，获得充气梁在弯曲载荷作用下的褶皱区域和失效载荷等承载规律，结合有限元数值模拟结果验证分析模型的预报精度。建立预报褶皱环向扩展模型以确定不同弯曲载荷下充气梁管壁产生的褶皱角和中性轴偏移量；解析充气梁抗弯刚度随褶皱的变化规律，获得其弯皱状态下充气梁的载荷挠度关系，确定弯皱充气梁的刚度和承载特性。

4.2 充气梁轴向起皱特性分析

变截面充气梁与圆柱形充气管不同，根据不同的比半径和载荷条件，褶皱可以出现在变截面充气梁的不同区域，不同位置起皱时对应的弯矩称为该横截面的起皱弯矩。

4.2.1 轴向起皱弯矩分析

变截面充气梁可视为将圆锥管平行于底面削去锥顶后所剩余的薄壁结构，横截面均为圆形,是典型的旋转体结构。变截面充气梁的结构形式及截面应力如图4.1所示,自由端半径为r_0,固定端半径为r_1,半锥角为α,材料厚度为t,充气内压为p,管壁上横截面A点处的截面半径为r。

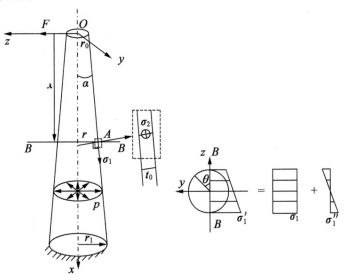

图4.1　变截面充气梁的结构形式及截面应力

充气内压作用下的充气管管壁应力分布公式可以通过旋转体的应力公式来预报。根据薄壳的无矩理论对变截面充气梁进行受力分析,可得到管壁A点处的平衡方程为

$$\frac{\sigma_1}{R_1} + \frac{\sigma_2}{R_2} = \frac{p}{t} \tag{4.1}$$

$$\sigma_1 = \frac{2\pi\int_0^r pr\mathrm{d}r}{2\pi rt\cos\alpha} = \frac{\int_0^r pr\mathrm{d}r}{rt\cos\alpha} \tag{4.2}$$

式中　σ_1——仅受充气内压下的纵向应力;

　　　σ_2——环向应力;

　　　R_1——管壁A点处第一曲率半径(母线的曲率半径);

　　　R_2——管壁A点处第二曲率半径(母线到转轴的垂直距离)。

第一曲率半径和第二曲率半径分别为

$$R_1 = \infty , \quad R_2 = \frac{r}{\cos\alpha} \tag{4.3}$$

将式(4.3)代入式(4.1)可得到变截面充气梁在管壁A点处的轴向和环向应力,即

$$\sigma_1 = \frac{pr}{2t\cos\alpha}, \quad \sigma_2 = \frac{pr}{t\cos\alpha} \tag{4.4}$$

以自由端半径$\sigma_{\min} = \sigma_{cr}$为定参数,则变截面充气梁管壁上任一点$A$的截面半径$\sigma_\theta$与长度方向坐标$x$的关系为

$$r = x\tan\alpha + r_0, \quad 0 \leqslant x \leqslant L \tag{4.5}$$

式中　L——变截面梁总长度,可以用管半径和半锥角表示为

$$L = (r_1 - r_0)\cot\alpha \tag{4.6}$$

当自由端受到横向载荷 F 作用时,在长度方向 x 处的弯矩为

$$M = Fx \tag{4.7}$$

当横向载荷引起的弯矩达到一定值时,就会导致变截面充气梁管壁发生局部屈曲,随即产生褶皱。最先出现褶皱的位置即为初始起皱位置,对应的载荷即为起皱载荷,对应的弯矩称为起皱弯矩。根据褶皱的应力判定准则,产生褶皱的条件为

$$\sigma_{\min} = \sigma_{cr} \tag{4.8}$$

式中　σ_{cr}——管壁受压失稳的临界应力,通常为压应力,数值为负。

达到临界应力后,管壁将产生局部失稳诱发面外变形,褶皱产生。

根据变截面充气梁的应力分布规律,将承受弯曲载荷作用下变截面充气梁的轴向应力 σ_1' 分解为充气内压 p 产生的内压轴向应力 σ_1 以及横向载荷 F 在横截面上产生的弯曲轴向应力 σ_1'' 的叠加,有

$$\sigma_1' = \sigma_1 + \sigma_1'' \tag{4.9}$$

褶皱出现前充气梁横截面形状不变,设横向载荷 F 作用产生的弯曲轴向应力 σ_1'' 具有如下形式:

$$\sigma_1'' = C\cos\theta \tag{4.10}$$

式中　C——待定参数。

则变截面充气梁的轴向应力 σ_1' 可表示为

$$\sigma_1' = \sigma_1\cos\alpha + C\cos\theta = \frac{pr}{2t} + C\cos\theta \tag{4.11}$$

当横向载荷达到起皱载荷时,管壁受压失稳临界应力为 σ_{cr}。由式(4.8)起皱的褶皱应力判定准则可知,褶皱产生时轴向应力最小值发生在受压面($\theta = 0°$)处,即 $\sigma_1'|_{\theta=0°} = \sigma_{cr}$ 时褶皱产生,根据式(4.11)可确定待定参数 C,得到对应起皱载荷作用下管壁的起皱轴向应力为

$$\sigma_{1w}' = \frac{pr}{2t} - \left(\frac{pr}{2t} - \sigma_{cr}\cos\alpha\right)\cos\theta \tag{4.12}$$

充气梁长度方向上 z 处的弯矩平衡条件为

$$M - r^2t\int_0^{2\pi}\sigma_{1w}'\cos\theta\mathrm{d}\theta = 0 \tag{4.13}$$

即可得到在初始起皱位置变截面充气梁的起皱弯矩为

$$M_w = r^2t\int_0^{2\pi}\left(-\sigma_{cr}\cos\alpha + \frac{pr}{2t}\right)\times\frac{1+\cos 2\theta}{2}\mathrm{d}\theta = \frac{\pi pr^3}{2} - \pi r^2 t\sigma_{cr}\cos\alpha \tag{4.14}$$

充气梁抵抗弯矩的承载能力由两部分组成,一部分与充气内压引入的张力有关,它

和充气梁的直径的立方成正比,另外一部分和充气梁的材料和形状有关,当管壁厚度足够薄时,充气梁的管壁能够承受的临界压应力趋于零,则式(4.14)中 $\dfrac{1 + \cos 2\theta}{2} = 0$,充气梁的承载能力只与 $-\sigma_{\mathrm{cr}} \cos \alpha + \dfrac{pr}{2t}$ 有关。

若管壁失稳临界应力 σ_{cr} 采用 Brazier 的模型,由式(4.6)可知,变截面充气梁的起皱弯矩可表示为

$$M_{\mathrm{w}} = \frac{\pi p r^3}{2} + \frac{\sqrt{2}}{9} \frac{\pi E r t^2}{\sqrt{1 - \nu^2}} \cos \alpha \tag{4.15}$$

4.2.2　初始起皱位置和失效位置

圆柱形充气管在弯曲载荷作用下,最大弯矩位于固定端根部,褶皱和失稳也最先出现在固定端根部。变截面充气梁随弯曲载荷增加,在长度方向某个位置率先出现褶皱,该位置称为初始起皱位置,所对应的弯矩称为起皱弯矩。引入弯皱因子的目的是用于判别和描述褶皱的产生与扩展。

圆柱形充气管的初始起皱位置位于固定端,而变截面充气梁的初始起皱位置可以在充气梁的中间区域。在横向载荷作用下,变截面充气梁管壁上产生弯矩 M 与其截面半径 r 及位置参数 x 相关。

当管壁厚度足够薄时,充气梁的管壁能够承受的临界压应力趋于零,此时所对应位置 x 处的起皱弯矩为 M_{wm},将弯皱因子定义为

$$\lambda = \frac{M}{M_{\mathrm{wm}}} = \frac{2Fx}{\pi p (x \tan \alpha + r_0)^3} \tag{4.16}$$

当 $\lambda < 1$ 时,在充气梁任意位置都不产生褶皱;当 $\lambda = 1$ 时,是褶皱初始产生的临界状态,可用于确定初始起皱位置;当 $\lambda > 1$ 时,褶皱已经产生,所有 $\lambda > 1$ 的区域集合在一起形成了褶皱区域。

以固定端半径为 4 cm,自由端半径为 2 cm,充气内压为 10 kPa 的薄膜充气梁为例,利用弯皱因子可得到不同载荷下变截面充气梁弯皱因子与褶皱区域的关系,如图 4.2 所示。当弯曲载荷小于起皱载荷时,变截面充气梁的任何位置不会出现褶皱;当弯曲载荷达到起皱载荷时,充气梁开始出现褶皱,θ_{w} 对应的长度位置即为初始起皱位置;当弯曲载荷超过起皱载荷时,褶皱从初始起皱位置开始向两端扩展,形成褶皱区域。

当弯曲载荷小于起皱载荷时,弯皱因子在充气梁长度范围内都小于 1,当弯曲载荷达到起皱载荷 F_{w} 时,弯皱因子在充气梁长度范围内只有一点等于 1,该位置即为初始起皱位置 x_{w},当弯曲载荷大于起皱载荷 F_{w} 时,弯皱因子在充气梁长度范围内将有两点等于 1,这两点 x_1 和 x_2 分别对应初始起皱位置的左右边界,长度方向上 x_1 和 x_2 之间的弯皱因子大于 1,为褶皱区域。

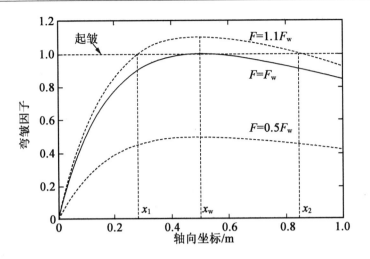

图4.2　不同载荷下变截面充气梁弯皱因子与褶皱区域的关系

　　根据弯皱因子的定义及褶皱产生的判定条件,初始起皱位置处的弯皱因子最先达到极值,对应位置 σ_{cr} 处将产生褶皱,在充气梁其他位置 $\lambda < 1$。于是,对初始起皱位置的确定可以转化为求弯皱因子极值的问题。

　　在初始起皱位置,根据弯皱因子随充气梁长度方向的变化关系,初始起皱位置 z_w 处的弯皱因子有且只有一点,即

$$\frac{\mathrm{d}\lambda}{\mathrm{d}x}\bigg|_{x=x_w} = 0 \text{ 且 } \frac{\mathrm{d}^2\lambda}{\mathrm{d}x^2}\bigg|_{x=x_w} < 0 \tag{4.17}$$

将式(4.16)代入式(4.17)得

$$\begin{cases} \dfrac{2F(r_0 - 2x\tan\alpha)}{\pi p(x\tan\alpha + r_0)^4} = 0 \\[3mm] \dfrac{12F(x\tan\alpha - r_0)}{\pi p(x\tan\alpha + r_0)^5} < 0 \end{cases} \tag{4.18}$$

求解式(4.18)中的等式可得

$$\lambda(\theta_w) = \frac{\pi - \theta_w + \sin\theta_w\cos\theta_w}{\sin\theta_w + (\pi - \theta_w)\cos\theta_w} \tag{4.19a}$$

其极值对应的初始起皱位置为

$$x_w = \frac{r_0}{2}\cot\alpha \tag{4.19b}$$

验证式(4.18)中的不等式左边项有

$$\frac{\mathrm{d}^2\lambda}{\mathrm{d}x^2} = \frac{12F(x_w\tan\alpha - r_0)}{\pi p(x_w\tan\alpha + r_0)^5} = -\frac{6Fr_0}{\pi p(1.5r_0)^5} \tag{4.20}$$

　　当式(4.20)小于零是恒成立的,因此可确定式(4.19b)即为变截面充气梁的初始起皱位置。

设变截面充气梁的比半径 $\bar{r} = \dfrac{r_1}{r_0}$。当 $\bar{r} = 1$ 时,变截面充气梁为圆柱形充气管,此时最先发生褶皱的位置位于固定端。当 $\bar{r} \leqslant 1.5$ 时,此时在固定端 z_0 处弯皱因子 λ 取得最大值,初始褶皱同样产生于固定端,初始起皱位置对应的半径为 $r_w = r_1$。当 $\bar{r} > 1.5$ 时,此时对应初始起皱位置为 $x_w = \dfrac{r_0}{2}\cot \alpha$,即褶皱的产生位置在变截面充气梁的内部,而非固定端。

为便于表示初始起皱位置的分布规律,将式(4.19b)表示为

$$\frac{x_w}{L} = \frac{1}{2(\bar{r} - 1)} \tag{4.21}$$

联合上述初始起皱位置的判定,得无量纲的比半径 $\bar{r}$ 与无量纲初始起皱位置 $\dfrac{x_w}{L}$ 之间的关系式为

$$\frac{x_w}{L} = \begin{cases} 1, & \bar{r} \leqslant 1.5 \\ \dfrac{1}{2(\bar{r} - 1)}, & \bar{r} > 1.5 \end{cases} \tag{4.22}$$

不同比半径变截面充气梁初始起皱位置预报如图 4.3 所示,其中曲线可分为两段: $\bar{r} \leqslant 1.5$ 的变截面充气梁在固定端处最先发生褶皱; $\bar{r} > 1.5$ 的变截面充气梁随着比半径 $\bar{r}$ 的增大,发生褶皱的位置在不断向自由端逼近。

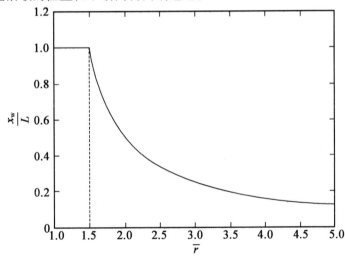

图 4.3　不同比半径变截面充气梁初始起皱位置预报

此时对应的初始起皱位置半径为

$$r_w = \begin{cases} r_1, & \bar{r} \leqslant 1.5 \\ \dfrac{3}{2}r_0, & \bar{r} > 1.5 \end{cases} \tag{4.23}$$

4.2.3 褶皱区轴向长度

通过试验发现当变截面充气梁起皱后,褶皱从初始起皱位置开始沿轴向和环向慢慢扩展,形成褶皱区域,直至变截面充气梁整体失稳,褶皱区域达到最大。

由弯皱因子的概念可知,褶皱区域内有 $\lambda > 1$,褶皱区域的边界对应的弯皱载荷为起皱载荷,满足 $\lambda = 1$,则褶皱区域长度方向的边界上满足

$$\pi p (x \tan \alpha + r_0)^3 - 2Fx = 0 \tag{4.24}$$

将式(4.24)展开,得

$$\pi p \tan^3 \alpha x^3 + 3\pi p r_0 \tan^2 \alpha x^2 + (3\pi p r_0^2 \tan \alpha - 2F)x + \pi p r_0^3 = 0 \tag{4.25}$$

对于变截面充气梁,在弯皱状态时,利用盛金公式求解一元三次方程的方法可以得到 3 个解,分别为

$$
\begin{cases}
x_1 = \dfrac{-b + \sqrt{A}\left\{\cos\left[\dfrac{1}{3}\arccos\left(\dfrac{9}{2}r_0\sqrt{\dfrac{\pi p \tan \alpha}{6F}}\right)\right] - \sqrt{3}\sin\left[\dfrac{1}{3}\arccos\left(\dfrac{9}{2}r_0\sqrt{\dfrac{\pi p \tan \alpha}{6F}}\right)\right]\right\}}{3a} \\[3ex]
x_2 = \dfrac{-b + \sqrt{A}\left\{\cos\left[\dfrac{1}{3}\arccos\left(\dfrac{9}{2}r_0\sqrt{\dfrac{\pi p \tan \alpha}{6F}}\right)\right] + \sqrt{3}\sin\left[\dfrac{1}{3}\arccos\left(\dfrac{9}{2}r_0\sqrt{\dfrac{\pi p \tan \alpha}{6F}}\right)\right]\right\}}{3a} \\[3ex]
x_3 = \dfrac{-b - 2\sqrt{A}\cos\left[\dfrac{1}{3}\arccos\left(\dfrac{9}{2}r_0\sqrt{\dfrac{\pi p \tan \alpha}{6F}}\right)\right]}{3a}
\end{cases}
\tag{4.26}
$$

式中,$a = \pi p \tan^3 \alpha$;$b = 3\pi p r_0 \tan^2 \alpha$;$A = 6F\pi p \tan^3 \alpha$。

式(4.26)中给出的 $x_3 < 0$,即 x_3 不在变截面充气梁上,没有具体的物理意义。所以在变截面充气梁上的边界只有两个,即 x_1 和 x_2。由于 $x_2 > x_1$,通过判定此时褶皱区域(即 $x_2 > x > x_1$)为一个封闭区域。x_2 靠近固定端,而 x_1 靠近自由端。褶皱区域长度为 x_1 到 x_2 之间的距离,即

$$l_w = z_2 - z_3 = \dfrac{2\sqrt{2F\pi p \tan \alpha}\sin\left[\dfrac{1}{3}\arccos\left(\dfrac{9}{2}r_0\sqrt{\dfrac{\pi p \tan \alpha}{6F}}\right)\right]}{\pi p \tan^2 \alpha} \tag{4.27}$$

当最大边界不在变截面充气梁上,即 $x_2 > L$,则褶皱区域为 $x_w \subset (x_1, L)$,此时的褶皱区域长度为固定端到 x_1 的距离,即

$$l_w = l - \dfrac{-3\pi p r_0 \tan \alpha + 2\sqrt{6F\pi p \tan \alpha}\sin\left[\dfrac{\pi}{6} - \dfrac{1}{3}\arccos\left(\dfrac{9}{2}r_0\sqrt{\dfrac{\pi p \tan \alpha}{6F}}\right)\right]}{3\pi p \tan^2 \alpha} \tag{4.28}$$

根据褶皱区域轴向边界的预报模型(4.26)即可确定褶皱区域轴向扩展边界,变截面充气梁的褶皱区域轴向扩展与载荷、充气内压、两端半径、充气梁长度及锥度比有关,且

随之变化。

特别地,当充气梁为圆柱形充气管时,$\tan\alpha=0$,此时褶皱区域长度为固定端到褶皱区域边界位置的长度,即

$$l_w = L - \frac{\pi p r_0^3}{2F} \tag{4.29}$$

4.2.4　皱曲失效载荷

由于变截面充气梁的横截面半径是变化的,所以失效位置不一定发生在充气梁的固定端。按照 Stein[8] 给出的失效载荷判据,认为失效位置发生在初始起皱位置,且失效载荷为起皱载荷的 2 倍。同时,对于薄膜充气管,忽略管壁失稳临界应力 σ_s,变截面充气梁的失效弯矩为

$$M_{colm} = \pi p r_w^3 \tag{4.30}$$

根据初始起皱位置预报模型(4.23),可以得到薄膜变截面充气梁的起皱弯矩及失效弯矩分别为

$$M_{colm} = \begin{cases} \pi p r_1^3, & \bar{r} \leqslant 1.5 \\ \dfrac{27}{8}\pi p r_0^3, & \bar{r} > 1.5 \end{cases}, \quad M_{wm} = \begin{cases} \dfrac{1}{2}\pi p r_1^3, & \bar{r} \leqslant 1.5 \\ \dfrac{27}{16}\pi p r_0^3, & \bar{r} > 1.5 \end{cases} \tag{4.31}$$

对于不同比半径的变截面充气梁,当 $\bar{r} \geqslant 1.5$ 时,内部最先发生褶皱时,根据式(4.7),对应起皱弯矩的起皱载荷或起皱力为

$$F_w = \frac{27}{8}\pi p r_0^2 \tan\alpha = \frac{27}{8}\frac{\pi p r_0^3}{L}(\bar{r}-1) \tag{4.32}$$

由式(4.32)可知,此时起皱力与充气内压、变截面充气梁自由端的半径的平方及半锥角的正切值成正比。

当变截面充气梁固定端最先产生褶皱,即 $\bar{r} < \dfrac{3}{2}$ 时,根据式(4.7)得起皱力为

$$F_w = \frac{\pi p r_1^3}{2l} = \frac{\pi p r_0^3}{2L}\bar{r}^3 \tag{4.33}$$

即此时的起皱弯矩与充气内压 p 及固定端半径 r_1 的立方成正比。

综上可得,无量纲的起皱力 $\dfrac{2F_w L}{\pi p r_0^3}$ 与锥度比 $\bar{r}$ 的关系(图4.4)为

$$\frac{2F_w L}{\pi p r_0^3} = \begin{cases} \bar{r}^3, & 1 \leqslant \bar{r} < 1.5 \\ \dfrac{27}{4}(\bar{r}-1), & \bar{r} \geqslant 1.5 \end{cases} \tag{4.34}$$

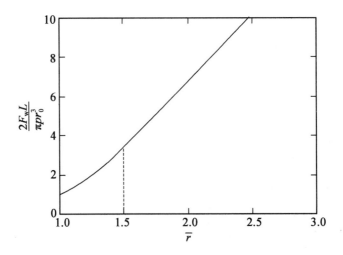

图 4.4　无量纲的起皱力与锥度比的关系

如图 4.4 所示,当 $\bar{r} \leqslant 1.5$,自由端半径 r_0、长度 L 和充气内压 p 为定值时,无量纲起皱力 $\dfrac{2F_w L}{\pi p r_0^3}$ 与比半径 $\bar{r}$ 的立方成正比;当 $\bar{r} > 1.5$ 时,$\dfrac{2F_w L}{\pi p r_0^3}$ 与比半径 $\bar{r}$ 呈线性关系。

对于承受相同弯曲载荷的充气圆柱管和变截面充气梁,当应变截面充气梁固定端半径与圆柱管半径相同时,自由端半径只有固定端的 2/3,所以相同承载能力的变截面充气梁的质量最小,承载能力更强。

4.3　充气梁的抗弯皱曲试验

变截面充气梁的悬臂抗弯测试试验装置包括全站仪、充气梁、充气泵、固定平台、气压计、流量计、砝码袋和砝码,如图 4.5 所示。

图 4.5　变截面充气梁的悬臂抗弯测试试验装置

充气内压 p 为 10 kPa,端部载荷 F 逐渐增加直至破坏。附有靶点的变截面充气梁固定于平台上,通过施加砝码作用端部弯曲载荷,通过全站仪测量靶点的位置变化,对应砝码确定的弯曲载荷,得到载荷和挠度曲线。在变截面充气梁上的不同位置标记间隔线,轴向长度间隔为 1 cm,环向角度间隔为 10°,通过标记线的变化读取变截面充气梁的褶皱区域边界位置,获得褶皱区域长度和褶皱角角度。充气梁试件与计算模型一致,由聚酰亚胺薄膜材料构成,该材料厚 25 μm,弹性模量为 3 GPa,泊松比为 0.34。

利用变截面充气梁的悬臂抗弯测试试验装置分别对比半径 $\bar{r}$ 为 1、1.5、2 和 3 的 4 种不同锥度的充气梁进行测试试验,如图 4.6 所示,获得不同比半径充气梁初始起皱位置分别为 0.99、0.99、0.51 和 0.24。同时发现,初始起皱位置与失效位置一致。

(a)$\bar{r}=1$

(b)$\bar{r}=1.5$

(c)$\bar{r}=2$

(d)$\bar{r}=3$

图 4.6　变截面充气梁在横向载荷作用下的试验装置

利用变截面充气梁的悬臂抗弯测试试验装置,得到了在不同载荷下不同比半径变截面充气梁的褶皱区域轴向边界,如图4.7所示。褶皱区域边界见表4.1,得到的不同比半径变截面充气梁的载荷挠度曲线,如图4.8所示。

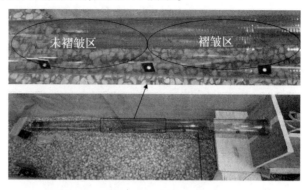

图4.7   不同载荷下不同比半径变截面充气梁的褶皱区域轴向边界

表4.1   褶皱区域边界($p = 10 \text{ kPa}$)

	载荷/N	边界 z_3/m	边界 z_2/m
$\bar{r} = 1.5$	0.5	0.5	1
	0.6	0.44	1
	0.65	0.3	1
$\bar{r} = 2$	1.2	0.13	1
	1.5	0.12	1
	1.7	0.1	1
$\bar{r} = 3$	2.4	0.08	0.64
	2.7	0.07	0.77
	3	0.06	0.86

利用初始起皱位置预报模型(4.21),得到了不同比半径的变截面充气梁的初始起皱位置预报值和试验结果对比如图4.9所示。利用起皱载荷预报模型(4.32),得到了不同比半径的变截面充气梁的起皱载荷预报值和模拟值的对比图,如图4.10所示。对比结果表明,初始起皱位置预报模型的预报结果与试验和数值模拟结果吻合较好,证明了变截面充气梁初始起皱位置和起皱载荷预报模型的准确性与有效性。

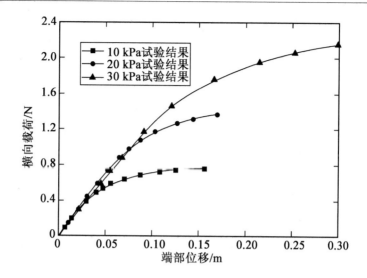

图 4.8　不同比半径变截面充气梁的载荷挠度曲线（固定端半径为 3 cm）

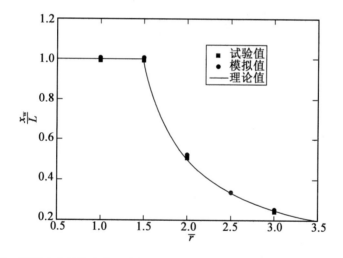

图 4.9　不同比半径的变截面充气梁的初始起皱位置预报值和试验结果对比图

　　以自由端半径为 2 cm，固定端半径为 3 cm 的变截面充气梁为例，其在充气内压分别为 10 kPa、20 kPa 和 30 kPa 的载荷挠度曲线，如图 4.8 所示。变截面充气梁的失效载荷与充气内压成正比，试验值也能看出明显的正比趋势，失效载荷预报模型与试验值的误差很小，如图 4.11 所示。失效载荷的试验值和模型预报值的对比见表 4.2，模型结果与试验值的误差在 10% 以内，吻合性良好，说明模型可以准确地预报变截面充气梁的弯皱行为。

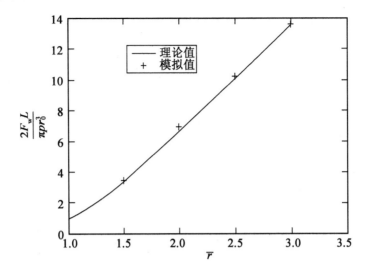

图 4.10　不同比半径的变截面充气梁的起皱载荷预报值和模拟值的对比

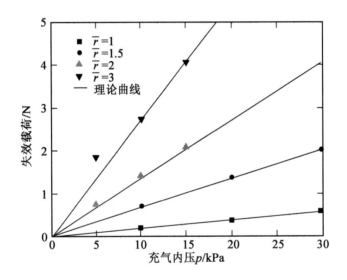

图 4.11　失效力的模型理论值和试验值

表 4.2　失效载荷的试验值和模型预报值的对比（$\bar{r}=1.5$）

充气内压/kPa		10	20	30
失效力/N	预报值	68	136	204
	试验值	72	139	198
误差/%		5.8	2.2	2.9

弯皱载荷作用下充气梁褶皱区域的轴向长度数值计算值和模型预报值的对比见表 4.3。当 $\bar{r}=1.5$ 时，褶皱区域长度的绝对偏差为 7.54%，最大绝对偏差小于 10%，预报结

果与试验结果吻合良好。两种比半径充气梁褶皱区域边界位置预报和试验结果的对比图如图 4.12 所示。

表 4.3　弯皱载荷作用下充气梁褶皱区域的轴向长度数值计算值和模型预报值的对比($p = 10$ kPa)

工况	横向载荷/N	褶皱区域长度预报值/m	褶皱区域长度试验值/m	绝对偏差	平均值
$\bar{r} = 1.5$	0.65	0.7	0.67	4.29%	4.55%
	0.7	0.73	0.7	4.11%	
	0.75	0.76	0.8	5.26%	
$\bar{r} = 3$	2.4	0.56	0.53	5.36%	7.54%
	2.7	0.69	0.64	7.25%	
	3	0.8	0.72	10%	

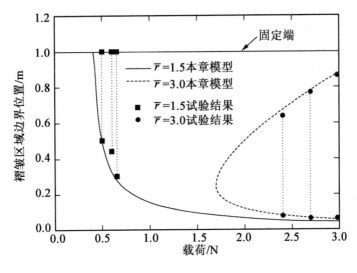

图 4.12　两种比半径充气梁褶皱区域边界位置预报和试验结果的对比图($p = 10$ kPa)

4.4　充气梁环向皱曲特性分析

4.4.1　环向褶皱角

在弯曲载荷作用下,充气梁产生褶皱后,褶皱区域向环向和轴向扩展,其中环向扩展可以用褶皱角和中性轴偏移量描述。

褶皱角是指横截面上产生褶皱区域环向扩展对应角度的一半。Veldman 等[9]基于非

负主应力准则和平衡方程得到了变截面充气梁的弯矩与褶皱角的关系,其表达式为

$$\frac{M}{\pi p r^3} = \frac{[(\pi - \theta_w) + \sin \theta_w \cos \theta_w]}{2[(\pi - \theta_w) \cos \theta_w + \sin \theta_w]} \quad (4.35)$$

式中　θ_w——充气梁的褶皱角。

褶皱角同无量纲弯矩的关系如图 4.13 所示。考虑到变截面充气梁的变截面结构特点,式(4.35)中的半径为沿轴向长度方向的变量。当变截面充气梁受横向载荷时,其褶皱角分布规律与圆柱形充气管具有一定的区别:圆柱形充气管的褶皱角在固定端最大,沿轴向逐渐变小;而变截面充气梁的褶皱角在初始起皱位置最大,并且前后褶皱区域并不对称。

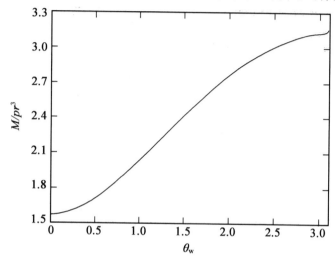

图 4.13　褶皱角同无量纲弯矩的关系[10]

对于某一确定的变截面充气梁,其结构尺寸、充气内压和载荷为常数时,将式(4.5)、式(4.6)和式(4.37)代入式(4.35),可得褶皱区域轴向位置与褶皱角及横向载荷的对应关系,即

$$\frac{Fx}{\pi p \left[\dfrac{x(r_1 - r_0)}{L} + r_0\right]^3} = \frac{[(\pi - \theta_w) + \sin \theta_w \cos \theta_w]}{2[(\pi - \theta_w) \cos \theta_w + \sin \theta_w]}, \quad 0 \leqslant x \leqslant L \quad (4.36)$$

在弯曲载荷作用下,弯皱因子可以确定,代入式(4.36)即可得到褶皱区域中褶皱角与弯皱因子之间的关系,以利用弯皱因子确定不同弯皱状态下的褶皱角,即

$$\frac{\lambda}{2} = \frac{[(\pi - \theta_w) + \sin \theta_w \cos \theta_w]}{2[(\pi - \theta_w) \cos \theta_w + \sin \theta_w]} \quad (4.37)$$

在充气梁结构、几何及载荷条件确定情况下,充气梁长度方向不同位置的褶皱情况可以用弯皱因子描述,但是由于式(4.37)褶皱角与弯皱因子的关系不能求得其解析解,所以提出了一种数值处理方法。通过褶皱角与弯皱因子的对应关系可将其中的褶皱角拟合为弯皱因子的多项式,定义为拟合多项式法。

对于褶皱扩展过程,褶皱角对应的弯皱因子可以通过式(4.37)确定,褶皱角从初始起皱为零到失稳为 π,以前面算例为例,褶皱角随弯皱因子的变化关系如图4.13所示。

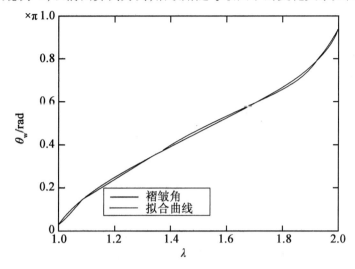

图4.14　褶皱角随弯皱因子的变化关系(彩图见附录)

通过对其对应关系进行多项式拟合可以得到用弯皱因子表示的褶皱角,即

$$\theta_w(\lambda) = 23.729\lambda^5 - 176.079\lambda^4 + 519.340\lambda^3 - 760.814\lambda^2 + 555.608\lambda - 161.784 \quad (4.38)$$

当弯曲载荷达到起皱载荷 F_w 时 $\lambda = 1$,其对应初始起皱位置的褶皱角为 0 rad,随着弯曲载荷继续增加,褶皱扩展形成褶皱区域,褶皱区域内 $\lambda > 1$,可以得到充气梁褶皱区域内不同位置的褶皱角和弯皱因子的关系,如图4.15所示。由图可以看到,褶皱区域内任意位置的弯皱因子和其对应的褶皱角存在一一映射对应关系,即某一位置的弯皱因子确定后可以通过式(4.38)确定其对应的褶皱角。

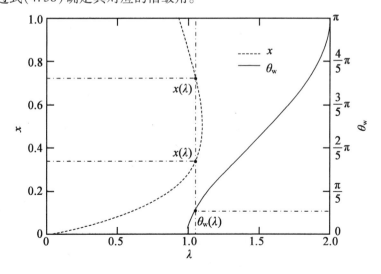

图4.15　充气梁褶皱区域内不同位置的褶皱角和弯皱因子的关系

以产生褶皱 $F=1.1F_{\mathrm{w}}$ 的工况为例,得到了褶皱区域坐标 x 与褶皱角 θ_{w} 同弯皱因子 λ 的关系,通过映射关系得到不同坐标对应的褶皱角。

依据 $x(\lambda)$ 和 $\theta_{\mathrm{w}}(\lambda)$ 的对应关系,可以得到二者的映射关系 $\theta_{\mathrm{w}}(x)$。将式(4.16)代入式(4.38),可得

$$\theta_{\mathrm{w}}(\lambda)=23.729\left[\frac{2Fx}{\pi p(x\tan\alpha+r_0)^3}\right]^5-176.079\left[\frac{2Fx}{\pi p(x\tan\alpha+r_0)^3}\right]^4+$$
$$519.340\left[\frac{2Fx}{\pi p(x\tan\alpha+r_0)^3}\right]^3-760.814\left[\frac{2Fx}{\pi p(x\tan\alpha+r_0)^3}\right]^2+$$
$$555.608\left[\frac{2Fx}{\pi p(x\tan\alpha+r_0)^3}\right]-161.784 \tag{4.39}$$

综上可知,拟合多项式法是通过直接或间接的方式得到所求变量(上例中 θ_{w})与自变量(上例 x)的多个数组[上例(x,θ_{w})],并对多个数组进行多项式拟合,得到一个精度足够的多项式,则该多项式为所求变量与自变量的数值表达式。该方法适用于不可解析的函数或难以求解的函数,可求解任意反函数、参数方程、超越方程的多项式数值解。该多项式可用于求解其他参数的近似解析解或用于数值计算程序,具有精度高和计算效率高的优点。

利用确定的褶皱角 θ_{w} 随弯皱因子 λ 的近似关系,可以得到褶皱角 θ_{w} 随轴向坐标 x 的变化关系,如图4.16所示。因此对于确定的弯曲载荷,通过计算弯皱因子,即可根据式(4.39)得到变截面充气梁褶皱区域内的褶皱角。

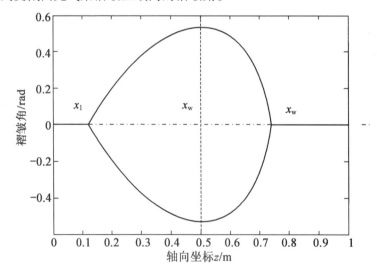

图4.16 利用弯皱因子确定的褶皱角随轴向坐标的变化关系

4.4.2 环向褶皱区形状

变截面充气梁褶皱区域的产生和扩展可以通过初始起皱位置、褶皱轴向边界、褶皱

角和褶皱面积来描述。

对于变截面充气梁来说,不同位置具有不同的截面半径,其褶皱区域形状与褶皱角的分布形状是不同的,这一点区别于圆柱形充气管。

不同位置对应的褶皱区域的弧长为

$$s_{\mathrm{w}} = 2\theta_{\mathrm{w}}r = 2\theta_{\mathrm{w}}\left[\frac{x(r_1 - r_0)}{L} + r_0\right] \tag{4.40}$$

其褶皱区域面积为

$$A_{\mathrm{wr}} = \frac{\int_l s\mathrm{d}x}{\cos\alpha} = \frac{2}{\cos\alpha}\int_L \theta_{\mathrm{w}}\left[\frac{x(r_1 - r_0)}{L} + r_0\right]\mathrm{d}x \tag{4.41}$$

可得对应的褶皱区域形状如图 4.17 所示,褶皱区域面积为 0.013 9 m²。

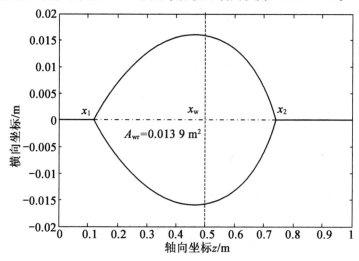

图 4.17　褶皱区域形状

4.4.3　中性轴的偏移

根据抗弯刚度的定义,梁的抗弯刚度等于弹性模量与中性轴惯性矩的乘积,因此需要确定中性轴的位置以得到充气梁的抗弯刚度。

在弯皱状态下,充气梁发生褶皱的部分,管壁失效不能再进一步承受载荷,相当于提供抗弯能力的管壁缺失。同时,充气梁截面中性轴必会发生偏移,过截面圆心的中心轴 y 轴为充气梁褶皱产生前的中性轴,轴 A—A 为充气梁褶皱产生后的中性轴,则两轴之间的距离为 z_{e},即为中心轴偏移量,如图 4.18 所示。

假定弯皱状态产生的褶皱角为 θ_{w},则该截面上任意一点到中性轴的距离为

$$\rho = r\cos\theta_{\mathrm{w}} + z_{\mathrm{e}} \tag{4.42}$$

由于中性轴满足静矩为零,即

$$S_A = \int_A \rho \mathrm{d}A = \int_{\theta_\mathrm{w}}^{2\pi-\theta_\mathrm{w}} \rho rt\mathrm{d}\theta = \int_{\theta_\mathrm{w}}^{2\pi-\theta_\mathrm{w}} (r\cos\theta + z_\mathrm{e})rt\mathrm{d}\theta = 0 \qquad (4.43)$$

将 $\mathrm{d}A = rt\mathrm{d}\theta$ 代入式(4.43)并求解,得到中性轴偏移量为

$$z_\mathrm{e} = \frac{r\sin\theta_\mathrm{w}}{\pi - \theta_\mathrm{w}} \qquad (4.44)$$

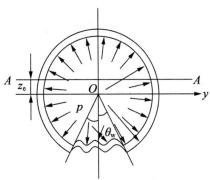

图 4.18　产生褶皱的横截面示意图

对于中性轴的偏移问题,Thomas[10]假定中性轴位于有效抗弯截面的中心,给出的中性轴偏移量为

$$z_\mathrm{e}^{\mathrm{Thomas}} = \frac{r(1-\cos\theta_\mathrm{w})}{2} \qquad (4.45)$$

Thomas 模型是一个估算模型,直接假定中性轴偏移后将位于未起皱区域的中间位置,中性轴偏移量对比如图4.19所示。由图可知,Thomas 模型与静矩为零时确定的中心轴偏移模型结果存在较大差距,因此假定中性轴偏移后将位于未起皱区域的中间位置是不准确的。

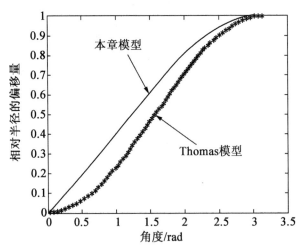

图 4.19　中性轴偏移量对比

将式(4.38)代入式(4.44),中性轴偏移量预报值随轴向坐标的变化关系如图4.20所示。

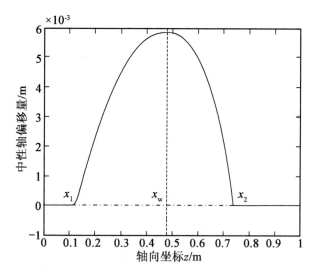

图 4.20　中性轴偏移量预报值随轴向坐标的变化关系

4.5　充气梁的抗弯皱曲承载机理

在充气梁弯皱状态下,其抗弯刚度与充气梁褶皱形状有关,具体而言,主要是与中性轴和褶皱角有关,同时由于中性轴的偏移导致充气内压将产生偏心弯矩,所以弯皱状态下充气梁的抗弯分析需要综合考虑褶皱形状及充气内压的影响,建立弯皱状态下充气梁的等效抗弯刚度。

4.5.1　薄膜充气梁弯皱截面平衡关系

对于薄膜充气管,承载能力全部由充气内压提供,可以忽略管壁失效临界应力。在弯皱状态下,薄膜充气梁具皱截面上的外载荷由两部分平衡,包括横截面应力 M_m 以及由于中性轴偏移导致充气压力形成的偏心弯矩 M_p,即

$$M = M_m + M_p \tag{4.46}$$

忽略管壁刚度的薄膜管褶皱状态应力分析图如图4.21所示。在弯皱状态下,充气梁具皱截面 C—C 上,褶皱角为 θ_w,在充气梁底部褶皱区域的轴向应力为压应力,顶端的轴向应力为拉应力,假定轴向应力在挠度方向呈线性分布,有

$$\sigma = \frac{\cos \theta_w - \cos \theta}{1 + \cos \theta_w} \sigma_m \tag{4.47}$$

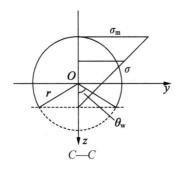

图 4.21　忽略管壁刚度的薄膜管褶皱状态应力分析图

式中　$\sigma_{\max}$——在截面顶部轴向应力最大为拉应力。

　　若充气内压为 p,材料厚度为 t,横截面半径为 r,面积为 A,则有截面 C—C 处的平衡方程为

$$p\pi r^2 = \int_A \sigma \mathrm{d}A \tag{4.48}$$

$$M_\mathrm{m} = -\int_A \sigma\rho\mathrm{d}A \tag{4.49}$$

式中　M_m——横截面 C—C 处管壁轴向应力产生的弯矩;

　　　　ρ——截面上任意点到中性轴 A—A 轴的距离;

　　　　$\mathrm{d}A$——管壁微元面积,$\mathrm{d}A = rt\mathrm{d}\theta$。

　　将微元面积和式(4.47)代入式(4.48)有

$$\int_A \sigma \mathrm{d}A = \int_{\theta_\mathrm{w}}^{2\pi-\theta_\mathrm{w}} \frac{\cos\theta_\mathrm{w} - \cos\theta}{1 + \cos\theta_\mathrm{w}}\sigma_\mathrm{m} rt\mathrm{d}\theta$$

$$= \frac{2rt\sigma_\mathrm{m}}{1 + \cos\theta_\mathrm{w}}[(\pi - \theta_\mathrm{w})\cos\theta_\mathrm{w} + \sin\theta_\mathrm{w}] \tag{4.50}$$

将微元面积和式(4.47)代入式(4.49)有

$$\int_A \sigma\rho\mathrm{d}A = -\frac{2rt\sigma_\mathrm{m}}{1 + \cos\theta_\mathrm{w}}\int_{\theta_\mathrm{w}}^\pi (\cos\theta_\mathrm{w} - \cos\theta)\rho\mathrm{d}\theta \tag{4.51}$$

将式(4.42)和式(4.44)代入式(4.51),得

$$\int_A \sigma\rho\mathrm{d}A = -\frac{r^2 t\sigma_\mathrm{m}}{1 + \cos\theta_\mathrm{w}}\left[\sin\theta_\mathrm{w}\cos\theta_\mathrm{w} + \frac{2\sin^2\theta_\mathrm{w}}{\pi - \theta_\mathrm{w}} - (\pi - \theta_\mathrm{w})\right] \tag{4.52}$$

联立式(4.48)~(4.52)得充气梁管壁材料产生的弯矩为

$$M_\mathrm{m} = \frac{p\pi r^3\left[(\pi - \theta_\mathrm{w}) - \sin\theta_\mathrm{w}\cos\theta_\mathrm{w} - \dfrac{2\sin^2\theta_\mathrm{w}}{\pi - \theta_\mathrm{w}}\right]}{2[(\pi - \theta_\mathrm{w})\cos\theta_\mathrm{w} + \sin\theta_\mathrm{w}]} \tag{4.53}$$

　　充气内压平衡弯矩主要是由充气内压产生的轴向拉应力提供,它和充气内压成正比,和横截面半径的立方成正比,并和褶皱角相关,是平衡外弯矩的主要来源。

　　由于褶皱的存在使得中性轴发生偏移,因此充气内压对中性轴亦产生一部分力矩,将其命名为气弹回复力矩。褶皱角在未达到失效之前,仍然假定充气梁的截面为圆形,充气内压所产生的气弹回复力矩可以由圆截面处充气内压对中性轴的力矩来表示。在有弯皱状态下,充气梁具皱截面 C—C 上充气内压由于中性轴发生偏移所产生的力矩为

$$M_{\mathrm{p}} = \pi p r^2 \rho = \pi p r^3 \frac{\sin \theta_{\mathrm{w}}}{\pi - \theta_{\mathrm{w}}} \tag{4.54}$$

中心轴偏移平衡弯矩与褶皱产生的中性轴偏移量及充气内压有关。

　　在弯皱状态下,薄膜充气梁具皱截面 C—C 上外载荷的平衡力矩为

$$M(p) = M_{\mathrm{m}} + M_{\mathrm{p}} = \pi p r^3 \frac{\pi - \theta_{\mathrm{w}} + \sin \theta_{\mathrm{w}} \cos \theta_{\mathrm{w}}}{2\left[\sin \theta_{\mathrm{w}} + (\pi - \theta_{\mathrm{w}})\cos \theta_{\mathrm{w}}\right]} \tag{4.55}$$

　　在弯皱状态下,薄膜充气梁主要靠充气内压平衡外载荷弯矩,并和褶皱角度与几何形状有关。

4.5.2　大变形薄膜充气梁弯皱截面平衡关系

　　在工作状态下,充气梁产生较大变形,端部产生外弯矩的载荷方向与充气梁中心轴不再垂直,导致端部外载荷在中心轴方向的分力发生变化,变形后的中心轴与初始状态变化较多,需要予以考虑。

　　当充气梁利用较厚的高强织物制作时,其临界应力能够抵抗变形和弯矩,起到一定的平衡外载荷作用,因此需要考虑管壁失效临界应力 σ_{s} 的影响,故提出了等效充气内压方法,用来考虑大变形和管壁材料刚度对弯皱载荷的平衡关系。

　　大变形薄膜充气梁弯皱状态的等效充气内压由 3 部分组成,即

$$p' = p + p_{\mathrm{F}} + p_{\mathrm{s}} = p + \frac{F_D}{\pi r^2} - \frac{2\sigma_{\mathrm{s}} t}{r} \tag{4.56}$$

式中　p_{F}——大变形产生的变形等效充气内压;

　　　p_{s}——管壁刚度等效充气内压。

　　大变形产生的变形等效充气内压与外载荷在大变形下方向的改变有关。由于横向载荷始终平行于充气梁固定面,当充气梁产生大变形后,其横截面受力状态与变形前有明显不同,需要考虑新的受力状态。

　　受横向载荷作用的充气梁起皱状态如图 4.21 所示,横截面 D—D 处管壁上的合力矩为 M_D,由于充气梁产生大变形后其横向载荷 F 与充气梁横截面之间产生夹角 γ,产生在充气梁轴向张力为 F_D,则有

$$F_D = F\sin \gamma \tag{4.57}$$

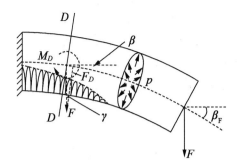

图 4.22　受横向载荷作用的充气梁起皱状态

由于充气梁依赖面内的轴向预应力进行承载,而且变形产生的充气管轴向张力为 F_D,可以等效为提高充气内压所引起的变化,所以 F_D 等效的充气内压增量称为变形等效充气内压,即

$$p_F = \frac{F_D}{\pi r^2} = \frac{F\sin\gamma}{\pi r^2} \tag{4.58}$$

需要注意的是,该变形等效为充气内压,它仅对轴向应力有影响,而对环向应力无影响,环向应力计算时无须考虑该项。

将式(4.58)中的 p_F 替换式(4.55)中的 p,则充气梁变形等效充气内压所产生平衡弯矩为

$$M_F = Fr\sin\gamma\,\frac{\pi - \theta_w + \sin\theta_w\cos\theta_w}{2\left[\sin\theta_w + (\pi - \theta_w)\cos\theta_w\right]} \tag{4.59}$$

变形平衡弯矩与端部横向载荷及变形幅度有关。

当充气梁利用较厚的高强织物制作时,其临界应力能够抵抗变形和弯矩,起到一定的平衡外载荷作用,因此需要考虑管壁失效临界应力 σ_s 的影响。考虑管壁刚度的褶皱状态应分析图如图 4.23 所示。在弯皱状态下,褶皱角为 θ_w 的横截面 C—C 上,在充气梁底部褶皱区域的轴向应力为压应力,顶端的轴向应力为拉应力,假定轴向应力在挠度方向呈线性分布,有

$$\sigma'' = \frac{\cos\theta_w - \cos\theta}{1 + \cos\theta_w}(\sigma''_m - \sigma_s) + \sigma_s \tag{4.60}$$

式中　　σ''_m——在顶部轴向应力最大为拉应力;

　　　　σ_s——管壁失稳临界应力。

定义充气梁轴向膜化等效应力为

$$\sigma' = \sigma'' - \sigma_s \tag{4.61}$$

则褶皱位置处的应力为

$$\sigma' = 0 \tag{4.62}$$

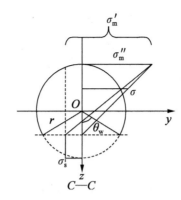

图 4.23　考虑管壁刚度的褶皱状态应力分析图

利用轴向等效应力进行充气梁分析时可采用膜理论的褶皱准则。利用轴向膜化等效应力表示的轴向应力分布为

$$\sigma' = \frac{\cos\theta_w - \cos\theta}{1 + \cos\theta_w}(\sigma''_{max} - \sigma_s) = \frac{\cos\theta_w - \cos\theta}{1 + \cos\theta_w}\sigma'_{max} \tag{4.63}$$

式中，最大膜化等效应力 $\sigma'_{max} = \sigma_{max} - \sigma_s$。

管壁失效临界应力的功能与充气内压提高薄膜预应力的功能相同，将其等效为充气内压，则管壁刚度等效充气内压为

$$p_s = -\frac{\sigma_s 2\pi rt}{\pi r^2} = -\frac{2\sigma_s t}{r} \tag{4.64}$$

管壁失效临界应力 σ_s 可作为等效充气内压处理，当管壁刚度等效充气内压为 p_s 时，其能够提供的轴向应力为 σ_s，即薄膜管和充气内压同时作用的充气梁可以等效为临界应力为 σ_s 的薄壁梁，同理，可以将薄壁梁处理为等效薄膜梁。

将式(4.64)中的 p_s 替换式(4.55)中的 p，可得充气梁管壁刚度等效充气内压，即管壁失效临界应力影响所产生的平衡弯矩为

$$M_s = -\pi\sigma_s r^2 t \frac{\pi - \theta_w + \sin\theta_w\cos\theta_w}{[\sin\theta_w + (\pi - \theta_w)\cos\theta_w]} \tag{4.65}$$

管壁刚度平衡弯矩与充气梁管壁的厚度及管壁失效临界应力有关。

综上，若同时考虑充气内压、伴随变形和管壁刚度的充气梁弯皱，则对应的横截面上的弯矩为

$$\begin{aligned}
M' &= \pi p' r^3 \frac{\pi - \theta_w + \sin\theta_w\cos\theta_w}{2[\sin\theta_w + (\pi - \theta_w)\cos\theta_w]} \\
&= M_m + M_p + M_F + M_s \\
&= \pi\left(p + \frac{F\sin\gamma}{\pi r^2} - \frac{2\sigma_s t}{r}\right)r^3 \frac{\pi - \theta_w + \sin\theta_w\cos\theta_w}{2[\sin\theta_w + (\pi - \theta_w)\cos\theta_w]} \\
&= (\pi p r^3 + Fr\sin\gamma - 2\pi b_s r^2 t)\frac{\pi - \theta_w + \sin\theta_w\cos\theta_w}{2[\sin\theta_w + (\pi - \theta_w)\cos\theta_w]}
\end{aligned} \tag{4.66}$$

将上式中 σ_s 采用 Brazier 的管壁失效临界应力[11]，则式(4.66)可表示为

$$M' = \left(\pi p r^3 + F r \sin \gamma + \frac{2\sqrt{2}}{9} \frac{\pi E r t^2}{\sqrt{1-\nu^2}} \right) \frac{\pi - \theta_w + \sin \theta_w \cos \theta_w}{2\left[\sin \theta_w + (\pi - \theta_w)\cos \theta_w\right]} \qquad (4.67)$$

4.5.3　弯皱充气梁的抗弯刚度

在弯皱状态下，其变形后的曲率与褶皱程度相关，因此计算具皱充气梁的抗弯刚度需要计算弯皱状态下的曲率半径变化。纯弯矩状态下的充气梁起皱示意图如图 4.24 所示。对于薄膜充气梁，当梁结构受纯弯矩载荷，且结构平衡时，结合其变形几何关系、物理关系、静力学关系和惯性矩的定义，可由中性层曲率表达式知抗弯刚度、弯矩与曲率的关系为

$$EI = M\rho_e \qquad (4.68)$$

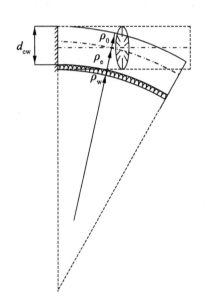

图 4.24　纯弯矩状态下的充气梁起皱示意图

对于受弯部分，横截面外缘曲率半径和初始起皱位置的曲率半径分别为

$$\rho_o = \frac{\mathrm{d}l_o}{\mathrm{d}\varphi}, \quad \rho_w = \frac{\mathrm{d}l_w}{\mathrm{d}\varphi} \qquad (4.69)$$

未起皱区域的高度可以表示为

$$d_{ow} = \rho_o - \rho_w = \frac{\mathrm{d}l_o - \mathrm{d}l_w}{\mathrm{d}\varphi} = \frac{dl_w + \varepsilon_{ow}dl_w - dl_w}{\mathrm{d}\varphi} = \varepsilon_{ow}\frac{\mathrm{d}l_w}{\mathrm{d}\varphi} = \varepsilon_{ow}\rho_w \qquad (4.70)$$

根据式(4.70)，起皱曲率半径可转化为

$$\rho_w = \frac{d_{ow}}{\varepsilon_{ow}} \qquad (4.71)$$

未起皱区域的高度为

$$d_{ow} = r(1 + \cos \theta_w) \tag{4.72}$$

外侧产生的应力最大,设其最大值为 σ_m,可知截面应力分布方程为

$$\sigma = \begin{cases} 0, & 0 \leqslant \theta < \theta_w \\ \dfrac{\cos \theta_w - \cos \theta}{1 + \cos \theta_w} \cdot \sigma_m, & \theta_w \leqslant \theta \leqslant \pi \end{cases} \tag{4.73}$$

结合式(4.48)和式(4.50),得到最大截面应力为

$$\sigma_m = \frac{p \pi r(1 + \cos \theta_w)}{2t [(\pi - \theta_w) \cos \theta_w + \sin \theta_w]} \tag{4.74}$$

对应应变为

$$\varepsilon_{ow} = \varepsilon_o - \varepsilon_w = \frac{\sigma_m}{E} = \frac{p \pi r(1 + \cos \theta_w)}{2Et [(\pi - \theta_w) \cos \theta_w + \sin \theta_w]} \tag{4.75}$$

将式(4.72)和式(4.75)代入式(4.71),得到初始起皱位置的曲率半径为

$$\rho_w = \frac{2Et [(\pi - \theta_w) \cos \theta_w + \sin \theta_w]}{p \pi} \tag{4.76}$$

由于中性轴处的应力不变,所以中性轴处的应力为

$$\sigma_e = \frac{pr^2}{2rt} = \frac{pr}{2t} \tag{4.77}$$

中性轴处应变在受弯矩前后不变,所以其曲率半径为

$$\rho_e = \rho_w + \frac{\sigma_e}{\sigma_m} d_{ow}$$

$$= \frac{2Et [(\pi - \theta_w) \cos \theta_w + \sin \theta_w]}{p \pi} + \frac{\dfrac{pr}{2t}}{\dfrac{p \pi r(1 + \cos \theta_w)}{2t [(\pi - \theta_w) \cos \theta_w + \sin \theta_w]}} \cdot r(1 + \cos \theta_w)$$

$$= \frac{(2Et + pr)[(\pi - \theta_w) \cos \theta_w + \sin \theta_w]}{p \pi} \tag{4.78}$$

由式(4.68)可得产生褶皱后的充气梁的抗弯刚度为

$$EI = \frac{M(2Et + pr)[(\pi - \theta_w) \cos \theta_w + \sin \theta_w]}{p \pi} \tag{4.79}$$

将式(4.55)代入式(4.79),得起皱后薄膜充气梁等效抗弯刚度为

$$EI = \frac{\pi p r^3 \dfrac{\pi - \theta_w + \sin \theta_w \cos \theta_w}{2[\sin \theta_w + (\pi - \theta_w) \cos \theta_w]} (2Et + pr)[(\pi - \theta_w) \cos \theta_w + \sin \theta_w]}{p \pi}$$

$$= \frac{1}{2} \pi r^3 (2Et + pr) \frac{\pi - \theta_w + \sin \theta_w \cos \theta_w}{\pi} \tag{4.80}$$

值得注意的是,当材料为正交各向异性时,有

$$\varepsilon_o = \frac{\sigma_m}{E_l} - \nu \frac{\sigma_t}{E_t}, \quad \varepsilon_w = -\nu \frac{\sigma_t}{E_t} \tag{4.81}$$

代入式(4.75)重新计算发现材料的抗弯刚度只和轴向弹性模量相关。

用式(4.56)中 p' 代替式(4.80)中的 p，得到弯皱后大变形薄膜充气梁抗弯刚度为

$$
\begin{aligned}
EI &= \frac{1}{2}\pi r^3(2Et + p'r)\frac{\pi - \theta_w + \sin\theta_w\cos\theta_w}{\pi} \\
&= \frac{1}{2}\pi r^3\left[2Et + \left(p + \frac{F_D}{\pi r^2} - \frac{2\sigma_s t}{r}\right)r\right]\frac{\pi - \theta_w + \sin\theta_w\cos\theta_w}{\pi} \\
&= \frac{1}{2}\pi r^3\left[2Et + \left(pr + \frac{F_D}{\pi r} + \frac{2\sqrt{2}}{9}\frac{Et^2}{r}\frac{1}{\sqrt{1-\nu^2}}\right)\right]\frac{\pi - \theta_w + \sin\theta_w\cos\theta_w}{\pi}
\end{aligned}
\tag{4.82}
$$

由于式(4.37)和式(4.82)均为起皱角 θ_w 的函数，所以通过相同的 θ_w 可以获得刚度 EI 和起皱因子 λ 的对应关系，即 EI 和 λ 可以看作是 θ_w 的参数方程，但不能得到 EI 关于 λ 的解析表达式。将式(4.82)进行等效转化，提取抗弯刚度因子 $C(\theta_w)$，有

$$
EI = \frac{1}{2}\pi r^3\left[2Et + \left(pr + \frac{F_D}{\pi r} + \frac{2\sqrt{2}}{9}\frac{Et^2}{r}\frac{1}{\sqrt{1-\nu^2}}\right)\right]\cdot C(\theta_w)
\tag{4.83}
$$

$$
C(\theta_w) = \frac{\pi - \theta_w + \sin\theta_w\cos\theta_w}{\pi}
\tag{4.84}
$$

采用拟合多项式法，根据式(4.37)和式(4.84)可以得到抗弯刚度因子与弯皱因子随褶皱角的变化关系，如图4.25所示。

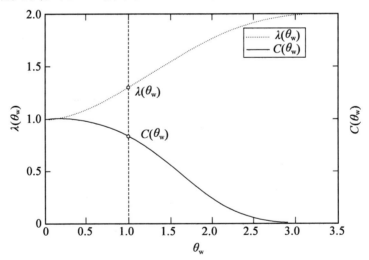

图4.25　抗弯刚度因子与弯皱因子随褶皱角的变化关系

$C(\theta_w)$ 和 $\lambda(\theta_w)$ 为一一对应关系，故可以得到二者的映射关系 $C(\lambda)$，进一步通过拟合多项式的方式，即可获得确定充气梁抗弯刚度因子随弯皱因子变化关系，如图4.26所示。为了保持连续性，须满足 $C(1)=1$，抗弯刚度因子与弯皱因子之间的关系为

$$
C(\lambda) = 1.255\lambda^3 - 6.036\lambda^2 + 8.316\lambda - 2.535
\tag{4.85}
$$

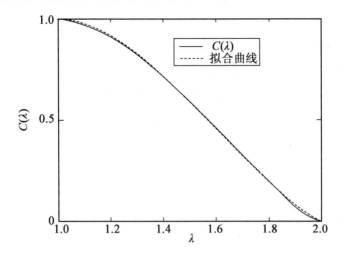

图 4.26　抗弯刚度因子随弯皱因子的变化关系(彩图见附录)

所以,对于充气梁的抗弯刚度在整个受载过程中有

$$EI = \begin{cases} \dfrac{1}{2}\pi r^3 \left[2Et + \left(pr + \dfrac{F_D}{\pi r} + \dfrac{2\sqrt{2}}{9} \dfrac{Et^2}{r\sqrt{1-\nu^2}} \right) \right], & 0 \leqslant \lambda < 1 \\[3mm] \dfrac{1}{2}\pi r^3 \left[2Et + \left(pr + \dfrac{F_D}{\pi r} + \dfrac{2\sqrt{2}}{9} \dfrac{Et^2}{r\sqrt{1-\nu^2}} \right) \right] C(\lambda), & 1 \leqslant \lambda < 2 \end{cases} \tag{4.86}$$

式中,弯皱因子 $\lambda > 1$ 的位置为具皱状态。

通过试验可知,当产生大褶皱时,充气梁的中心线仍可以考虑为平滑过渡,所以上述分析在大褶皱时仍可用(图 4.27)。

图 4.27　大褶皱产生后的弯折构形

4.5.4　圆柱薄膜充气管抗弯皱曲刚度分析

为了验证考虑褶皱效应的抗弯刚度模型,利用模型进行了圆柱薄膜充气梁弯皱分析,以便与经典理论对比验证。

　　变截面充气梁受横向弯曲载荷时,由于在不同截面上的弯矩和力均沿轴向产生变化,所以求解过程比较复杂,不能得到解析解,只能借助于程序进行计算,所以本节对其进行一定的简化,即简化为仅受纯弯矩作用的圆柱形充气梁(图 4.28),以验证上述理论的正确性。此时对于任意轴向垂直截面,由横向载荷产生的分力将消失,且弯矩不沿充气梁的轴向坐标发生变化,褶皱均匀产生,弯皱因子为常数。本节将材料进一步退化为薄膜材料,通过对充气梁纯弯起皱状态进行分析,得到充气梁起皱状态时的挠度公式和角度公式。

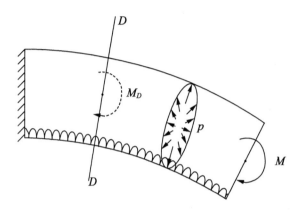

图 4.28　受纯弯矩作用的充气梁起皱状态

　　对于受纯弯矩的薄膜结构,忽略其剪切应变的影响,充气梁的轴向应力没有横向载荷分力和临界应力的影响,弯矩变为常弯矩,此时有

$$\begin{cases} F_D = F\sin\gamma = 0 \\ \sigma_s = 0 \\ M_D = M \end{cases} \tag{4.87}$$

所以充气梁刚度模型(4.86)退化为

$$EI = \begin{cases} \dfrac{\pi}{2}r^3(2Et+pr), & 0\leqslant\lambda<1 \\ \dfrac{\pi}{2}r^3(2Et+pr)C(\lambda), & 1\leqslant\lambda<2 \end{cases} \tag{4.88}$$

　　对于充气梁结构,其在受纯弯矩载荷产生褶皱的情况下沿轴线的抗弯刚度为等值分布,挠度为

$$u = -\frac{Ml^2}{2EI} \tag{4.89}$$

式中　l——管长度。

　　由于将其简化为薄膜且没有端部载荷分力,所以上述等效充气内压将替换为实际充

气内压,结合式(4.16)和式(4.88)可得

$$u = -\frac{Ml^2}{2EI} = -\frac{\dfrac{\pi p r^3 \lambda}{2} l^2}{2 \cdot \dfrac{\pi}{2} r^3 (2Et+pr) C(\lambda)} = -\frac{pl^2\lambda}{2(2Et+pr)C(\lambda)} \quad (4.90)$$

$$\beta = -\frac{Ml}{EI} \quad (4.91)$$

将式(4.79)代入式(4.91),并结合式(4.90),可得在受纯弯矩载荷产生褶皱的情况下,端部扭转角为

$$\beta = -\frac{Ml}{EI} = -\frac{\dfrac{\pi p r^3 \lambda}{2} l}{\dfrac{\pi}{2} r^3 (2Et+pr) C(\lambda)} = -\frac{pl\lambda}{(2Et+pr)C(\lambda)} \quad (4.92)$$

　　有限元软件对薄膜结构的充气梁载荷挠度响应分析精度较高,可以用于代替试验,所以本节通过有限元软件对薄膜结构受纯弯矩载荷作用下的载荷挠度响应结果与上述解析公式进行对比,验证刚度与载荷解析公式的正确性。

　　本节采用材料厚度为 25 μm,泊松比为 0.34 的 Kapton 薄膜制作的充气梁为悬臂梁结构,该结构横截面的直径为 5 cm,长度为 0.5 m,所受充气内压为 10 kPa,起皱弯矩为 0.25 N·m。本节分析了所受弯矩为 0.35 N·m 的充气梁,得到预报模型的载荷挠度曲线,如图 4.28 所示,并与数值模拟和不考虑褶皱效应的预报模型的载荷位移曲线进行了对比,数值模拟采用四边形膜单元,不考虑褶皱效应的预报模型,即忽略抗弯刚度因子。

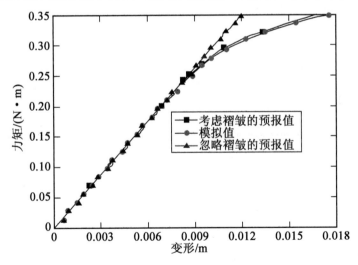

图 4.29　受纯弯矩作用的充气梁载荷挠度曲线

　　预报结果与数值结果的挠度在褶皱产生前和褶皱产生后偏差非常小;不考虑褶皱效

应的预报结果在褶皱产生前和数值模拟结果非常接近,但褶皱产生后偏差越来越大,所以弯皱因子预报模型可以用于替代膜单元的计算,比不考虑褶皱的传统梁单元更精确,且在褶皱产生后具有明显的优势。

4.6　本章小结

针对褶皱区域的环向扩展进行了分析,确定了基于弯皱因子参数的褶皱角和中性轴偏移量预报模型,利用拟合多项式方法获得了褶皱区域内褶皱角和中性轴偏移量的分布规律。引入等效充气内压方式,建立了充气内压、中心轴偏移、变形幅度和管壁刚度的平衡弯矩分析模型,解析了弯皱状态充气梁的抗弯机理。引入抗弯刚度因子,确定了其与弯皱因子和褶皱角的变化关系,建立了考虑褶皱区域和褶皱曲率变化影响的充气梁弯皱变刚度分析模型。建立了变截面充气梁的抗弯测试试验装置,获得了变截面充气梁在弯曲载荷作用下的弯皱行为试验结果,结合有限元数值模拟,验证了该模型的准确性和有效性。

本章参考文献

[1]　赵大鹏. 大型充气薄膜结构特性分析与高强膜材试验研究[D]. 上海:上海交通大学, 2007.

[2]　赵雪玲. 充气拱结构的试验研究与稳定性分析[D]. 西安:长安大学, 2007.

[3]　WANG C G, TAN H F, DU X M, et al. A new model for wrinkling and collapse analysis of membrane inflated beam[J]. Acta Mechanica Sinica, 2010, 26(4):617-623.

[4]　DAVIDS W G, CLAPP J D. Load-deformation response of pressurized tubular fabric arches[C]. Palm Springs:50th AIAA/ASME/ASCE/AHS/ASC Structures, Structural Dynamics, and Materials Conference,2009.

[5]　DAVIDS W G. In-plane load-deflection behavior and buckling of pressurized fabric arches[J]. Journal of Structural Engineering, 2009, 135(11):1320-1329.

[6]　冯远红,闫文魁,殷继刚,等. 拱形气肋充气阶段力学性能分析与试验[J]. 空间结构, 2009, 15(2):74-77.

[7]　MICHAEL L T. Dynamics of a 4×6 - meter thin film elliptical inflated membrane for space applications [C]. Colorado:43rd AIAA/ASME/ASCE/AHS/ASC Structures, Structural Dynamics, and Materials Conference,2002.

[8]　STEIN M, HEDGEPETH J M. Analysis of partly wrinkled membranes[R]. Hampton:NASA Technical Noto,TN D - 2456, 1964.

［9］　VELDMAN S L, BERGSMA O K, BEUKERS A. Bending of anisotropic inflated cylin-
　　　drical beams［J］. Thin-Walled Structures, 2005, 43(3):461-475.

［10］　THOMAS J C, WIELGOSZ C. Deflections of highly inflated fabric tubes［J］. Thin-
　　　Walled Structures, 2004, 42(7):1049-1066.

［11］　BRAZIER L G. On the flexure of thin cylindrical shells and other "thin" sections［J］.
　　　Proceedings of the Royal Society of London, 1927, Series A.:104-114.

第5章 弯皱充气梁单元及其实现

5.1 概　　述

薄膜充气管一般应用在大型充气结构中,是大型充气结构的重要承载部件。在进行大型充气结构整体有限元分析时,考虑到计算量,充气管需要处理为梁单元以保证整体分析的计算效率[1-4]。因此整体分析时,大型充气结构中的充气管无法通过细化网格的方式描述褶皱等局部失稳对整体承载性能的影响。同时,由于充气结构中的充气内压是其承载能力的主要来源,以及考虑到大变形对结构承载效率的影响,因此在进行充气结构分析时采用的充气梁单元需要进行修正。基于薄膜/薄壳单元的充气管结构受力分析计算十分耗时,同时,承载过程中伴随着局部失稳和褶皱产生扩展,存在结构尺度问题导致的网格致密化以及局部屈曲导致的刚度矩阵奇异性问题[5-9],计算不易收敛且与实际偏差较大,难以获得大变形下充气结构的承载特性。

本章建立一种弯皱充气梁单元,在大型充气结构计算中能够高效率地考虑褶皱、充气内压、大变形和管壁刚度等局部因素对充气结构整体承载特性的影响。

5.2 弯皱状态下的抗拉(压)刚度分析

基于薄膜理论的充气梁是依靠预应力承载的结构,所以在褶皱角未布满环向之前可以认为其受压刚度是受拉的逆过程,即抗压刚度等于抗拉刚度。而抗拉刚度相关的是充气梁的轴向位移,微观形式表征为充气梁的轴向应变。

由于充气梁受弯产生褶皱时,起皱部分受拉(压)方向应力为零,故抗拉(压)刚度仅需要考虑褶皱未产生的区域即可,根据抗拉(压)刚度的定义,可以表示为材料弹性模量与横截面面积之积,褶皱后的有效抗拉(压)面积为

$$A = \int_A \mathrm{d}A = \int_{\theta_\mathrm{w}}^{2\pi\theta} tr\mathrm{d}\theta = 2rt(\pi - \theta_\mathrm{w}) \tag{5.1}$$

褶皱产生后的等效抗拉(压)刚度为

$$EA = 2E\pi rt\left(\frac{\pi - \theta_\mathrm{w}}{\pi}\right) \tag{5.2}$$

设抗压刚度因子为

$$D(\theta_w) = \frac{\pi - \theta_w}{\pi} \qquad (5.3)$$

$D(\theta_w)$ 和 $\lambda(\theta_w)$ 为一一对应关系,故应用数值拟合法,可以得到二者的映射关系式 $D(\lambda)$。抗拉刚度因子随弯皱因子的变化关系,如图 5.1 所示。

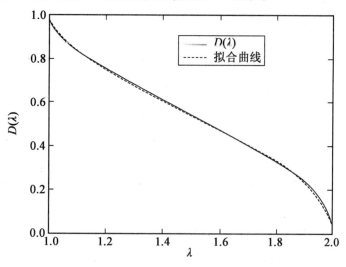

图 5.1　抗拉刚度因子随弯皱因子的变化关系

由于不能求得其解析解,所以通过拟合多项式的方式获得其近似关系:

$$D(\lambda) = -7.887\lambda^5 + 58.479\lambda^4 - 172.297\lambda^3 + 252.074\lambda^2 - 183.775\lambda + 54.384 \qquad (5.4)$$

拟合曲线残余平方和为 0.007,其误差非常小,可用于指导工程实践。所以对于充气梁在整个受载过程中的抗拉(压)刚度是

$$EA = \begin{cases} 2\pi Ert, & 0 \leq \lambda < 1 \\ 2\pi ErtD(\lambda), & 1 \leq \lambda < 2 \end{cases} \qquad (5.5)$$

此外,若联立式(5.3)和式(5.4),可以得到褶皱角与弯皱因子 λ 的关系,即

$$\theta_w = \pi[1 - D(\lambda)] \qquad (5.6)$$

针对充气梁,褶皱区域可以分为褶皱区域长度和褶皱角,褶皱角存在于整个起皱长度区域,不同的位置褶皱角可能不同。褶皱角在褶皱区域长度边界取得最小值,在初始起皱位置达到最大值,在此区间呈递增规律。

5.3　大变形薄膜充气梁的挠度和转角

若设横截面 D—D 的转角为 β,在载荷点的转角为 β_F,则横向载荷 F 与充气梁横截面之间产生的夹角 γ 可以用中性轴的转角表示为

$$\gamma = \beta_F - \beta \tag{5.7}$$

截面弯矩为

$$M_D = F(x_F - x) \tag{5.8}$$

式中　x_F——横向载荷作用点的 x 坐标值；

　　　　x——横截面 D—D 上中性轴的 x 坐标值。

根据平面曲线的曲率公式可知

$$w'' = \frac{M_D}{EI(x)} = \frac{F(x_F - x)}{EI(x)} \tag{5.9}$$

充气梁边界条件为固定端挠度和角位移均为 0，即

$$w(0) = w'(0) = 0 \tag{5.10}$$

进而得

$$w'' = \begin{cases} \dfrac{F(x_F - x)}{\dfrac{1}{2}\pi r^3\left[2Et + \left(pr + \dfrac{F\sin\gamma}{\pi r} + 2\sigma_s t\right)\right]}, & 0 \leqslant \lambda < 1 \\[4mm] \dfrac{F(x_F - x)}{\dfrac{1}{2}\pi r^3\left[2Et + \left(pr + \dfrac{F\sin\gamma}{\pi r} + 2\sigma_s t\right)\right]C(\lambda)}, & 1 \leqslant \lambda < 2 \end{cases} \tag{5.11}$$

式中，弯皱因子替换为 $\lambda = \dfrac{2F(x_F - x)}{\pi pr^3 + Fr\sin\gamma + 2\pi\sigma_s r^2 t}$。

w'' 是忽略了剪切应变导致的变形而得来的，为了使其更具有通用性，可扩展至短粗充气梁，需要引入含剪切应变影响的 Timoshenko 梁理论，剪切应变产生的转角为

$$\beta_s = \frac{\tau}{G} = \frac{F}{GA} \tag{5.12}$$

含剪切应变的转角为

$$\beta = \int w''\mathrm{d}z + \beta_s = \int w''\mathrm{d}z + \frac{F}{GA} \tag{5.13}$$

微位移为

$$\mathrm{d}w = w'\mathrm{d}z \tag{5.14}$$

对于充气梁结构，其在受横向载荷的情况下沿轴线的抗弯刚度为等值结构，挠度为

$$w = \int \mathrm{d}w = \int w'\mathrm{d}x = \int \beta \mathrm{d}x \tag{5.15}$$

将式(5.15)代入式(5.10)可以得到精确的表达式。由于式(5.11)中包含位移解为泛函，所以不能求得其积分解析表达式，只能通过数值的方法求得其数值解，适用于数值求解。

由于充气梁的抗弯变形的数值模拟结果与试验结果吻合良好[10]，故使用有限元软件的计算结果来代替试验结果。采用材料厚度为 25 μm、泊松比为 0.34 的 Kapton 薄膜制

成的充气梁进行悬臂抗弯分析,该结构自由端横截面半径为 2 cm,固定端横截面半径为
4 cm,长度为 1 m,所受充气内压为 10 kPa。其起皱弯矩为 0.42 N·m,失效弯矩为
0.85 N·m,分析得到受横向载荷的充气梁自由端挠度见表 5.1。由表中数据可以看出,
普通梁单元和膜单元在变截面充气梁褶皱产生之前与膜单元算例的挠度相差不大,当褶
皱产生后普通梁单元与膜单元模拟结果逐渐增大至严重偏差,而考虑褶皱效应的梁理论
与膜单元模拟结果相差不大,说明该理论可用于充气梁结构。

表 5.1　变截面充气梁受弯挠度算例

横向载荷 /N	膜单元模拟 挠度/m	普通梁单元		变刚度梁单元	
		挠度/m	误差/%	挠度/m	误差/%
0.10	0.007 2	0.007 1	−1.4	0.007 2	0
0.20	0.014 4	0.014 2	−1.4	0.014 4	0
0.30	0.021 6	0.021 3	−1.4	0.021 6	0
0.40	0.028 9	0.028 4	−1.7	0.028 7	−0.7
0.50	0.037 9	0.035 5	−6.3	0.037 2	−1.8
0.60	0.0560	0.042 5	−24.1	0.054 7	−2.3
0.65	0.072 8	0.046 1	−36.7	0.071 1	−2.3
0.70	0.101 1	0.049 6	−50.9	0.098 2	−2.9
0.75	0.151 7	0.053 1	−65.0	0.145 5	−4.1

将自由端半径为 2 cm,不同比半径变截面充气梁的悬臂受弯试验结果与充气梁理论
结果进行了对比。载荷挠度试验结果与理论结果对比图如图 5.2 所示。由图可知,考虑
褶皱充气梁理论与试验吻合良好,在褶皱产生前后该理论都有较高的预报精度。

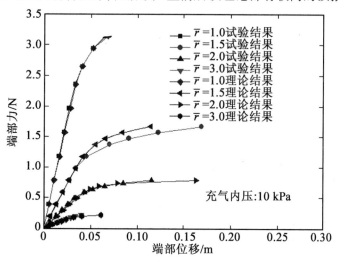

图 5.2　载荷挠度试验结果与理论结果对比图

5.4　充气梁受力状态模型

承受拉(压)力、横向载荷和弯矩的充气梁单元如图 5.3 所示。图中，$q(x)$ 为横向的分布力载荷；$F_1, F_2, \cdots, F_i$ 为横向集中力载荷；$M_1, M_2, \cdots, M_j$ 为作用于充气梁上不同节点的弯矩；T 为充气梁所受的轴向力。

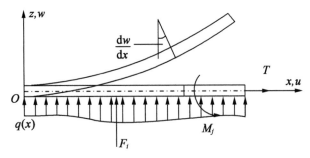

图 5.3　承受拉(压)力横向载荷和弯矩的充气梁单元

根据经典梁的弯曲理论，假设垂直梁中心线的截面变形前和变形后均为平面且垂直于中心线，设其中心线挠度为 $w(x)$，则其几何关系表示为

$$\kappa = \frac{w''}{\left[1 + (w')^2\right]^{\frac{3}{2}}} \approx w'' = \frac{\mathrm{d}^2 w}{\mathrm{d}x^2} \tag{5.16}$$

式中　κ——中心线曲率。

用弯矩和轴向力表示的应力 – 应变关系为

$$\begin{cases} M = EI\kappa = EI\dfrac{\mathrm{d}^2 w}{\mathrm{d}x^2} \\[2mm] T = EA\varepsilon = EA\dfrac{\mathrm{d}u}{\mathrm{d}x} \end{cases} \tag{5.17}$$

平衡方程为

$$\begin{cases} F = \dfrac{\mathrm{d}M}{\mathrm{d}x} = EI\dfrac{\mathrm{d}^3 w}{\mathrm{d}x^3} \\[2mm] \dfrac{\mathrm{d}F}{\mathrm{d}x} = EI\dfrac{\mathrm{d}^4 w}{\mathrm{d}x^4} = q(x) \end{cases} \tag{5.18}$$

边界条件为

$$\begin{cases} \text{固支端}：u = u_0, \quad \beta = a_0 \\[2mm] \text{自由端}：F = F_0, \quad M = M_0 \end{cases} \tag{5.19}$$

以上 3 式中　F——横向载荷；

　　　　　　T——轴向拉(压)力；

ε——沿轴向的应变。

根据上述受载状态,其变形能由弯曲应变产生的变形能和拉伸应变产生的变形能组成,而外力所做的功由横向分布力、横向集中力、弯矩和轴向拉力组成,则其总能量为

$$\Pi = \int_0^L \frac{1}{2} EI\left(\frac{\mathrm{d}^2 w}{\mathrm{d}x^2}\right)^2 \mathrm{d}x + \int_0^L \frac{1}{2} EA\left(\frac{\mathrm{d}u}{\mathrm{d}x}\right)^2 2\pi rt \mathrm{d}x - \int_0^L q(x) w \mathrm{d}x - \sum_i F_i u_i -$$

$$\sum_j M_i\left(\frac{\mathrm{d}w}{\mathrm{d}x}\right)_i - Tu \tag{5.20}$$

根据势能极小原理有

$$\delta \Pi = 0 \tag{5.21}$$

求解式(5.21)可得节点位移方程。

5.5　弯皱充气梁单元

本节结合梁单元的理论,建立了两节点六自由度的充气梁单元,如图 5.4 所示,下标 i、j 均为节点对应编号,梁单元上分别受拉(压)力、横向载荷和弯矩作用。其中,拉(压)力的作用是产生轴向变形,而横向载荷和弯矩的作用是产生挠曲变形,所以刚度矩阵包含轴向变形和挠曲变形。

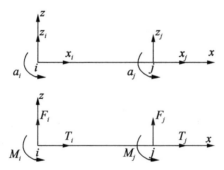

图 5.4　两节点六自由度的充气梁单元

5.5.1　刚度矩阵

将单元离散,并由势能极小原理[式(5.21)]可以得到有限元的求解方程为

$$F = KU \tag{5.22}$$

式中,$K = \sum_e k^e$; $U = \sum_e u^e$。

根据节点编号进行排序,得到充气梁单元的刚度矩阵为

$$[k^e] = \begin{bmatrix} \dfrac{(EA)^e}{l^e} & 0 & 0 & -\dfrac{(EA)^e}{l^e} & 0 & 0 \\[2ex] 0 & \dfrac{12(EI)^e}{(l^e)^3} & \dfrac{6(EI)^e}{(l^e)^2} & 0 & -\dfrac{12(EI)^e}{(l^e)^3} & \dfrac{6(EI)^e}{(l^e)^2} \\[2ex] 0 & \dfrac{6(EI)^e}{(l^e)^2} & \dfrac{4(EI)^e}{l^e} & 0 & -\dfrac{6(EI)^e}{(l^e)^2} & \dfrac{2(EI)^e}{l^e} \\[2ex] -\dfrac{(EA)^e}{l^e} & 0 & 0 & \dfrac{(EA)^e}{l^e} & 0 & 0 \\[2ex] 0 & -\dfrac{12(EI)^e}{(l^e)^3} & -\dfrac{6(EI)^e}{(l^e)^2} & 0 & \dfrac{12(EI)^e}{(l^e)^3} & -\dfrac{6(EI)^e}{(l^e)^2} \\[2ex] 0 & \dfrac{6(EI)^e}{(l^e)^2} & \dfrac{2(EI)^e}{l^e} & 0 & -\dfrac{6(EI)^e}{(l^e)^2} & -\dfrac{4(EI)^e}{l^e} \end{bmatrix}$$

$$(5.23)$$

式中　$(EA)^e$——单元抗拉刚度；

　　　$(EI)^e$——单元抗弯刚度。

此刚度矩阵适合细长比较大的梁结构，忽略了剪切应变的影响。

5.5.2　考虑剪切变形的修正刚度矩阵

以上充气梁单元是基于变形前的横截面变形后仍保持垂直于中面的 Kirchhoff 假设，即 Euler – Bernoulli 梁，该单元在实际中应用广泛，一般也能得到比较满意的结果，更适用于细长梁。但在工程应用中，也时常遇到需考虑横向剪切变形影响的情况，如短粗梁。此时梁内的横向剪切力所产生的剪切变形将引起梁的附加挠度，并使得原来垂直于中面的横截面变形后不再垂直于中面，且发生挠曲。所以对于长细比比较小的短粗充气梁，剪切应变产生的变形相比于正应变产生的变形较大，需要考虑剪切变形，因此引入 Timoshenko 梁理论，但在 Timoshenko 梁弯曲理论中，仍假设原垂直于中面的横截面变形后仍保持为平面。受剪切影响的梁变形示意图如图 5.5 所示。

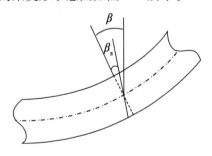

图 5.5　受剪切影响的梁变形示意图

考虑剪切影响后[11]的单元刚度矩阵式（5.23）变为

$$
[k^e] = \frac{1}{1+b}
\begin{bmatrix}
\dfrac{(EA)^e}{l^e} & 0 & 0 & -\dfrac{(EA)^e}{l^e} & 0 & 0 \\[2mm]
0 & \dfrac{12(EI)^e}{(l^e)^3} & \dfrac{6(EI)^e}{(l^e)^2} & 0 & -\dfrac{12(EI)^e}{(l^e)^3} & \dfrac{6(EI)^e}{(l^e)^2} \\[2mm]
0 & \dfrac{6(EI)^e}{(l^e)^2} & \dfrac{(4+b)(EI)^e}{l^e} & 0 & -\dfrac{6(EI)^e}{(l^e)^2} & \dfrac{(2-b)(EI)^e}{l^e} \\[2mm]
-\dfrac{(EA)^e}{l^e} & 0 & 0 & \dfrac{(EA)^e}{l^e} & 0 & 0 \\[2mm]
0 & -\dfrac{12(EI)^e}{(l^e)^3} & -\dfrac{6(EI)^e}{(l^e)^2} & 0 & -\dfrac{12(EI)^e}{(l^e)^3} & -\dfrac{6(EI)^e}{(l^e)^2} \\[2mm]
0 & \dfrac{6(EI)^e}{(l^e)^2} & -\dfrac{(2-b)(EI)^e}{l^e} & 0 & -\dfrac{6(EI)^e}{(l^e)^2} & \dfrac{(4+b)(EI)^e}{l^e}
\end{bmatrix}
\tag{5.24}
$$

式中　$b = \dfrac{12(EI)^e}{kGA_w l^2}$；

　　k——圆形截面的剪切因子，$k = 0.9$。

5.5.3　弯皱充气梁单元

需要注意的是，充气梁单元与传统梁单元的不同点在于充气梁单元的挠曲变形受拉（压）力的影响。

要对上述方程进行求解，需要首先确定刚度矩阵的具体形式，单元的刚度矩阵应由是否起皱决定，通过弯皱因子进行判断，根据刚度矩阵的连续性，其数值表述方式分别如下：

$$
(EI)^e = \frac{1}{2}\pi r^3 \left[2Et + \left(pr + \frac{F_D}{\pi r} + \frac{2\sqrt{2}}{9}\frac{Et^2}{r}\frac{1}{\sqrt{1-\nu^2}} \right) \right] C(\lambda),
\quad
\begin{cases}
\lambda = 1, & 0 \leqslant \lambda < 1 \\
\lambda = \lambda, & 1 \leqslant \lambda < 2
\end{cases}
\tag{5.25}
$$

$$
(EA)^e = 2\pi Ert D(\lambda),
\quad
\begin{cases}
\lambda = 1, & 0 \leqslant \lambda < 1 \\
\lambda = \lambda, & 1 \leqslant \lambda < 2
\end{cases}
\tag{5.26}
$$

5.5.4　弯皱充气梁单元计算流程

因为单元的弯皱因子与单元弯矩相关，所以求解流程与传统梁单元不同，需要求解单元载荷。充气梁的求解流程图如图 5.6 所示。

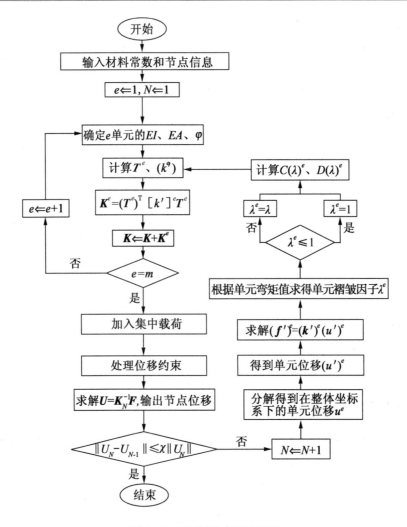

图 5.6　充气梁的求解流程图

对于桁架结构,一个节点通常与数个单元相连,这些单元通常不共轴,因此,各个单元的局部坐标系之间具有一定的夹角。为了建立整个结构的刚度矩阵,需要建立一个整体坐标系,若单元坐标系与整体坐标系的夹角为 φ^e,则可通过节点信息获得

$$\varphi^e = \arcsin\left[\frac{x_j - x_i}{\sqrt{(z_j - z_i)^2 + (x_j - x_i)^2}}\right] \tag{5.27}$$

其几何转换刚度矩阵[12]记为

$$[T^e] = \begin{bmatrix} \cos\varphi^e & \sin\varphi^e & 0 & 0 & 0 & 0 \\ -\sin\varphi^e & \cos\varphi^e & 0 & 0 & 0 & 0 \\ 0 & 0 & 1 & 0 & 0 & 0 \\ 0 & 0 & 0 & \cos\varphi^e & \sin\varphi^e & 0 \\ 0 & 0 & 0 & -\sin\varphi^e & \cos\varphi^e & 0 \\ 0 & 0 & 0 & 0 & 0 & 1 \end{bmatrix} \tag{5.28}$$

对于总体坐标系下的单元刚度矩阵为

$$[k^e] = [T^e]^{\mathrm{T}} (k')^e [T^e] \tag{5.29}$$

对于结构的总体刚度矩阵为

$$[K] = \sum_{e=1}^{m} k^e \tag{5.30}$$

引入位移约束并求解得到结构位移为

$$[U] = [K]^{-1} [F] \tag{5.31}$$

对于第一步运算,需要忽略褶皱的产生,取抗弯刚度因子 $C(\lambda) = 1$ 和抗拉刚度因子 $D(\lambda) = 1$,将其代入式(5.29)和式(5.31),得到对应的位移响应。由于此时的矩阵没有引入褶皱效应,且没有考虑弯矩随位移的变化,所以该结果不准确,需要进一步求解进行修正。

将得到的位移按单元进行分解,得到单元对应载荷为

$$[f']^e = [k']^e [u']^e \tag{5.32}$$

根据单元载荷中的弯矩得到修正的弯皱因子 λ 为

$$\lambda_N^e = \frac{2M^e}{\pi(\tilde{p}')^e (r^e)^3} \tag{5.33}$$

进而得到修正的单元刚度矩阵 $[k']^e = [k'(\lambda_{N-1}^e)]^e$,将节点更新坐标代入式(5.27)进行下一步计算,并重新得到修正的位移。

判断变截面充气梁各节点相邻两次的位移差的范数是否满足收敛精度:

$$\|U_N - U_{N-1}\| \leqslant \chi \|U_N\| \tag{5.34}$$

式中　χ——收敛准则系数。

若满足则收敛,若不满足则通过式(5.32)中的单元弯矩修正弯皱因子重新计算新位移并判断是否满足收敛精度。

其中第 N 步的收敛充要条件为:假定完成 N 次荷载步的计算后,基于褶皱效应的非线性充气梁单元刚度矩阵计算步骤如下:

(1)根据节点信息计算单元转换矩阵和单元刚度矩阵。

(2)将步骤(1)的结果代入式(5.29)和式(5.30),求解整体坐标系下单元刚度矩阵并组集整体刚度矩阵。

（3）引入边界条件和载荷条件组集整体位移向量和载荷向量。

（4）根据总体平衡方程(5.31)计算单元节点位移增量。

（5）将第 N 步位移增量与第 $N-1$ 步位移增量代入式(5.34)中判断是否收敛,若收敛则退出。

（6）若不收敛则求解式(5.32),得到单元弯矩,求解单元新的弯皱因子后得到新的单元刚度矩阵,返回步骤(1)重新计算新位移并判断是否满足收敛精度。

（7）输出结果。

对于变截面充气梁仅需考虑单元中间截面半径的影响即可,后续依据计算流程并利用自编的 Matlab 程序对弯皱充气梁单元进行计算。

5.6　充气梁抗弯算例分析

5.6.1　大变形和管壁失稳临界应力影响

计算模型是在已有研究的基础上考虑了大变形和管壁失稳临界应力影响,以材料为 25 μm 厚的 Kapton 薄膜,自由端半径为 2 cm,比半径为 2,长为 1 m 的充气梁为例,分析了其在充气内压为 10 kPa、横向载荷为 0.935 N 以及充气压力为 1 kPa、横向载荷为 0.093 5 N 的算例,得到的结果如图 5.7 和图 5.8 所示。由图可知,当充气内压较小时,大变形和管壁失稳临界应力对充气梁的影响很小(此例不足 4%),所以此时传统模型横截面平衡弯矩可以不考虑大变形和管壁失稳临界应力的影响。但当充气内压较小时,大变形和管壁失稳临界应力对充气梁的影响很大(此例约 30%),必须要考虑大变形和管壁失稳临界应力的影响。

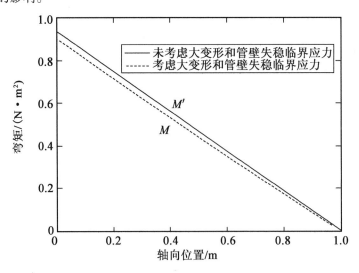

图 5.7　弯矩随轴向位置的变化关系(充气内压为 10 kPa)

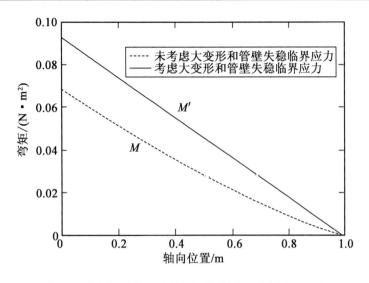

图 5.8　弯矩随轴向位置的变化关系(充气内压为 1 kPa)

5.6.2　载荷挠度曲线误差

为了对变截面充气梁单元进行验证,这里采用文献[13]的试验结果与上述单元计算结果进行对比,如图 5.9 所示。试验材料为尼龙织物,弹性模量为 133 MPa,泊松比为 0.34,厚度为 300 μm,充气梁长度为 0.8 m,截面半径为 4 cm,充气内压为 34 475 Pa。通过对比可以看出,充气梁能够精确地预报试验结果,且在预报位移时具有更好的精度,尤其是在褶皱产生后,除了最后一个数据点偏离试验较大外,其他数据最大位移误差不到 10%,而文献的理论在褶皱产生后其位移预报与试验的误差超过 30%,精度不够高。

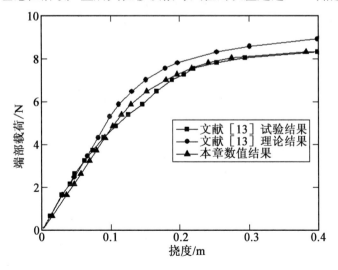

图 5.9　充气梁数值和试验载荷挠度曲线

5.6.3　褶皱区域扩展规律

所建立的弯皱充气梁单元模型不仅能够预报充气梁的载荷挠度曲线,还能够预报充气梁的褶皱范围。与图 5.9 中充气梁受弯对应的变形及褶皱扩展情况如图 5.10 所示。

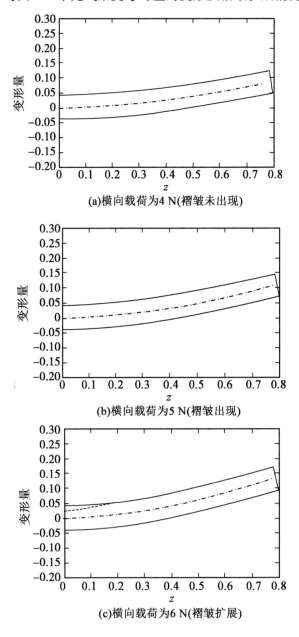

(a)横向载荷为4 N(褶皱未出现)

(b)横向载荷为5 N(褶皱出现)

(c)横向载荷为6 N(褶皱扩展)

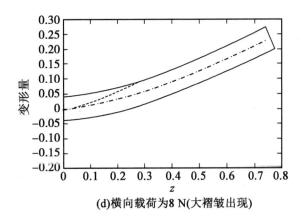

(d)横向载荷为8 N(大褶皱出现)

图 5.10　圆柱形充气梁受弯变形及褶皱扩展

由图 5.10 可知,圆柱形充气梁的褶皱在根部出现并扩展,最终在根部失效。变截面充气梁受弯变形及褶皱扩展如图 5.11 所示。由图可知,变截面充气梁的褶皱在中间出现并扩展,最终在初始褶皱产生位置失效。

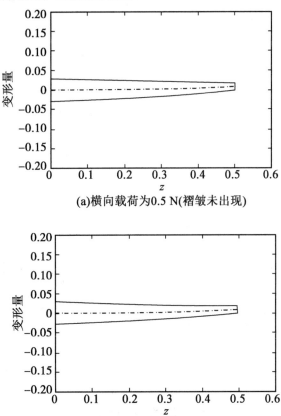

(a)横向载荷为0.5 N(褶皱未出现)

(b)横向载荷为0.55 N(褶皱出现)

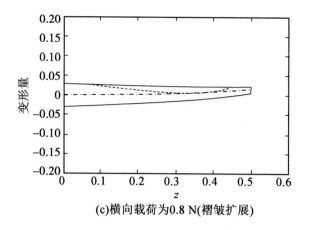

(c)横向载荷为0.8 N(褶皱扩展)

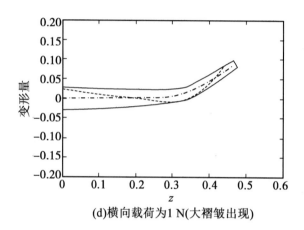

(d)横向载荷为1 N(大褶皱出现)

图 5.11　变截面充气梁受弯变形及褶皱扩展

5.7　本章小结

本章根据充气梁弯皱刚度分析模型,提出了能够考虑褶皱影响的弯皱充气梁有限元分析模型,建立了弯皱充气梁单元的求解过程,编制了有限元分析验证程序,对不同载荷状态和结构形式的充气梁承载特性进行了数值分析,得到了弯皱状态下充气梁褶皱区域扩展规律和大变形因素对充气梁承载性能的影响。对比文献[13]中充气圆柱梁的试验结果和变截面充气梁的试验结果,验证了弯皱充气梁单元的准确性和有效性。

本章参考文献

[1]　WIELGOSZ C, THOMAS J C. An inflatable fabric beam finite element[J]. Communi-

cations in Numerical Methods in Engineering, 2003, 19(4):307-312.

[2] VAN A L, WIELGOSZ C. Finite element formulation for inflatable beams[J]. Thin-walled Structures, 2007, 45(2):221-236.

[3] DAVIDS W G, ZHANG H. Beam finite element for nonlinear analysis of pressurized fabric beam-columns[J]. Engineering Structures, 2008, 30(7):1969-1980.

[4] WANG C G, TAN H F, DU X W. Pseudo-beam method for compressive buckling characteristics analysis of space inflatable load-carrying Structures[J]. Acta Mechanica Sinica. 2009, 25(5):659-668.

[5] WANG C G, TAN H F, DU X W, et al. A new model for wrinkling and collapse analysis of membrane inflated beam[J]. ISSN 0567-7718, 2010, 26(4):617-623.

[6] WANG C G, DU X W, TAN H F, et al. A new computational method for wrinkling analysis of gossamer space structures[J]. International Journal of Solids and Structures, 2009, 46(6):1516-1526.

[7] WIELGOSZ C. Bending and buckling of inflatable beams: some new theoretical results [J]. Thin-Walled Structures, 2005, 43(8):1166-1187.

[8] WIELGOSZ C, THOMAS J C. Deflections of inflatable fabric panels at high pressure [J]. Thin-Walled Structures, 2002, 40(6):523-536.

[9] VELDMAN S L, BERGSMA O K, BEUKERS A. Bending of anisotropic inflated cylindrical beams[J]. Thin-Walled Structures, 2005, 43(3):461-475.

[10] FURUYA H, YOKOYAMA J. Wrinkle and collapsing process of inflatable tubes under bending load by finite element analyses[C]. Hawaii:53rd AIAA/ASME/ASCE/AHS/ASC Structures, Structural Dynamics and Materials, 2012.

[11] 王勖成. 有限单元法[M].北京:清华大学出版社, 2003.

[12] 赵经文,王宏钰.结构有限元分析[M].2 版.北京:科学出版社, 2004.

[13] MAIN J A, PETERSON S W, STRAUSS A M. Load-deflection behaviour of space-based inflatable fabric beams[J]. Journal of Aerospace Engneering, 1994, 2(7):225-238.

第6章 充气梁整体－局部耦合失稳行为

6.1 概　　述

作为一种典型的充气薄膜结构,充气梁由于其轻质、易折叠、低成本、快速部署等特点得到广泛的关注,并广泛适用于陆地和航空航天器结构[1]。然而,由于自身薄壁特征,结构极易发生整体屈曲、局部屈曲或者耦合失稳等现象,进而降低结构承载能力。这类结构失稳行为的研究主要可以分两类:整体屈曲分析[2-8]和局部屈曲分析[9-13]。整体屈曲分析主要关注于整体失稳模式及临界屈曲载荷,需要综合考虑压力效应、结构长细比和"超薄壁"问题。局部屈曲分析方法主要有薄膜法和薄壳法,薄膜法采用纯薄膜假定,认为褶皱是用于抵消膜面压缩应力的变形,定义最小主应力为零判定褶皱的产生,可以预报褶皱应力和区域。薄壳法是将膜材考虑为可以承受有限小压缩应力的薄壳,认为褶皱是结构局部屈曲产生的离面变形,定义最小主应力为膜材屈曲应力时褶皱出现,可以准确预报出褶皱波形、幅度和数量等详细结果。该方法本质上是在薄膜法基础上考虑了由临界压缩应力对皱曲弯矩的贡献。充气薄膜承力结构自身是一个气压与膜面张力相平衡的受力自平衡体,可以看作是一个独立的结构或部件,它可以承受外载。这与一般意义上的薄膜结构不同,但又不完全属于薄壳结构,已有试验结果也表明,采用现有的薄膜和薄壳分析方法对充气薄膜承力结构屈曲载荷会存在过低或过高估计的问题[14-15]。所以,充气薄膜承力结构局部皱曲特性的分析需要借鉴已有分析方法,还需要进一步结合充气薄膜承力结构自身受力特性,开发新的分析方法和模型获取准确的预报结果。

本章采用基于傅里叶级数法对充气梁耦合失稳行为进行分析。通过追踪后屈曲路径和识别分叉点,将整个失稳演化过程划分为3个阶段,并对充气梁的临界屈曲和失效载荷进行预报。本章所提出的傅里叶理论模型可以准确描述整体局部耦合屈曲模式,并通过非接触试验测试验证;同时,也探讨了几何参数、充气内压和边界条件等因素对充气梁失稳行为的影响。

6.2　充气梁耦合失稳力学模型的建立

6.2.1　充气梁经典模型

充气梁由于自身的薄壁特征,结构自身承载能力主要依靠充气内压。充气梁模型示意图如图 6.1 所示,轴向位移、横向位移、转角分别用 u、v、ω 表示,L、r 和 t 则表示结构长度、截面半径和壁厚。根据 Fichter 的理论[16],以 Timoshenko 梁模型为基础,通过虚功原理得到系统的平衡方程为

$$\delta(\Pi_{\text{str}} + \Pi_{\text{pres}} - \Pi_{\text{ext}}) = 0 \tag{6.1}$$

式中　Π_{str}、Π_{ext} ——应变能和外力功;

　　　Π_{pres} ——充气内压由于结构变形引起的势能。

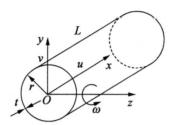

图 6.1　充气梁模型示意图

这里忽略了环向应变和扭转的作用,系统应变能 Π_{str} 可以表示为

$$\Pi_{\text{str}} = \frac{1}{2}\int_0^L (N\varepsilon + Mk + S\gamma)\,\mathrm{d}x \tag{6.2}$$

式中　ε、γ 和 k ——轴向应变、剪应变及弯曲曲率。

响应的正应力、剪应力及弯矩为

$$\begin{cases} \varepsilon = u_x + \dfrac{1}{2}v_x^2 \\[2mm] \gamma = v_x - \omega \\[2mm] k = \omega_x \end{cases} \tag{6.3}$$

$$\begin{cases} N = 2E\pi rt\varepsilon \\[2mm] S = G\pi rt\gamma \\[2mm] M = E\pi r^3 tk \end{cases} \tag{6.4}$$

式中　E、G ——弹性模量和剪切模量。

由充气内压引起的势能可以表示为

$$\Pi_{\text{pres}} = -p\Delta V = -p\pi r^2 \int_0^L \left(u_x + v_x\omega - \frac{1}{2}\omega^2\right)\mathrm{d}x \tag{6.5}$$

式中　ΔV ——由于变形造成的结构内部体积的变化;

　　　p ——充气内压。

另外,外力做功 Π_{ext} 可以表示为

$$\Pi_{\text{ext}} = \int_0^L (f_1 u + f_2 v + f_3 \omega)\,\mathrm{d}x + (\overline{N}u + \overline{S}v + \overline{M}\omega)\,\big|_0^L \tag{6.6}$$

式中 $f_1 \, f_2 \, f_3 \, \overline{N} \, \overline{S}$ 和 $\overline{M}$ ——作用的外载荷。

6.2.2 充气梁傅里叶模型

这里傅里叶级数方法被用来描述充气梁耦合失稳特征,未知量可以表示成傅里叶级数的形式,即

$$\boldsymbol{U}(x) = \sum_{j=-\infty}^{+\infty} U_j(x) e^{ijqx} \tag{6.7}$$

式中 $\boldsymbol{U}(x)$ ——包括 $u \, v$ 和 ω 的未知向量场;

q ——波动频率;

$U_j(x)$ ——第 j 阶谐波的幅值,值得注意的是,$j=0$ 表示实数的基波,而其余皆为复数的谐波,结构的变形响应可以看作是一个缓慢变化的基波和快速变化的谐波的耦合作用。

考虑到傅里叶系数 $U_j(x)$ 缓慢变化,可以认为在周期 $\left[x, x+\dfrac{2\pi}{q}\right]$ 内保持恒定。因此,Damil 和 Potier – Ferry 根据傅里叶系数这个性质提出了如下计算法则[13]:

$$\int_0^L a(x) b(x) \mathrm{d}x = \int_0^L \sum_{j=-\infty}^{+\infty} a_j(x) b_{-j}(x) \mathrm{d}x \tag{6.8}$$

$$\left(\frac{\mathrm{d}a}{\mathrm{d}x}\right)_j = (a_{,x})_j = \left(\frac{\mathrm{d}}{\mathrm{d}x} + \frac{\pi}{L} ijn\right) a_j = a_{j,x} + \frac{\pi}{L} ijn a_j \tag{6.9}$$

$$\left(\frac{\mathrm{d}^2 a}{\mathrm{d}x^2}\right)_j = (a_{,xx})_j = \left(\frac{\mathrm{d}}{\mathrm{d}x} + \frac{\pi}{L} ijn\right)^2 a_j = a_{j,xx} + 2\frac{\pi}{L} ijn a_{j,x} - j^2 \left(\frac{\pi}{L} n\right)^2 a_j \tag{6.10}$$

$$(ab)_j = \sum_{j_1=-\infty}^{+\infty} a_{j_1} b_{j-j_1} \tag{6.11}$$

将上述法则代入式(6.3)和式(6.4)中,应力应变场写成傅里叶级数形式如下:

$$\varepsilon_j = \left(\frac{\mathrm{d}}{\mathrm{d}x} + \frac{\pi}{L} jin\right) u_j + \frac{1}{2} \sum_{j_1=-\infty}^{+\infty} \left(\frac{\mathrm{d}}{\mathrm{d}x} + \frac{\pi}{L} j_1 in\right) v_{j_1} \left[\frac{\mathrm{d}}{\mathrm{d}x} + (j - j_1)\frac{\pi}{L} in\right] v_{j-j_1} \tag{6.12}$$

$$k_j = \left(\frac{\mathrm{d}}{\mathrm{d}x} + \frac{\pi}{L} jin\right) \omega_j \tag{6.13}$$

$$\gamma_j = \left(\frac{\mathrm{d}}{\mathrm{d}x} + \frac{\pi}{L} jin\right) v_j - \omega_j \tag{6.14}$$

$$N_j = 2E\pi r t \varepsilon_j \tag{6.15}$$

$$S_j = G\pi r t \gamma_j \tag{6.16}$$

$$M_j = E\pi r^3 t k_j \tag{6.17}$$

同理,系统应变能和势能可以表示为

$$\Pi_{\mathrm{str}} = \frac{1}{2} \int_0^L \left(\sum_{j=-\infty}^{+\infty} N_j \varepsilon_{-j} + \sum_{j=-\infty}^{+\infty} M_j k_{-j} + \sum_{j=-\infty}^{+\infty} S_j \gamma_{-j} \right) \mathrm{d}x \tag{6.18}$$

$$\Pi_{\mathrm{pres}} = -p\pi r^2 \int_0^L \Big[\sum_{j=-\infty}^{+\infty} \Big(\frac{\mathrm{d}}{\mathrm{d}x} + \frac{\pi}{L} ijn \Big) u_j + \sum_{j=-\infty}^{+\infty} \Big(\frac{\mathrm{d}}{\mathrm{d}x} + \frac{\pi}{L} ijn \Big) v_j \omega_{-j} + \frac{1}{2} \sum_{j=-\infty}^{+\infty} \omega_j \omega_{-j} \Big] \mathrm{d}x \quad (6.19)$$

理论上,傅里叶系数越多,描述的未知场越准确,然而从实际计算的角度出发,需要采用有限的傅里叶系数。这里重点研究充气梁结构的相关失稳,3 个傅里叶波形函数 ($j = -1, 0, 1$) 足够描述整体/局部失稳现象。U_0 代表反映整体变形的基波,U_1(与 U_{-1} 共轭)则反映局部褶皱形变特征。因此,系统能量可以简化为

$$\Pi_{\mathrm{str}} = \int_0^L \Big[2E\pi rt \Big(\frac{1}{2}\varepsilon_0^2 + |\varepsilon_1|^2 \Big) + E\pi r^3 t \Big(\frac{1}{2}k_0^2 + |k_1|^2 \Big) + $$
$$G\pi rt \Big(\frac{1}{2}\gamma_0^2 + |\gamma_1|^2 \Big) \Big] \mathrm{d}x \quad (6.20)$$

$$\Pi_{\mathrm{pres}} = -p\pi r^2 \int_0^L \Big[u_{0,x} + \Big(\frac{\mathrm{d}}{\mathrm{d}x} + \frac{\pi}{L}in \Big) u_1 + \Big(\frac{\mathrm{d}}{\mathrm{d}x} - \frac{\pi}{L}in \Big) u_{-1} + v_{0,x}\omega_0 + $$
$$\Big(\frac{\mathrm{d}}{\mathrm{d}x} + \frac{\pi}{L}in \Big) v_1 \omega_{-1} + \Big(\frac{\mathrm{d}}{\mathrm{d}x} - \frac{\pi}{L}in \Big) v_{-1}\omega_1 + \frac{1}{2}\omega_0^2 + |\omega_1|^2 \Big] \mathrm{d}x \quad (6.21)$$

其中,傅里叶模型应变的表达方式为

$$\varepsilon_0 = u_{0,x} + \frac{1}{2}v_{0,x}^2 + v_{1,x}^2 + \Big(\frac{\pi}{L}n \Big)^2 v_1^2 \quad (6.22)$$

$$\varepsilon_1 = u_{1,x} + v_{0,x} \Big(v_{1,x} + \frac{\pi}{L}inv_1 \Big) \quad (6.23)$$

$$k_0 = \omega_{0,x} \quad (6.24)$$

$$k_1 = \Big(\frac{\mathrm{d}}{\mathrm{d}x} + \frac{\pi}{L}ijn \Big) \omega_1 \quad (6.25)$$

$$\gamma_0 = v_{0,x} - \omega_0 \quad (6.26)$$

$$\gamma_1 = \Big(\frac{\mathrm{d}}{\mathrm{d}x} + \frac{\pi}{L}ijn \Big) v_1 - \omega_1 \quad (6.27)$$

式(6.20)和式(6.21)包含了放映整体失稳变形的 U_0 项及局部失稳的 U_1 项。具体而言,式(6.22)中的 $u_{0,x} + \frac{1}{2}v_{0,x}^2$ 项对应整体应变,$v_{1,x}^2 + \Big(\frac{\pi}{L}n \Big)^2 v_1^2$ 对应局部应变。值得注意的是,局部应变均为正值,预示着局部褶皱产生对整体压缩应变具有削弱作用。另外,与传统应变不同,$\Big(\frac{\pi}{L}n \Big)^2 v_1^2$ 项代表局部褶皱应变,这一结论也被 Calladine 的结果所证实[17]。

下面重点研究充气梁在弯矩作用下的皱曲行为。由于不存在轴向外力以及作用的弯矩保持恒定,因此假定轴向位移和转角不波动,即 $u(x) = u_0(x)$,$\omega(x) = \omega_0(x)$。同时只考虑幅值上的变化而忽略相的演化,因此进一步假定 $v_1(x)$ 为实数。于是,横向位移可以表示为

$$v(x) = v_0(x) + 2v_1(x)\cos(qx) \tag{6.28}$$

同时将式(6.20)和式(6.21)代入式(6.1),最终结构屈曲控制方程可以表示为

$$\varepsilon_{0,x} = 0 \tag{6.29}$$

$$Et\varepsilon_0 v_{0,xx} + (Etv_{0,x}v_{1,x}^2)_x + \left[Et\left(\frac{\pi}{L}n\right)^2 v_{0,x}v_1^2\right]_x + Gt(v_{0,x} - \omega_0)_x - \frac{1}{2}pr\omega_{0,x} = 0 \tag{6.30}$$

$$2E\varepsilon_0 v_{1,xx} - 2E\varepsilon_0\left(\frac{\pi}{L}n\right)^2 v_1 + (Ev_{0,x}^2 v_{1,x})_x - E\left(\frac{\pi}{L}n\right)^2 v_{0,x}^2 v_1 + Gv_{1,xx} - G\left(\frac{\pi}{L}n\right)^2 v_1 = 0 \tag{6.31}$$

$$Er^2 t\omega_{0,xx} + (Gt + pr)(v_{0,x} - \omega_0) = 0 \tag{6.32}$$

6.2.3 屈控方程的数值求解方法

采用牛顿可信域数值求解算法对非线性屈曲控制方程(6.22)及式 (6.29) ~ (6.32)进行求解,并追踪后屈曲路径。为了更好地应用此方法,首先定义二次模型如下:

$$\begin{cases} \boldsymbol{m}_k(s) = f(x_k) + \boldsymbol{g}_k^{\mathrm{T}} + \frac{1}{2}s^{\mathrm{T}}B_k s \\ \text{s. t. } \|s\| \leqslant \delta_k \end{cases} \tag{6.33}$$

式中　$\boldsymbol{g}_k$——目标函数 $f(x_k)$ 在点 x_k 处的梯度;

　　　s——未知向量;

　　　δ_k——限制迭代步长的可信域半径。步长的增量通过柯西步长和牛顿步长共同确定,并在梁的中部引入初始缺陷,进而诱发结构屈曲,获取结构后屈曲响应。

下面重点讨论充气梁在简支边界条件下($u \neq 0$)的结构弯皱行为,充气管材料及结构参数见表6.1。

表6.1　充气管材料及结构参数

参　数	值
长度 L	0.3π m
弹性模量 E	2.0×10^8 Pa
泊松比 ν	0.3
半径 r	0.025 m
壁厚 t	5.0×10^{-5} m
充气内压 p	5.0×10^3 Pa

6.2.4 充气梁耦合失稳的试验测试

充气梁在弯矩作用下的构形特征如图 6.2 所示。图 6.2(a)描绘了充气梁分别在

0.1 N · m 和 0.25 N · m 弯矩作用下的变形情况。由图可知,在 0.1 N · m 弯矩作用下,
结构整体弯曲变形占据主导。当弯矩增加到 0.25 N · m,局部褶皱明显产生,结构展现出
整体局部耦合失稳现象。忽略整体变形,对局部褶皱构形放大观察,如图 6.2(b)所示。
由图可知,由于边界和加载方式的影响,局部褶皱主要形成于充气梁结构中部。

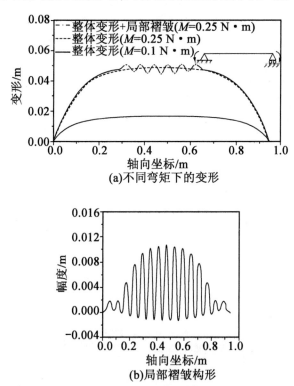

(a)不同弯矩下的变形

(b)局部褶皱构形

图 6.2　充气梁在弯矩作用下的构形特征

为了对上述理论结果进行验证,采用非接触数字摄影测量方法对充气梁失稳构形进
行测试。褶皱测试系统如图 6.3 所示。试验中由 PU 膜制备的充气梁固定在弯曲装置
上,通过旋转支撑圆盘进而施加弯矩,PU 膜的弹性模量为 200 MPa,厚度为 50 μm,结构
长度和半径分别为 0.942 m 和 0.025 m。试验中,采用 VIC – 3D 和 T – Scan 激光扫描系
统对失稳构形进行测试,具体而言,对于属于宏观量级的整体变形采用 VIC – 3D 系统进
行测试,对于属于微观量级的局部变形采用 T – Scan 激光扫描系统进行测试。

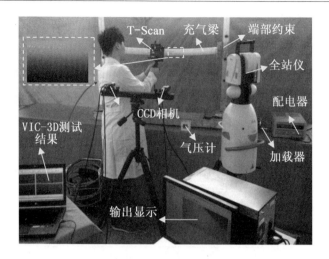

图 6.3　褶皱测试系统

　　试验测试结果如图 6.4 所示,充气梁在 0.25 N·m 弯矩载荷作用下展现出整体局部耦合失稳特征,结构整体变形挠度为 0.045 m,与理论预报的 0.041 m 吻合,误差在 9.7% 左右。另外,为了反映局部褶皱特征,这里定义幅波比 $\gamma = A/\lambda$,其中 A 为褶皱幅值,λ 为褶皱波长,由定义可知,幅波比越大,褶皱程度越深,局部褶皱越明显。在 0.25 N·m 弯矩载荷作用下,试验测得的幅波比为 0.23,与预报结果(0.20)相吻合。

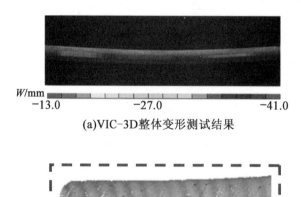

(a)VIC-3D整体变形测试结果

(b)T-Scan局部褶皱扫描结果

图 6.4　试验测试结果(彩图见附录)

　　整体变形和幅波比 A/λ 的理论和试验结果见表 6.2 。数据显示幅波比随着弯矩的增加而增加,试验与理论预报结果平均误差在 9.9% 以内,误差的来源主要是,理论预报模型是建立在初始构形上而不是充气后的构形上,以及忽略了环向应变,同时在充气梁制备过程中引入的工艺误差也不可避免。

表 6.2 整体变形和幅波比 A/λ 的理论和试验结果

施加弯矩 /(N·m)		0.10	0.15	0.25	0.30
挠度/m	理论结果	0.017	0.025	0.045	0.054
	试验结果	0.015	0.023	0.041	0.050
A/λ	理论结果	0	0	0.20	0.25
	试验结果	0	0	0.23	0.30

6.3 充气梁耦合失稳特性分析

6.3.1 褶皱演化分析

充气梁弯矩 – 变形响应如图 6.5 所示。由图可知,有 2 个关键点,分别是临界屈曲载荷 A 和失效载荷 C。临界屈曲点 A 对应于初始平衡路径上的首个分叉点,失稳点 C 对应于后屈曲路径与初始平衡的交点,因此整个失稳过程可以划分为 3 个阶段。第 1 阶段 (OA) 为前屈曲阶段,此阶段没有局部褶皱产生 $(v_1 \to 0)$,平衡路径呈线性关系,整体弯曲变形占据主导。当弯矩继续施加,达到临界屈曲点 $A(M_w = 0.21 \text{ N·m})$ 时,路径开始分叉,预示着局部褶皱形成,失稳演化过程进入第 2 阶段,即后屈曲阶段。局部褶皱的行程导致式 (6.22) 中最后一项褶皱应变项突然增加,这一阶段充气梁失稳构形展现出整体局部耦合失稳形式。

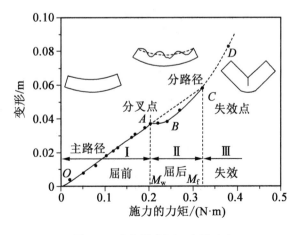

图 6.5 充气梁弯矩 – 变形响应

值得注意的是,在初始屈曲阶段(AB),弯矩与变形的响应并不明显,从能量平衡角度看这是由于褶皱应变的产生抵消了这一阶段的外力功。因此,结构整体变形在初始屈曲阶段保持稳定。随着弯矩的继续施加,整体和局部变形均显著增加,进而弯矩–变形响应显著增加(BC 段)。

当弯矩超过失效点 C($M_f = 0.32$ N·m)时,局部褶皱开始集中化,进而形成折痕导致结构失效(CD 段)。值得注意的是,由于傅里叶理论模型是建立在褶皱构形呈现周期性波纹变化基础上的,而局部折痕的出现不符合这一构形假定,因此傅里叶模型不能描述失效阶段结构构形特征。

6.3.2　临界屈曲载荷及失效载荷

将上面得到的临界屈曲载荷和失效载荷与薄膜模型[10]、薄壳模型[11]和壳膜模型[15]预报的结果做对比,不同模型预报的临界屈曲载荷和失效载荷如图 6.6 所示。由图可知,傅里叶模型预报的临界屈曲载荷(0.21 N·m)和失效载荷(0.32 N·m)与壳膜模型预报的结果更相近($M_w = 0.19$ N·m,$M_f = 0.36$ N·m)。

在傅里叶模型中,局部折痕出现导致结构失效,而在薄膜和薄壳模型中认为当褶皱角达到 2π(即布满整个环向)时结构失效。而薄壳模型认为褶皱角达不到 2π,通过试验观测当其达到 1.5π 时,结构即将失效。傅里叶模型中预报的失效弯矩为 0.32 N·m,对应 1.52π 的褶皱角,因此与壳膜模型更接近。

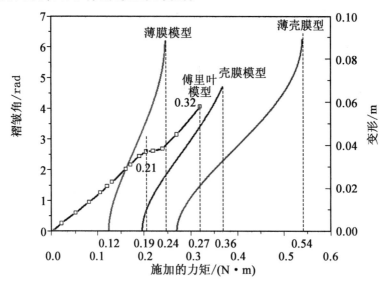

图 6.6　不同模型预报的临界屈曲载荷和失效载荷

6.3.3　充气内压和结构尺寸的影响

不同充气内压和截面半径下的弯矩 – 挠度变化如图 6.7 所示。图 6.7(a) 反映了不同充气内压和结构尺寸对失稳行为的影响。充气内压的提升会略微提升结构承载能力，相对于 5 kPa 充气内压提升 40%，临界屈曲载荷提升 9.52%，失效载荷提升 6.45%，这是由于充气内压主要提高了结构承载能力，与其他文献所得结论相符。

图 6.7(b) 反映了不同截面半径对失稳行为的影响。增人截面半径，导致结构挠度大幅下降，结构承载能力得到提升，半径提高 40%，临界载荷和失效载荷提升接近原来的 3 倍以上。这是由于结构半径增大，结构抗弯刚度得到了大幅提升。

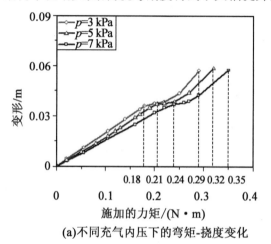

(a) 不同充气内压下的弯矩-挠度变化

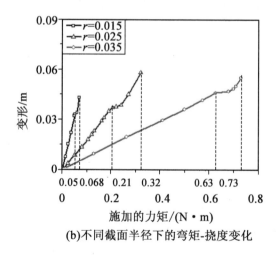

(b) 不同截面半径下的弯矩-挠度变化

图 6.7　不同充气内压和截面半径下的弯矩 – 挠度变化

6.3.4　边界条件的影响

在相同弯矩作用下(0.25 N·m),不同边界条件下充气梁构形对失稳行为的影响如图6.8所示。充气梁失稳行为与边界条件密切相关,对称边界条件会导致对称构形。在两端简支或一端简支、一端固支的边界条件下,整体弯曲变形占据主导,没有局部褶皱的产生,而滑动简支边界则有利于局部褶皱形成,这是因为此边界条件不对轴向位移造成约束($u \neq 0$),允许材料在轴向方向上收缩形成褶皱。

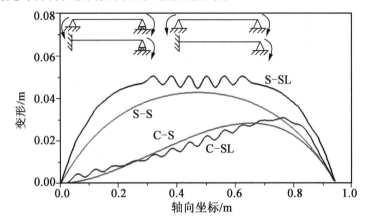

图6.8　不同边界条件下充气梁构形对失稳行为

S—简支;C—固支;SL—滑动简支

6.4　考虑截面椭圆化的充气梁相关失稳

本节重点以充氢碳纳米管为例,进行模拟充气连续薄膜梁的相关失稳分析;建立考虑截面椭圆化的碳纳米管屈曲控制方程,描述碳纳米管在纯弯曲条件下展现的平滑弯曲,褶皱和弯折等不同构形特征;引入连续算法求解屈曲控制方程(含积分条件的四阶常微分非线性方程组),获取碳纳米管弯曲屈曲平衡路径与屈曲特性。首先,利用非凸能量理论阐释碳纳米管弯曲屈曲过程中的相变演化过程,揭示碳纳米管屈曲机理。然后,使用目标分子动力学方法(OMD 方法),模拟分析并验证碳纳米管在纯弯曲下的屈曲行为。最后,讨论充氢作用和结构特征等对碳纳米管屈曲行为的影响。

6.4.1　充氢碳纳米管的连续力学等效建模

1. 单壁碳纳米管连续模型

从结构力学角度,单壁碳纳米管是一类典型的薄壁结构。基于此,可利用连续介质力学方法,将其等效成连续薄壁圆管。考虑初始平直、截面半径为 R、长度为 L 的单壁碳纳米管。采用笛卡尔坐标系描述结构参数,其中管长方向为笛卡尔坐标系 z 轴,圆截面的

水平方向为 x 轴,垂直方向为 y 轴[图6.9(a)]。管子两端作用定常的弯矩 M。

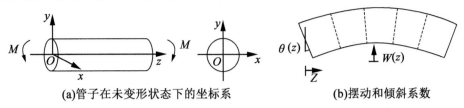

(a)管子在未变形状态下的坐标系　　　　(b)摆动和倾斜系数

图6.9　碳纳米管在纯弯曲作用下变形示意图

Euler 梁模型可以描述纵横比足够大的碳纳米管的屈曲问题。然而,众所周知,由于横向剪切变形的作用,Euler 梁高估了屈曲载荷。因而,当采用更精细的梁模型,即考虑横向剪切变形,如 Timoshenko 梁模型,能够对碳纳米管的屈曲行为进行更准确的描述。

在 Timoshenko 梁理论中,引入反映结构整体摆动、倾斜程度的无量纲系数 q_s 和 q_t 来直观描述这种剪切作用,如图6.9所示。这里,q_s 和 q_t 是不相等的,这与 Euler 梁不同(Euler 梁中 q_s 和 q_t 是相等的)。于是,碳纳米管整体摆动、倾斜可以近似假设为多项式形式[18],即

$$W(z) = \frac{q_s z(z-L)}{L}$$

$$\theta(z) = \frac{q_t(2z-L)}{L} \tag{6.34}$$

碳纳米管的曲率可以表示为

$$K = \frac{\mathrm{d}\theta}{\mathrm{d}z} = \frac{2q_t}{L} \tag{6.35}$$

许多文献表明,碳纳米管弯曲时会导致晶格不匹配,进而出现明显的椭圆化效应,而对这种作用的考虑超出了 Timoshenko 梁理论的能力范围。因此,本章在 Timoshenko 梁理论基础上借助 Reissner 理论[19],实现对碳纳米管弯曲过程中截面椭圆化效应的考虑。这里假设有一点 A,其坐标为 (x,y),位于初始圆截面上(O 为圆截面中心点)。当截面发生椭圆化变形时,A 点将移动到 $A'(x+\zeta, y+\eta)$,如图6.10所示。

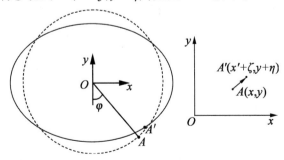

图6.10　管子截面坐标与变形

当截面发生椭圆化变形时,根据 Reissner 理论,A' 点坐标 $(x + \zeta, y + \eta)$ 可以表示为如下的级数展开形式:

$$\begin{cases} x + \zeta = R_0 \left[\left(1 + \dfrac{1}{16}\alpha^2 + \dfrac{1}{288}\alpha^4 \right) \sin \varphi - \dfrac{\alpha^2}{4\,608}(96 + 7\alpha^2) \sin 3\varphi + \dfrac{\alpha^4}{4\,608}\sin 5\varphi \right] \\ y + \eta = R_0 \left[\left(-1 + \dfrac{1}{16}\alpha^2 + \dfrac{1}{288}\alpha^4 \right) \cos \varphi + \dfrac{\alpha^2(288 + 11\alpha^2)}{13\,824}\cos 3\varphi - \dfrac{\alpha^4}{4\,608}\cos 5\varphi \right] \end{cases}$$

$$(6.36)$$

式中　φ——OA 与 y 轴负方向的夹角;

　　　α——曲率 K 的无量纲形式,可以表示为

$$\alpha = 2q_t \sqrt{\Delta} = \frac{2q_t R^2}{Lt} \sqrt{12(1 - \nu^2)} \qquad (6.37)$$

其中,$\Delta = \dfrac{R^4}{12(1 - \nu^2)L^2 t^2}$;$\nu$ 为泊松比;t 为碳纳米管管壁厚度。

根据 Reissner 理论[式(6.36)],截面椭圆化与管长方向 z 无关,即该理论假定沿管长方向,截面发生均匀椭圆化变形(管长方向上的所有截面具有相同的形状)。而实际情况是,当碳纳米管发生轴向失稳,表面会形成波纹状褶皱或者折痕。这种失稳模式会导致碳纳米管的截面沿轴向方向截面椭圆化程度不同,发生非均匀的变形,而这超出了 Reissner 理论的能力范畴。因此,通过引入一个与轴向长度 z 和环向角度 φ 相关的局部径向位移函数 $w(z,\varphi)$ 来考虑轴向截面非均匀椭圆化现象。引入 $w(z,\varphi)$ 之后,截面 A' 点坐标将更新为 $A''(x + \zeta + w\sin \varphi, y + \eta - w\cos \varphi)$。由此,$w$ 可以反映碳纳米管失稳沿管长方向截面的非均匀变化。

2. 等效内压作用

对于多壁碳纳米管或内部吸附物质的碳纳米管,从连续介质力学角度,多壁或内部物质对管壁的作用均可等效为充气内压。为了描述该内压的作用,需要借助宏观连续介质力学和微观分子力学联合确定。

从微观分子力学角度,碳原子之间的相互作用可以借助 Tersoff 或 Brenner 势来描述:

$$V(r_{ij}, \theta_{ijk}; k \neq i,j) = V_R(r_{ij}) - B_{ij}V_A(r_{ij}) \qquad (6.38)$$

式中　V——原子之间势能;

　　　r_{ij}——原子 i 和 j 之间的距离;

　　　$V_R(r)$、$V_A(r)$——吸引和排斥项;

　　　B_{ij}——多体耦合项,即

$$B_{ij} = \left[1 + \sum_{k(\neq i,j)} G(\cos \theta_{ijk}) f_c(r_{ik}) \right]^{-0.5} \qquad (6.39)$$

而碳原子和其他原子或分子之间的相互作用,可采用经典的 Lennard－Jones 6－12

势来描述。根据 Huang[20] 提出的原子有限变形理论,碳纳米管本构关系满足

$$(\sigma_\varphi + \sigma_z)t = \frac{1}{\sqrt{3}}\left(\frac{\partial^2 V}{\partial r_{ij}^2}\right)_0 (\varepsilon_\varphi + \varepsilon_z) \tag{6.40}$$

$$(\sigma_\varphi - \sigma_z)t = \frac{B}{8\sqrt{3}}(\varepsilon_\varphi + \varepsilon_z) \tag{6.41}$$

式中　ε_φ、ε_z——碳纳米管环向和轴向应变;

　　　σ_ψ、σ_z——碳纳米管环向和轴向应力。

式(6.40)中下标"0"代表初始平衡位置的状态,即 $(r_{ij})_0 = r_0 = 0.142$ nm, $(\theta_{ijk})_0 \approx 120°$。$B$ 可以表示为

$$B = \frac{3(1-C)^2}{r_0^2}\left[4\left(\frac{\partial V}{\partial \cos\theta_{ijk}}\right)_0 + 6\left(\frac{\partial^2 V}{\partial \cos_{ijk}\partial\cos\theta_{ijk}}\right)_0 - 3\left(\frac{\partial^2 V}{\partial \cos_{ijk}\partial\cos\theta_{ijl}}\right)_0\right] +$$
$$4(1+C)^2\left(\frac{\partial^2 V}{\partial r_{ij}^2}\right)_0 - \frac{12(1-C^2)}{r_0}\left(\frac{\partial^2 V}{\partial r_{ij}\partial\cos\theta_{ijk}}\right)_0 \tag{6.42}$$

$$C = 1 - \frac{8r_0^2\left(\frac{\partial^2 V}{\partial r_{ij}^2}\right)_0 + 12r_0\left(\frac{\partial^2 V}{\partial r_{ij}\partial\cos\theta_{ijk}}\right)_0}{12\left(\frac{\partial V}{\partial\cos\theta_{ijk}}\right)_0 + 4r_0^2\left(\frac{\partial^2 V}{\partial r_{ij}^2}\right)_0 + 18\left(\frac{\partial^2 V}{\partial\cos\theta_{ijk}\partial\cos\theta_{ijk}}\right)_0 - 9\left(\frac{\partial^2 V}{\partial\cos\theta_{ijk}\partial\cos\theta_{ijl}}\right)_0 + 12r_0\left(\frac{\partial^2 V}{\partial r_{ij}\partial\cos\theta_{ijk}}\right)_0} \tag{6.43}$$

进而,由本构关系可以得到

$$Et = \frac{2}{\sqrt{3}\left[\dfrac{1}{\left(\dfrac{\partial^2 V}{\partial r_{ij}^2}\right)_0} + \dfrac{8}{B}\right]} \tag{6.44}$$

在等效内压作用下,碳纳米管将发生径向膨胀变形。根据 Le van[7] 的膨胀变形理论可以得到等效内压为

$$p = \frac{4\sqrt{3}}{3(2-\nu)}\frac{R_\phi - R}{R^2}\left[\frac{1}{\left(\dfrac{\partial^2 V}{\partial r_{ij}^2}\right)_0} + \frac{8}{B}\right]^{-1} \tag{6.45}$$

式中　R、R_ϕ——变形前后的半径。

6.4.2　相关屈曲控制方程的建立

碳纳米管结构总势能 Π 主要由弯曲能 U_B、轴向应变能 U_M、剪切应变能 U_S、环向弯曲能 U_C、压力势能 U_P 及外力功 U_L 组成。

$$\Pi = U_B + U_M + U_S + U_C + U_P - U_L \tag{6.46}$$

碳纳米管弯曲能是整体与局部变形共同作用的结果,可以表示为

$$U_B = \frac{1}{2}Et\int_0^L\int_0^{2\pi R_\phi}(\ddot{W}+\ddot{w})^2(y+\eta)^2\mathrm{d}s\mathrm{d}z \tag{6.47}$$

式中,$(y+\eta)^2 t\mathrm{d}s$ 是截面二次惯性矩,考虑了碳纳米管在弯曲时的截面椭圆化变形。如果忽略截面椭圆化变形,该截面二次惯性矩则退化为 $y^2 t\mathrm{d}s$。

考虑结构非线性大变形,依据 von Kármán 假设,可以得到轴向总应变为

$$\varepsilon = \varepsilon_z + \dot{u}_\varphi + \frac{1}{2}\dot{w}^2 \tag{6.48}$$

式中 ε_z——与碳纳米管整体弯曲对应的轴向应变项,$\varepsilon_z = \dfrac{y+\eta}{R} = \dfrac{2q_t(y+\eta)}{L}$;

$\dot{u}_\varphi$——与局部变形对应的轴向应变项,$\dot{u}_\varphi + \dfrac{1}{2}\dot{w}^2$。

进而,最终轴向应变能为

$$U_M = \frac{1}{2}Et\int_0^L\int_0^{2\pi R_\phi}\varepsilon^2\mathrm{d}s\mathrm{d}z \tag{6.49}$$

采用 Timoshenko 梁理论,考虑剪切作用,同时考虑局部变形产生的附加作用,得到剪切应变能为

$$U_s = \frac{1}{2}Gt\int_0^L\int_0^{2\pi R_\phi}\gamma_{yz}^2\mathrm{d}s\mathrm{d}z \tag{6.50}$$

式中 γ_{yz}——剪应变,$\gamma_{yz} = \dfrac{\partial W}{\partial z} + \dfrac{\partial w}{\partial z} - \theta + \dfrac{\partial u_\varphi}{\partial y}$。

考虑由局部变形引起的曲率 $\partial^2 w/\partial s^2$,得到环向应变能为

$$U_c = \frac{1}{2}D\int_0^L\int_0^{2\pi R_\varphi}\left(\frac{\partial^2 w}{\partial s^2}\right)^2\mathrm{d}s\mathrm{d}z = \frac{D}{2R_\phi^3}\int_0^L\int_0^{2\pi}\left(\frac{\partial^2 w}{\partial \varphi^2}\right)^2\mathrm{d}\varphi\mathrm{d}z \tag{6.51}$$

式中 D——弯曲刚度,$D = \dfrac{Et^3}{12(1-\nu^2)}$。

这里假设内压恒定,主要考虑内压造成体积变化对结构势能带来的影响。借鉴 Fichter[16] 理论,并引入对截面椭圆化的考虑,压力势能可以表示为

$$U_P = -P\Delta V_{vol} = \int_0^L\left\{\pi R_\phi^2\left(1-\frac{\Delta}{6}q_t^2\right)\left[\frac{1}{2}P\gamma_{yz}^2 + PR_\phi\left(\frac{\dot{u}}{R_\phi}+\frac{2q_t}{L}\right)\right]\right\}\mathrm{d}z \tag{6.52}$$

外力功是内部和外部弯矩共同作用的结果,因此可以表示为

$$U_L = \int_0^L\int_0^{2\pi R_\phi}Et\varepsilon_z\dot{u}_\varphi\mathrm{d}s\mathrm{d}z + \int_0^L M\left(\frac{\dot{u}}{R_\phi}+\frac{2q_t}{L}\right)\mathrm{d}z \tag{6.53}$$

对总势能形式做简化处理,即将总势能中双重积分缩减成单一积分。这样做有利于将后续的屈曲控制方程(偏微分方程)简化为常微分方程。假设面内 u 与 x 轴的距离成正比,即

$$u(z,\varphi) = \frac{u(z)y}{R} = -u(z)\cos\varphi \tag{6.54}$$

同时从实际考虑,必须保证 $w(z,\varphi)$ 关于 y 轴的对称性,因此将 $w(z,\varphi)$ 表示成傅里叶级数形式,即

$$w(z,\varphi) = \sum_{n=0}^{\infty} w_n(z)\cos n\varphi \tag{6.55}$$

式中项数 n 取得越多,求解的结果越准确,但会使计算的复杂程度呈倍数增加。在这里选取 $n = 0,1,2$,分别对应 w_0、w_1 和 w_2 变形,其中,w_0 描述截面轴对称的径向变形模式,w_1 为只关于 y 轴对称的模式,而 w_2 为同时关于 x 轴和 y 轴对称的模式。这 3 个量能够完全反映出截面局部变形的形式和特征。所以,这样的选取($n = 0,1,2$)既可以满足计算精度又可以简化计算。因此总势能 Π 可以表示为

$$\Pi = Et\pi R_\phi \int_0^L \left\{ R_\phi^2 \left[\frac{q_s^2}{L^2}(2 - \Delta q_t^2) + \left(\frac{1}{2} - \frac{\Delta}{4}q_t^2\right)\ddot{w}_0^2 + \left(\frac{3}{8} - \frac{5\Delta}{24}q_t^2\right)\ddot{w}_1^2 + \left(\frac{1}{2} - \frac{\Delta}{3}q_t^2\right)\ddot{w}_0\ddot{w}_2 + \right. \right.$$

$$\left(\frac{1}{4} - \frac{7\Delta}{48}q_t^2\right)\ddot{w}_2^2 + \left[q_t^2 \frac{R_\phi^2}{L^2}(2 - \Delta q_t^2) - q_t \frac{R_\phi}{L}\dot{w}_1\dot{w}_0\left(2 - \frac{\Delta}{2}q_t^2\right) - q_t\frac{R_\phi}{L}\dot{w}_1\dot{w}_2\left(1 - \frac{\Delta}{3}q_t^2\right) + \right.$$

$$\frac{1}{2}\dot{u}^2 + \frac{1}{4}\dot{w}_0^4 + \frac{3}{4}\dot{w}_0\dot{w}_1^2\dot{w}_2 + \frac{3}{4}\dot{w}_0^2(\dot{w}_1^2 + \dot{w}_2^2) + \frac{1}{2}\dot{u}\dot{w}_1(2\dot{w}_0 + \dot{w}_2) + \frac{3}{32}(\dot{w}_1^4 + 4\dot{w}_1^2\dot{w}_2^2 + \dot{w}_2^4) \right] +$$

$$\left[\frac{G}{2E} + \frac{PR_\phi}{2Et}\left(1 - \frac{\Delta}{6}q_t^2\right) \right]\left\{ 2(q_s - q_t)^2 + 2\frac{u^2}{R_\phi^2} + 2\dot{w}_0^2 + \dot{w}_1^2 + \dot{w}_2^2 + \frac{8z^2}{L^2}(q_s - q_t)^2 + \right.$$

$$\frac{8z\dot{w}_0}{L}(q_s - q_t) + 4\frac{u}{R_\phi}\left[\dot{w}_0 + \frac{2z}{L}(q_s - q_t)\right] - 4(q_s - q_t)\left[\frac{u}{R_\phi} + \dot{w}_0 + \frac{2z}{L}(q_s - q_t)\right] \right\} +$$

$$\left. \frac{D}{2EtR_\phi^4}(\dot{w}_1^2 + 16\dot{w}_2^2) - \left[\frac{M}{\pi R_\phi Et} - \frac{PR_\phi^2}{Et}\left(1 - \frac{\Delta}{6}q_t^2\right)\left(\frac{\dot{u}}{R_\phi} + \frac{2q_t}{L}\right)\right] \right\}dz \tag{6.56}$$

根据最小驻值原理,Π 在平衡点能量最小。这就要求对于任意 δw_i 和 δu,有 $\delta\Pi = 0$。对方程(6.56)进行分部积分,可以得到一个常微分方程。其中包括 3 个关于 w_i 的 4 阶常微分方程(ODE)和一个关于 u 的二阶 ODE。

$$R_\phi^2\left[\frac{1}{2}(2 - \Delta q_t^2)w_0^{(4)} + \frac{1}{6}(3 - 2\Delta q_t^2)w_0^{(4)}\right] - \left[3\dot{w}_0^2\ddot{w}_0 - \frac{q_t R_\phi}{2L}\ddot{w}_1(4 - \Delta q_t^2) + \frac{3}{4}\ddot{w}_1(2\dot{w}_1\dot{w}_2 + \right.$$

$$\dot{w}_1\ddot{w}_2 + 2\ddot{w}_0\dot{w}_1 + 4\dot{w}_0\ddot{w}_1) + \frac{3}{2}\dot{w}_2(\ddot{w}_0\dot{w}_2 + 2\dot{w}_0\ddot{w}_2) + (\dot{u}\ddot{w}_1 + \ddot{u}\dot{w}_1)\right] -$$

$$\left[\frac{2G}{E} + \frac{2PR_\phi}{Et}\left(1 - \frac{1}{6}\Delta q_t^2\right)\right] \cdot \left[\frac{\dot{u}}{r} + \frac{2(q_s - q_t)}{L}\right] = 0 \tag{6.57}$$

$$R_\phi^2\left[\frac{1}{12}(9 - 5\Delta q_t^2)w_1^{(4)}\right] - \left\{ \frac{9}{8}\dot{w}_1^2\ddot{w}_1 - \frac{q_1 R_\phi}{2L}\ddot{w}_0(4 - \Delta q_t^2) - \frac{q_t R_\phi}{3L}\ddot{w}_2(3 - \Delta q_t^2) + \frac{3}{2}(\ddot{w}_0\dot{w}_1\dot{w}_2 + \right.$$

$$\ddot{w}_1\dot{w}_0\dot{w}_2 + \ddot{w}_2\dot{w}_0\dot{w}_1 + 2\dot{w}_0\dot{w}_0\dot{w}_1 + \dot{w}_0^2\ddot{w}_1) + \frac{1}{2}\left[\ddot{u}(2\dot{w}_0 + \dot{w}_2) + \dot{u}(2\ddot{w}_0 + \ddot{w}_2)\right] + \frac{3}{4}(\ddot{w}_1\dot{w}_2^2 +$$

$$2\dot{w}_1\dot{w}_2\ddot{w}_2)\,] + \frac{Dw_1}{R_\phi^4 Et}\Big\} = 0 \tag{6.58}$$

$$R_\phi^2\Big[\frac{1}{6}(3-2\Delta q_t^2)\ddot{w}_0 + \frac{1}{24}(12-7\Delta q_t^2)\ddot{w}_2\Big] - \Big[\frac{9}{8}\dot{w}_2^2\ddot{w}_2 - \frac{q_t R_\phi}{3L}(3-\Delta q_t^2)\ddot{w}_1 + \frac{3}{4}(\dot{w}_1^2\ddot{w}_0 +$$

$$2\dot{w}_0\dot{w}_1\ddot{w}_1 + 2\dot{w}_0^2\ddot{w}_2 + 4\dot{w}_0\dot{w}_2\ddot{w}_0) + \frac{1}{2}(\dot{u}\ddot{w}_1 + \ddot{u}\dot{w}_1) + \frac{3}{4}(\ddot{w}_2\dot{w}_1^2 + 2\dot{w}_1\dot{w}_1\dot{w}_2)\Big] + \frac{16Dw_2}{R_\phi^4 Et} = 0 \tag{6.59}$$

$$\ddot{u} + \frac{1}{2}[\ddot{w}_1(2\dot{w}_0 + \dot{w}_2) + \dot{w}_1(2\ddot{w}_0 + \ddot{w}_2)] - \Big[\frac{2G}{ER_\phi} + \frac{2P}{Et}\Big(1-\frac{1}{6}\Delta q_t^2\Big)\Big]\Big[\frac{u}{R_\phi} + \dot{w}_0 + (q_s - q_t)\Big(\frac{2z}{L}-1\Big)\Big] = 0 \tag{6.60}$$

另外,通过势能对 q_s 和 q_t 的变分,即 $\frac{\partial \Pi}{\partial q_s} = 0$, $\frac{\partial \Pi}{\partial q_t} = 0$,得到两个积分约束条件:

$$\int_0^L \Big\{\Big[\frac{2G}{ER_\phi} + \frac{2P}{Et}\Big(1-\frac{1}{6}\Delta q_t^2\Big)\Big]\Big(1-\frac{2z}{L}\Big)\Big[(q_s - q_t)\Big(1-\frac{2z}{L}\Big) - \Big(\frac{u}{r} + \dot{w}_0\Big)\Big] + \frac{2R_\phi^2}{L^2}q_s(2-\Delta q_t^2)\Big\}dz = 0 \tag{6.61}$$

$$\int_0^L \Big\{-R_\phi^2\Delta q_t\Big(\frac{2q_s^2}{L^2} + \frac{1}{2}\dot{w}_0^2 + \frac{5}{12}\dot{w}_1^2 + \frac{2}{3}\dot{w}_0\dot{w}_2 + \frac{7}{24}\dot{w}_2^2\Big) + \frac{4R_\phi^2}{L^2}q_t(1-\Delta q_t^2) - \frac{2R_\phi}{L}\dot{w}_0\dot{w}_1 +$$

$$\frac{3R_\phi q_t^2\Delta}{2L}\dot{w}_0\dot{w}_1 - \frac{R_\phi}{L}\dot{w}_1\dot{w}_2 + \frac{R_\phi q_t^2\Delta}{L}\dot{w}_1\dot{w}_2 + \Big[\frac{2G}{E} + \frac{2PR_\phi}{Et}\Big(1-\frac{1}{6}\Delta q_t^2\Big)\Big]\Big(1-\frac{2z}{L}\Big)\Big[\Big(\frac{u}{r} + \dot{w}_0\Big) -$$

$$\Big(1-\frac{2z}{L}\Big)(q_s - q_t)\Big] - \frac{2PR_\phi}{3Et}\Delta q_t\Big\{2(q_s - q_t)^2 + \frac{2u^2}{R_\phi^2} + 2\dot{w}_0^2 + \dot{w}_1^2 + \dot{w}_2^2 + \frac{8\dot{w}_0 z}{L}(q_s - q_t) +$$

$$\frac{8z^2}{L^2}(q_s - q_t)^2 + \frac{4u}{R_\phi}\Big[\dot{w}_0 + \frac{2z}{L}(q_s - q_t)\Big] - 4(q_s - q_t)\Big[\frac{u}{R_\phi} + \dot{w}_0 + \frac{2z}{L}(q_s - q_t)\Big]\Big\} + \frac{2PR_\phi^2}{EtL} \cdot$$

$$\Big(1-\frac{\Delta}{6}q_t^2\Big) - \frac{2M}{\pi R_\phi EtL} - \frac{2PR_\phi^2}{3Et}\Delta q_t\Big(\frac{\dot{u}}{r} + \frac{2q_t}{L}\Big)\Big\}dz = 0 \tag{6.62}$$

假设碳纳米管弯曲时两端简支,则边界条件可以写成

$$\begin{cases} w_n(0) = w_n(L) = 0 \\[4pt] \ddot{w}_n(0) = \ddot{w}_n(L) = 0 \\[4pt] \dot{u}(0) + \frac{1}{2}\dot{w}_1(0)[2\dot{w}_0(0) + \dot{w}_2(0)] = \frac{M}{\pi R_\phi^2 Et} - \frac{PR_\phi}{Et}\Big(1-\frac{\Delta}{6}q_t^2\Big) \\[4pt] \dot{u}(L) + \frac{1}{2}\dot{w}_1(L)[2\dot{w}_0(L) + \dot{w}_2(L)] = \frac{M}{\pi R_\phi^2 Et} - \frac{PR_\phi}{Et}\Big(1-\frac{\Delta}{6}q_t^2\Big) \end{cases} \tag{6.63}$$

至此,屈曲控制方程已经建立,联合边界条件,采用合适的数值求解方法进而可以获取碳纳米管的屈曲特征。

6.4.3　数值求解方法

上述得到的控制方程属于含积分条件的非自治 4 阶常微分边值问题,这里采用连续分叉算法对其进行数值求解。

依据问题的对称性,求解半个管长。在 $z = \dfrac{L}{2}$ 处边界条件为

$$\dot{w}_n\left(\frac{L}{2}\right) = w_n\left(\frac{L}{2}\right) = u\left(\frac{L}{2}\right) = 0 \tag{6.64}$$

为了求解上述方程,需要将空间坐标无量纲化处理,即 $\tilde{z} = \dfrac{2z}{L}$。这样处理后,可以得到相应的变量无量纲形式为

$$\begin{cases} \tilde{w}_n = \dfrac{2w_n}{L} \\ \tilde{u} = \dfrac{2u}{L} \end{cases} \tag{6.65}$$

求解开始于未加载变形的初始状态 $[(w_n)_0 = (u)_0 = (M)_0 = (q_t)_0 = (q_s)_0 = 0]$,通过 q_t 的连续变化,进而获得方程的解。需要说明的是,相比于其他求解方法,这里不用引入初始缺陷,同时也不用事先假定波长或褶皱数量。

6.4.4　屈后平衡路径

长度 $L = 7.5$ nm 的 $(5,5)$ 单壁碳纳米管,两端作用弯矩代入边界条件,数值求解非线性方程,无量纲化的弯矩和曲率的关系如图 6.11 所示。①求解屈曲控制方程得到非均匀椭圆化下的非线性平衡路径(最下面的实线);②由 Reissner 理论得到的均匀椭圆化非线性平衡路径(中间的实线);③由线性屈曲理论得到的平衡路径(最上面的实线)。

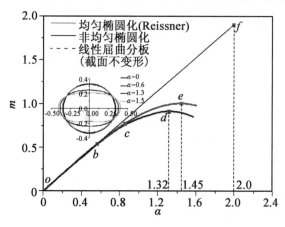

图 6.11　$L = 7.5$ nm 的 $(5,5)$ SWNT 在纯弯曲下的平衡路径及截面椭圆化(彩图见附录)

由图 6.11 可知，$b(\alpha=0.58)$ 点为线性和非线性平衡路径分离点。在 ob 段，平衡路径近似呈线性关系，截面椭圆化作用可以忽略不计；b 点之后，非线性路径与线性路径逐渐开始分离，相比于线性屈曲分析，截面椭圆化程度加剧，导致碳纳米管结构抗弯刚度下降。随着曲率继续增加，非线性路径先达到极值点，分别对应图中非均匀椭圆化极限点 $d(\alpha=1.32)$ 和均匀椭圆化极限点 $e(\alpha=1.45)$。与线性临界屈曲点 $f(k_c)=\dfrac{t}{R^2\sqrt{3(1-\nu^2)}}$ $(\alpha=2)$ 相比，考虑结构截面变形，导致临界曲率降低 30% 左右。当曲率超过极值点，结构承载能力骤然下降，进而丧失承载能力。

碳纳米管弯曲过程中截面出现椭圆化现象被很多文献所证实，从原子结构角度讲，这种转变可以通过曲率诱导的晶格不匹配模型来解释。同时，碳纳米管的径向变形对其物理和结构特性影响显著。例如，它可能会导致半导体 - 金属过渡及光学响应的变化等。

定义 c 点 $(\alpha=0.8)$ 为均匀与非均匀椭圆化平衡路径分离点，当曲率较小时(oc 段)，碳纳米管弯曲截面发生均匀椭圆化现象，即沿管长方向各个截面椭圆化程度均相同。c 点之后，非均匀椭圆化平衡路径逐渐从均匀椭圆化平衡路径分离，非均匀作用逐渐凸显，局部径向位移 w_n 开始显著增加。由坐标 $(x+\zeta+w\sin\varphi, y+\eta-w\cos\varphi)$ 可知，局部 w_n 起到加剧截面椭圆化作用，导致碳纳米管结构抗弯刚度在均匀椭圆化基础上进一步降低，椭圆化极限点对应的曲率由 1.45 减小到 1.32，承载能力下降 10%。这也间接证明了，仅考虑均匀椭圆化作用会高估结构的承载能力。同时，式(6.48)中最后一项 $\dfrac{1}{2}\dot{w}^2$ 恒正，表明局部径向位移 w_n 在碳纳米管弯曲过程中不仅加剧截面椭圆化，还将阻碍压缩应变的进一步增加。

6.4.5　相关失稳机制

许多模拟和试验表明，碳纳米管容易屈曲，由平滑弯曲逐渐形成褶皱或者弯折等，进而导致结构应变能由调和机制转为非调和机制。借助含非凸弯曲应变能的弹性模型，将碳纳米管弯曲过程划分为低应变相阶段、混合应变相阶段和高应变相阶段 3 个阶段，进而通过相变过程，深入阐释碳纳米管失稳机制及褶皱和弯折等构形之间的联系。

图 6.12 描述单壁碳纳米管结构无量纲化应变能($\widetilde{E}$)与曲率(α)的关系。由图 6.12 可知，与经典弹性理论和许多 MD 模拟结果相同，在小曲率情况下，单壁碳纳米管结构发生调和变形，应变能符合调和规律，能量与曲率呈二次方关系，如图 6.12(a)中虚线所示，即

$$\widetilde{E}=\frac{1}{2}Q\alpha^2 \tag{6.66}$$

式中　Q——无量纲化结构抗弯刚度。

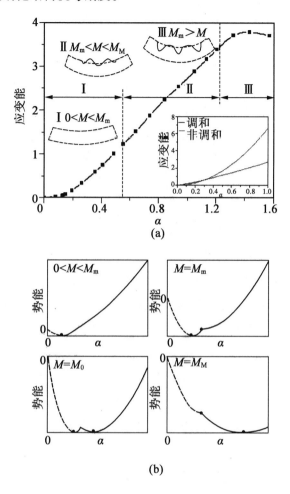

图 6.12　单壁碳纳米管结构无量纲化应变能（彩图见附录）

在这种调和制度下,碳纳米管表面的六圆环受到轻微应变作用,六边形碳网络保持稳定。当曲率超过某临界值时,斜率出现不连续,由前面可知,这时单壁碳纳米管结构发生明显截面椭圆化变形,并且表面出现褶皱形式的非均匀变形,应变能逐渐由调和机制转变为非调和机制,进而能量与曲率呈现幂函数规律,如图 6.11(a)红线所示:

$$\widetilde{E} = S\alpha^a, \quad 1 < a < 2 \tag{6.67}$$

式中　S——系数;

　　　a——指数。

由于很难得到式(6.67)中系数 S 和 a 的解析解,因此需通过数值求解方程,进而拟合相应系数 $Q = 6.64, S = 2.7, a = 1.2$。

根据 Abeyaratne 非凸弯曲应变能模型理论[21]，定义一个新的无量纲能量形式，即

$$W(\alpha) = \min\left\{\frac{1}{2}Q\alpha^2 ; S\alpha^a\right\} \tag{6.68}$$

碳纳米管弯曲含有两种相成分，分别为低应变相（Lp）和高应变相（Hp）。在低应变相，单壁碳纳米管结构平稳弯曲，能量与曲率符合调和机制，呈二次方关系；在高应变相，结构截面椭圆化加剧并出现褶皱，能量与曲率转变为非调和机制，呈幂指数关系。

将 T、S、a 代入式（6.67）~（6.69），进而分别求得 Maxwell 弯矩 $M_0 = 0.6$，$M_m = 0.55$，$M_M = 0.88$。根据图 6.10 所绘的平衡路径可以发现，M_M 接近线性与非线性平衡路径分离点 b 点对应的弯矩，M_M 接近椭圆化极限点 d 点对应的弯矩。当 $M < M_m$ 时，结构中只存在低应变相，碳纳米管仅发生平滑弯曲；而当 $M_m < M < M_M$ 时，结构出现褶皱及截面椭圆化为代表的高应变相，不过这时低应变相依然存在，所以碳纳米管表现为包括平滑弯曲、截面椭圆化和褶皱变形的高低应变混合态。而随着面内应变能继续增加，碳纳米管结构会找到另一种方式释放（阻碍）应变能增加。当 $M > M_M$ 时，低应变相消失，高应变相占据整个碳纳米管结构，即褶皱遍布整个碳纳米管结构，并开始向深度方向扩展，逐渐形成弯折，导致结构能量降低。

为了深入阐释褶皱向弯折的演化机制，我们绘制了 w_n 的波数 N（波峰 + 波谷）随曲率 α 的关系，如图 6.13（a）所示。当 $\alpha > 0.8$（图 6.11 中 c 点）时，w_0 和 w_2 呈现明显的波纹式变化，w_0 形成 3 峰 2 谷（3,2），w_2 形成 4 峰 3 谷（4,3），而 w_1 则依然保持稳定（没有形成明显的波纹式变化）。同时可以看出，截面轴对称的径向变形模式 w_0 波形幅值较大，占据主导作用。由式（6.55）可知，w_0、w_1、w_2 共同作用导致结构出现非均匀性，进而造成碳纳米管表面中间区域形成褶皱，波数上出现阶跃。随着弯矩增加，达到椭圆化极限点（d），w_0 和 w_1 波数出现阶跃，而 w_2 波数则保持不变，在 w_0、w_1、w_2 共同作用下，褶皱向碳纳米管两端扩展，波数由 5 增加到 7，如图 6.13（b）所示。此时，褶皱遍布碳纳米管表面，结构达到了该尺寸下所能容纳的最大数量，即高应变相完全占据碳纳米管。随着弯矩的继续增加，波数维持不变，而波形程度发生显著变化。这里定义 η 为反应波形变化程度，可以表示为

$$\eta = \frac{1}{n}\sum_{i=1}^{n}\frac{M_i}{\lambda_i} \times 100\% \tag{6.69}$$

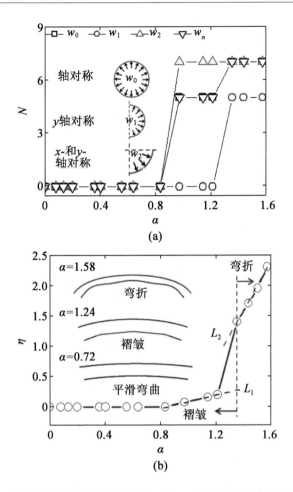

图 6.13　褶皱波数 N 和波形变化程度 η 与 α 之间的关系(彩图见附录)

由图 6.13(b)可知,在 c 点与 d 点之间(图 6.11),波形变化程度 η 随着曲率按照线性 L_1 的方向增加。而当超过椭圆化极限点(d 点)(图 1.11),η 产生阶跃,并按照线性 L_2 的方向增加,L_2 的斜率远大于 L_1 的斜率,表明波形幅值的变化远远大于波长的变化程度。此后,褶皱的波长几乎不变,而幅值不断增加(图 6.14),相当于波形沿幅值方向被拉伸,褶皱逐渐演化成弯折。从这个角度来讲,褶皱是弯折的雏形,弯折是在褶皱形成的基础上进一步向幅值方向扩展演化而来。另外,值得注意的是,在混合应变相阶段,波形变化程度 η 始终处在 0.25 以下,表明相比于波长,褶皱的幅值较小,这种微小的波纹起伏很难直观显现而被观察到。

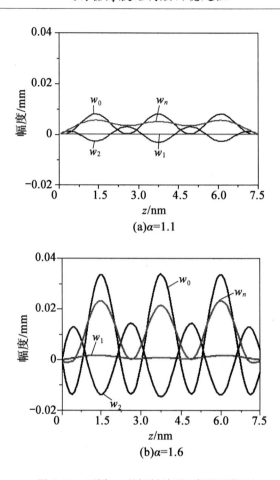

图 6.14　不同 w_n 的褶皱波形（彩图见附录）

6.4.6　尺寸效应的影响

现定义弯矩开始下降的点为弯折形成对应的临界曲率（K_{cr}）。图 6.15（a）描述了不同半径碳纳米管与弯折形成对应的临界曲率（K_{cr}）的关系。数值结果和目标分子动力学模拟结果均表明，相比于大半径碳纳米管，小半径碳纳米管更难发生屈曲。同时，临界曲率与半径的平方近似呈反比例关系（虚线），即 $k_c \propto 1/4R^2$，这与之前的研究相符。对比数值和模拟结果，数值得到的临界曲率均会略大于模拟结果，在 $R = 0.339$ nm 处误差最大达到 12% 左右，并随着碳纳米管半径的增大逐渐减小。这主要是因为分子模拟本身考虑了碳纳米管几何缺陷（离散结构），而连续介质力学则将其视为无缺陷的（连续体），并且屈曲又对几何缺陷特别敏感，缺陷会导致屈曲临界载荷的降低。因此，数值结果会高于分子模拟结果。

图 6.15（b）描述了不同长径比（L/R）与临界曲率（K_{cr}）的关系。由图可知，对于长碳纳米管（$L/R > 10$），长径比只影响波纹数量，而临界曲率几乎不受影响；而对于短碳纳米

管($L/R \leqslant 10$)，当长径比达到某阈值时，临界曲率会随着长径比的降低而下降。阈值与碳纳米管半径密切相关，而与手性无关。

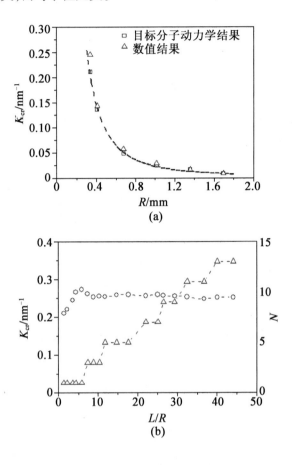

图 6.15　结构尺度与临界曲率的关系

6.4.7　内压的影响

碳纳米管可以用来储氢、储氧以及储金属或氧化物等。以碳纳米管储氢为例，氢分子对管壁的作用通过 L – J 势描述，可以将其等效为管内的充气内压，通过 Virial 应力进而得到等效后的 p，即

$$p = -\frac{1}{6V_{\mathrm{ol}}} \sum_{j(\neq i)} r_{ij} \frac{\mathrm{d}V_{\mathrm{L\text{-}J}}}{\mathrm{d}r_{ij}} \tag{6.70}$$

式中　V_{ol}——每个粒子的平均体积，氢原子之间采用 AB 堆积方式；

$V_{\mathrm{ol}} = \dfrac{\sqrt{2}}{2}d_{\mathrm{H_2\text{-}H_2}}^3$，其中 $d_{\mathrm{H_2\text{-}H_2}}$ 为氢分子之间的距离。

于是等效内压 p 和 $d_{\mathrm{H_2\text{-}H_2}}$ 的关系可以表示为

$$p = \frac{48\sqrt{2}\,\varepsilon_{H_2-H_2}}{\sigma_{H_2-H_2}^3}\left[2\left(\frac{\sigma_{H_2-H_2}}{d_{H_2-H_2}}\right)^{15} - \left(\frac{\sigma_{H_2-H_2}}{d_{H_2-H_2}}\right)^{9} \right] \tag{6.71}$$

Jiang[22]建立了碳纳米管与聚合物之间的相互作用关系,借用其理论,用 H_2 替换该其中的聚合物分子,得到 d_{C-H_2} 与 p 的关系为

$$p = \frac{8\sqrt{2}\,\pi}{3\sqrt{3}}\left(\frac{R}{R_\phi}\right)^2 \frac{\varepsilon_{C-H_2}\sigma_{C-H_2}}{r_0^2 d_{H_2-H_2}^3}\left[\frac{2}{5}\left(\frac{\sigma_{C-H_2}}{d_{C-H_2}}\right)^{10} - \left(\frac{\sigma_{C-H_2}}{d_{C-H_2}}\right)^4 \right] \tag{6.72}$$

综合碳纳米管储氢膨胀及 $C-H_2$ 的距离等因素,实际上 H_2 只能存储在半径为 $R_\phi - d_{C-H_2}$ 的圆管内,因此碳纳米管单位长度上存储 H_2 的数量为 $\pi(R_\phi - d_{C-H_2})^2 V_{ol}^{-1}$,进而碳纳米管单位体积储氢量为

$$N_H = \frac{\pi(R_\phi - d_{C-H_2})^2 V_{ol}^{-1}}{\pi R_\phi^2} = \left(\frac{R_\phi - d_{C-H_2}}{R_\phi}\right)^2 \frac{\sqrt{2}}{d_{H_2-H_2}^3} \tag{6.73}$$

储氢量 N_H 与 d_{C-H_2},$d_{H_2-H_2}$ 和内压 p 的关系如图 6.16(a)所示。随着储氢量的增加,H_2 和 $C-H_2$ 的距离逐渐缩减,逐渐趋近稳定于 0.24 nm 和 0.19 nm。H_2 和 $C-H_2$ 通过范德瓦尔斯力相互作用,距离减小,导致范德瓦尔斯力加强。讨论的碳纳米管内压范围在 0~70 GPa 以内。

获取不同储氢量下的无量纲弯矩和曲率关系($M-\alpha$),如图 6.16(b)所示。从图中可以看出,随着储氢量从 0 增加到 20.3 nm^{-3},内压从 0 增加到 50 GPa,椭圆化极限点对应的弯矩增加 16%,对应的极限弯矩提高近 33%。内压作用在曲率上,提升了结构内部阻力弯矩,增加了结构抗弯刚度,提高了碳纳米管结构承载能力。同时,由图 6.16 可知,储氢量越多,相应在小曲率阶段越接近线性,非线性作用越不明显。这是因为,储氢量越多,内压越大,管内存储大量氢分子,氢分子与碳纳米管管壁的距离不断被压近,当结构截面呈现椭圆化趋势时,碳纳米管上下两端有向内部压缩的趋势,管内空间变小,内部 H_2 和 $C-H_2$ 之间范德瓦尔斯力进一步增加,阻碍管壁向内进一步收缩,碳纳米管结构截面椭圆化作用被削弱,从而也削弱了因截面椭圆化作用导致结构抗弯刚度的降低趋势。内压的作用还体现在提高结构剪切刚度上。在结构挠度 q_s 相同的前提下,内压越大,结构的 q_t 越小,即剪切作用效果越小,因此碳纳米管内压提高了结构的剪切刚度。

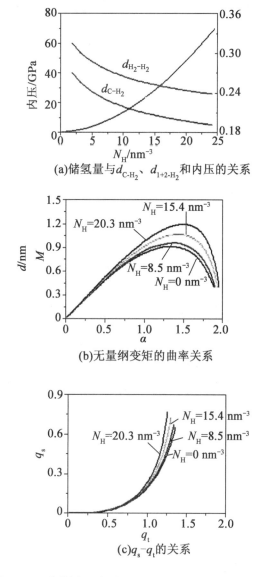

(a)储氢量与d_{C-H_2}、d_{1+2-H_2}和内压的关系

(b)无量纲变矩的曲率关系

(c)q_s-q_t的关系

图 6.16　不同储氢量与内压 p、以及 $\alpha - M$、$q_s - q_t$ 之间的关系

　　表 6.3 给出了不同储氢量与 p、Q、S、α、M_m、M_M 的关系。由表可知,由于 Q 主要反映结构的抗弯刚度,内压的增加,对结构抗弯刚度有较大提升,而内压的改变对 α 影响较小。同时,随着储氢量和内压 p 的增加,M_m 几乎不变,而 M_M 有较大提升,当内压从 0 增加到 50 GPa,混合应变区域($M_M - M_m$)增加 33%。这相当于提高了碳纳米管进入第 3 阶段(高应变)的门槛,也就是说,结构更容易处于混合应变阶段。这也从另一个角度证明了多壁或填充物质的碳纳米管更容易形成椭圆化现象和褶皱。从结构角度来讲,相比于碳纳米管内部空洞,多壁或内部填充物质,阻碍了褶皱向幅值方向演化形成弯折。从非凸能量角度来讲,正是碳纳米管多壁或内部填充物质的特点,相当于内部作用充气内压,

延长了混合应变阶段,使褶皱可以继续按图 L_1 的方式增加,褶皱的现象也更容易被观察到。

表6.3 不同储氢量与 p、Q、S、a、M_m、M_M 的关系

N_H/nm^{-3}	p/GPa	Q	S	α	M_m	M_M
0	0	6.64	2.7	1.2	0.55	0.88
8.5	10	10.16	3.0	1.2	0.54	0.90
15.4	30	18.77	3.5	1.2	0.56	0.94
20.3	50	27.00	3.77	1.2	0.57	0.97

6.5 本章小结

本章首先从充气结构的整体屈曲与局部皱曲的耦合关系入手,建立了同时考虑整体与局部屈曲的控制方程,分析了两者的耦合关系,以及各主要结构参数对屈曲性能的影响。然后,以充氢碳纳米管连续化模型为例,引入截面椭圆化因素,同时考虑整体弯曲、局部皱曲和截面椭圆化失稳的关联关系,建立了相关失稳控制方程,并采用连续算法求解了结构的整体、局部及其与椭圆失稳的耦联演化过程,分析了内压等对结构关联失稳行为的影响。

本章参考文献

[1] JENKINS C H M. Gossamer spacecraft: membrane and inflatable structures technology for space applications[M]. Reston: American Institute of Aeronautics and Astronautics, 2001.

[2] NGUYEN T T, RONEL S, MASSENZIO M, et al. Numerical buckling analysis of an inflatable beam made of orthotropic technical textiles[J]. Thin-Walled Structures, 2013(72): 61-75.

[3] COMER R L, LEVY S. Deflections of an inflated circular cylindrical cantilever beam[J]. AIAA, 1963, 1(7): 1652-1655.

[4] SUHEY J D, KIM N H, NIEZRECKI C. Numerical modeling and design of inflatable structures-application to open-ocean-aquaculture cages[J]. Aquacultural Engineering, 2005, 33(4): 285-303.

[5] WIELGOSZ C, THOMAS J C. Deflection of inflatable fabric panels at high pressure

[J]. Thin-Walled Structures, 2002, 40(6):523-536.

[6] THOMAS J C, WIELGOSZ C. Deflections of highly inflated fabric tubes[J]. Thin-Walled Structures, 2004, 42(7):1049-1066.

[7] WIELGOSZ C. Bending and buckling of inflatable beams: some new theoretical results [J]. Thin-Walled Structures, 2005, 43(8):1166-1187.

[8] DAVIDS W G, ZHANG H. Beam finite element for nonlinear analysis of pressurized fabric beam – columns[J]. Engineering Structures, 2008, 30(7):1969-1980.

[9] KARAMANOS S A. Bending instabilities of elastic tubes[J]. International Journal of Solids and Structures, 2002, 39(8):2059-2085.

[10] HAUGTHON D M, MCKAY B A. Wrinkling of inflated elastic cylindrical membrane under flexture[J]. International Journal of Engineering Science, 1996, 34(13):1531-1550.

[11] VELDMAN S L. Wrinkling prediction of cylindrical and conical inflated cantilever beams under torsion and bending[J]. Thin-Walled Structures, 2006, 44(2):211-215.

[12] DAMIL N, POTIER – FERRY M. Influence of local wrinkling on membrane behaviour: a new approach by the technique of slowly variable Fourier coefficients[J]. Journal of the Mechanics and Physics of Solids, 2010, 58(8):1139-1153.

[13] DAMIL N, POTIER – FERRY M. A generalized continuum approach to describe instability pattern formation by a multiple scale analysis[J]. Comptes Rendus Mecanique, 2006, 334(11):674-678.

[14] WANG C G, TAN H F, DU X W, et al. Wrinkling prediction of rectangular shell – membrane under transverse in-plane displacement[J]. International Journal of Solids and Structures, 2007, 44(20):6507-6516.

[15] WANG C G, TAN H F, DU X W, et al. A new model for wrinkling and collapse analysis of membrane inflated beam[J]. Acta Mechanica Sinica, 2010, 26(4):617-623.

[16] FICHTER W B. A theory for inflated thin wall cylindrical beams[J]. Technical Report, NASA Technical Note, NASA TND-3466, 1966.

[17] CALLADINE C R. Theory of shell structures[M]. Cambridge: Cambridge University Press, 1983.

[18] WADEE M K, WADEE M A, BASSOM A P, et al. Longitudinally inhomogeneous deformation patterns in isotropic tubes under pure bending[J]. Proceedings of the Royal Society A: Mathematical, Physical and Engineering Sciences, 2006, 462(2067):817-838.

[19] REISSNER E. On finite pure bending of cylindrical tubes[J]. Osterr. Ing. Arch.,
     1961, 15:165-172.

[20] HUANG Y, WU J, HWANG K C. Thickness of graphene and single-wall carbon nano-
     tubes[J]. Physical Review B, 2006, 74(24):245413.

[21] ABEYARATNE R, KNOWLES J. Evolution of phase transitions: a continuum theory
     [M]. Cambridge: Cambridge University Press, 2006.

[22] JIANG L Y, HUANG Y, JIANG H, et al. A cohesive law for carbon nanotube/poly-
     mer interfaces based on the van der Waals force[J]. Journal of the Mechanics and
     Physics of Solids, 2006, 54(11):2436-2452.

第7章　薄膜充气梁弯皱变形的智能控制

7.1　概　　述

褶皱在充气薄膜结构中是不可避免的,通过有效的措施消减褶皱并减小其对结构性能的影响是皱曲行为研究的主要目的之一[1-2]。褶皱对载荷、边界及周边环境十分敏感,对褶皱控制无法采用直接约束等方式,因为这样容易引起"按下葫芦浮起瓢"的效果,对褶皱的控制最好是采用间接方法,如改变边界条件等[3-4],其中采用智能材料进行褶皱和充气梁弯皱变形的控制是有效手段之一[5-10]。

本章将采用形状记忆合金(SMA)丝对薄膜充气梁的弯皱变形和局部褶皱进行控制。主要是将其作为驱动器,利用其变形回复所产生的驱动力来控制薄膜充气梁的弯皱变形。

7.2　SMA 丝驱动性能试验

试验选用 SMA NiTi(49.5% atNi,马氏体相变开始温度为 20 ℃,奥氏体相变终止温度为 70 ℃)丝,丝径为 0.5 mm,长度为 0.3 m。对有一定预变形的 SMA 丝通过电驱动方式使其产生驱动力。为了获取性能稳定和可靠的 SMA 丝,首先需要在高倍(20 倍)显微镜下检查型材的完好性,将有缺陷的型材剔除。然后将选取的 SMA 丝在干燥箱内加热到 100 ℃,保温 3 min 后采取水冷的方法将 SMA 丝的残余应力去除,获取更好的驱动效应。

SMA 丝必须在有预变形的前提下才能产生较大的回复力,故在此先对 SMA 丝进行预拉伸。根据实际需要,薄膜充气梁的弯曲受拉部分应力约为 0.8 MPa(约 20 N 拉力,25 μm 厚薄膜),据此,设计 SMA 丝标定的有效拉伸长度为 16.5 cm,通过试验研究,预拉伸 4% 以内的 SMA 丝能产生的最大驱动力在 20 N 左右。图 7.1 所示是 SMA 丝预拉伸试验装置(Instron 万能拉伸试验机)。

SMA 丝作为一种金属材料,本身就是一种良好的导体,通电后,自身的电阻热就可以激发内部相变,因此,采用电驱动方式获取 SMA 丝的驱动力。由于 SMA 丝的拉力响应与温度密切相关,而 SMA 丝的电阻也会随温度的变化而变化,所以在电驱动试验中,选择对 SMA 丝通以恒定电流的方法进行驱动是切实可行的,这样在通以恒定电流时,不考虑合金丝本身电阻随自身温度升高而变化,可以得出较为精确的拉力响应值。选择量程范围为 100 N 的拉力传感器,仍在 Instron 万能拉伸试验机上进行(图 7.2)。

图 7.1　SMA 丝预拉伸试验装置

图 7.2　SMA 丝电驱动试验装置

　　为防止 SMA 丝与夹具间连通,需要先对 SMA 丝进行绝缘处理,此处采用绝缘胶带分别在 SMA 丝两端缠绕成 4 cm 的绝缘防护层,它不但起到绝缘作用,还可以增强夹具夹持 SMA 丝的摩擦力。SMA 丝在电驱动过程中短时间内自身温度升高至 70~80 ℃,其电阻也会发生变化。所以在电驱动试验中给 SMA 丝通以恒定的电流,每次试验前需要调节稳压稳流电源,以获得需要的驱动电流。之后,对 SMA 丝施以 1 N 的预紧力使其处于拉直状态,通以一定电流,通过驱动力记录仪获取驱动力。试验中进行了不同预拉伸下不同电流作用的驱动力试验,结果见表 7.1。预拉伸 4% 的 SMA 丝在通以 2 A 恒定的直流驱动电流时,能产生的最大驱动力为 30 N。

表 7.1　SMA 丝的驱动力试验结果

驱动电流	预拉伸 1%	预拉伸 2%	预拉伸 3%	预拉伸 4%
	驱动力			
1.5 A	1.75 N	9.75 N	17.25 N	22 N
1.75 A	2.5 N	12 N	18.2 N	26.25 N
2 A	3.75 N	16.25 N	20 N	30 N

7.3　薄膜充气梁弯皱变形智能控制试验

7.3.1　充气梁弯皱试验

本节采用 25 μm Kapton 薄膜材料进行薄膜充气梁弯皱变形试验,此时,为了能够获取较明显的褶皱分布和特性,选用长径比较小的结构几何形式,充气管长度为 0.5 m,截面半径为 0.05 m。试验中充入 10 kPa 的内压。充气梁弯皱试验装置如图 7.3 所示。

结构的端载采用标准质量块配重,端部位移采用全站仪进行测量,固定端附近区域的褶皱形变采用非接触式数字摄影测量法获取。

非接触数字摄影测量法的基本步骤:①相机的标定;②标靶类型的选择;③标靶数目和尺寸的确定;④相机数目和排布设定;⑤相片的拍摄;⑥将相片导入软件中进行数据处理;⑦输出三维数据进行后期处理。

图 7.3　充气梁弯皱试验装置

相机标定是对相机内部光学参数进行的测量,为了获取详尽的褶皱变形,在可能的褶皱区设置 7 500 个"点印标靶"(基于印刷技术直接形成的靶点),靶点直径为 0.5 mm,靶点间距为 2 mm,设置点印标靶的区域为固定端轴向 16 cm、环向 20 cm。本试验中采用靶点采集相机在 6 个方位进行拍摄获取靶点图,通过 V－Star 进行数据处理获取靶点三维坐标。

对薄膜充气梁进行了端载 7 N 的弯皱试验,并得到此时的褶皱区变形结果,将其与试验结果进行比较,如图 7.4 所示。从褶皱试验图中可以清晰地见到薄膜充气梁轴向均匀的褶皱波,且靠近固定端部位褶皱程度较大。对应图 7.4(b)所示褶皱测量结果中靠近左侧靶点区的空白区域,该区域的靶点由于褶皱波相互的接触受到遮挡,因此无法显示。另外,沿充气梁轴线方向的靶点呈现波动的变化且不在同一直线上,说明轴线方向分布褶皱波。褶皱区域和分布的测试结果与试验结果基本一致。基于测试试验数据,可以获取褶皱数量(褶皱波个数)、褶皱区域、褶皱面积及褶皱平均波长(褶皱区域沿轴向长度/褶皱数量),这些褶皱参数可用于与数值结果进行比较。

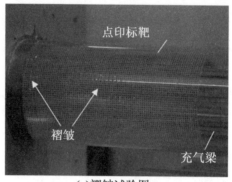

(a)褶皱试验图

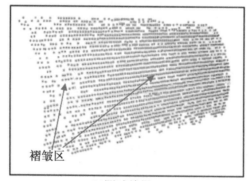

(b)测试结果

图 7.4　褶皱试验和测试结果

7.3.2　褶皱控制试验

基于 SMA 丝的弯皱变形控制试验是建立在上述弯皱试验基础上进行的,根据弯皱试验,薄膜充气梁受横向载荷作用时会在靠近固定端受压一侧产生褶皱。其根本原因是,在横向载荷和充气压力作用下,充气管底端根部位置受压超过薄膜临界压缩应力,进而产生褶皱变形。由于薄膜材料质轻易变形且充气管弯皱变形微小,不能直接将 SMA

丝驱动元件作用于充气管变形区域进行变形控制。然而,与褶皱区域相对一侧的管壁处于受拉张紧状态,因此可以在该区域布置 SMA 丝,通过电驱动使其产生收缩变形,间接地影响以及控制薄膜充气梁弯皱变形,以达到减少褶皱数量、减低褶皱幅度、减小褶皱面积、提升结构整体抵抗弯皱变形的目的。

在试验过程中,以胶合的方式将 SMA 丝沿轴向固定于充气梁壁面上,涂胶层为固态压敏胶材料,压敏胶带质地较为均匀,厚度较小,易变形,导电性能良好,相对于其他胶合材料,其对薄膜材料属性的影响较小。由于 SMA 丝在电驱动过程中温度会升高至 70 ~ 80 ℃,胶合之前,在高温加热炉中进行了相应试验,将单根 SMA 丝用压敏胶带固结于 Kapton 薄膜上,在高温炉中加热至 90 ℃,保温 5 min,其黏合性能良好,胶合层没有产生开胶、脱落及液化现象。

薄膜充气梁弯皱变形控制试验中采用了 7 根预拉伸4%的 SMA 丝,每两根 SMA 丝间距为 1 cm,以串联方式连接,通过电驱动方法驱动合金丝,SMA 丝的布置方式如图7.5 所示。

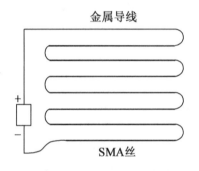

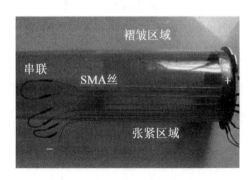

图 7.5　SMA 丝的布置方式

根据 SMA 丝电驱动性能,其在 2 A 恒定直流电作用下,可以很快获得其最大驱动力。但是在本试验过程中,加载及数字摄影测量本身需要花费的时间远大于 5 s,因此需要对 SMA 丝的驱动过程进行一定程度的控制,使之能在较长时间内保持最大驱动力。若是在电驱动过程中对 SMA 丝一直通以 2 A 的恒定电流,合金丝的温度会持续升高,使得材料本身发生不可恢复的破坏。通过试验研究发现,2 A 的恒定电流可以使 SMA 丝迅速升温,从而获得一定的回复力,而引入脉冲电流可以对 SMA 丝回复力的稳定产生良好的控制作用,两者结合可以使 SMA 丝的回复力迅速达到某个值并保持恒定,因此选用恒定直流电与脉冲电流相结合的驱动方法对 SMA 丝进行动态控制[11]。针对本试验 SMA 丝电驱动试验结果及串联 SMA 丝的根数,预定电流输出特性,其中 SMA 丝获得最大驱动力时所通直流恒流 2 A 的持续时间为 10 s,SMA 丝维持最大驱动力的脉冲宽度为 2 s。

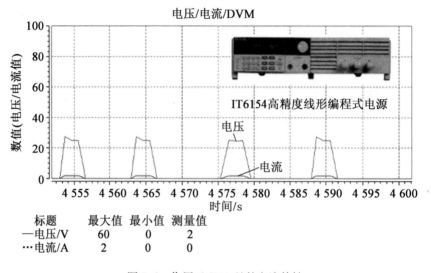

图 7.6　作用于 SMA 丝的电流特性

薄膜充气梁在横向载荷作用下产生的褶皱变形幅度较小,由于受标靶尺寸及密度的限制,根据摄影测量不能得出褶皱幅度及波长的具体尺寸,只能表征弯皱变形的范围。在此引入一个平均波长的概念,薄膜充气梁褶皱区域可测,区域中的褶皱数量可以直观得到。定义平均波长为 $\overline{\lambda} = \dfrac{b}{n}$,其中 b 为褶皱区域沿轴线长度,n 为褶皱区内褶皱数量。根据褶皱分布特性,将褶皱区等效为三角形,底边为褶皱沿充气梁环向分布,高度为褶皱沿轴向分布,给定充气梁截面半径为 r,环向褶皱角度为 θ_w,得到褶皱区底边长度为 $r\theta_w$,褶皱区面积为 $A = \dfrac{r\theta_w b}{2}$。定义表征引入 SMA 丝对薄膜充气梁弯皱性能提升的指标为 $\delta = \dfrac{|d_B - d_A|}{d_B} \times 100\%$,其中 d_B 和 d_A 分别是控制前后的端部横向位移。端部变形采用全站仪进行测量。

图 7.7 所示为变形控制前后的褶皱区变形对比。可以发现,控制后褶皱波数量明显减少,褶皱区域显著减小,褶皱的程度降低。可以定性地说明 SMA 丝对薄膜充气梁弯皱特性具有明显的控制效果。

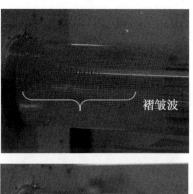

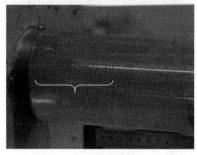

图 7.7　变形控制前后褶皱区变形对比

　　引入上面定义的几个参量对褶皱消减程度进行定量分析和对比,通过试验数据分析,变形控制前,薄膜充气梁弯皱变形区域褶皱数量为 37 个,变形控制后,变形区域褶皱变形数量为 26 个,说明 SMA 丝的回复力对褶皱数量的控制效果十分明显。变形控制前,褶皱平均波长为 4.189 mm;变形控制后,褶皱平均波长增大为 4.531 mm,说明控制后褶皱程度得到消减。变形控制前等效褶皱面积为 0.012 16 m²;变形控制后等效褶皱面积明显减小,为 0.007 17 m²,说明控制后只有很少的区域存在褶皱。变形控制前,充气梁端部横向位移为 9.7 mm;控制后梁端部横向位移减小为 6.4 mm,相当于提升了结构抗弯性能。

　　综合对比分析,给出控制力度的概念,即 $\alpha = \dfrac{|P_- - P_+|}{P_-} \times 100\%$,其中 P_- 和 P_+ 分别代表控制前后的特征参数。由此,引入 SMA 丝后的褶皱数量、褶皱平均波长、褶皱面积和整体性能的提升力的控制力度分别为 29.73%、8.16%、41.03% 和 34.02%。综合对比分析后表明,虽然 SMA 丝对褶皱波长的控制效果不是很明显,但对薄膜充气梁的整体弯皱性能提升作用相当明显,且可以有效减少褶皱数量和褶皱区域。

7.4　弯皱变形智能控制的数值模拟

7.4.1　弯皱控制的等效结点力法模拟

模拟分析中的材料和几何模型与智能控制试验中的数据完全一致,其中,模拟分析中的边界条件为一端固支、一端自由,且将自由端设为刚性面。充气内压为 10 kPa,横向端载为 7 N。选用非线性 SHELL181 单位,将整个充气梁离散为 89 600 个单元,为了获取较为详细的褶皱构形结果,分别对靠近固定端附近区域(25 cm)可能出现褶皱的区域和非褶皱区域进行不同的网格划分,褶皱区环向和轴向网格密度为 160×500,即沿轴向每个单元尺寸为 0.5 mm,非褶皱区单元密度为 160×50,即该区单元尺寸为 5 mm,整个模型共有 89 681 个结点。如此划分的依据是试验中褶皱主要集中在固定端 20 cm 以内。充气梁有限单元模型如图 7.8 所示。

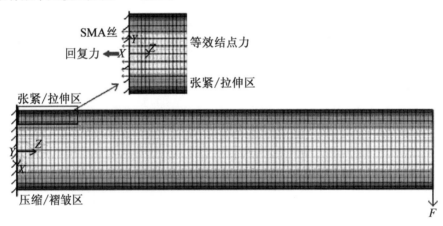

图 7.8　充气梁有限单元模型

由于 SMA 丝在预拉伸时单位长度的变形相同,所以电驱动作用下单位长度产生的驱动力大小相等,因此,可以将 SMA 丝等效看作 n 段弹簧串联相接,每段弹簧产生的驱动拉力大小相等,也就是将整个 SMA 丝产生的驱动力平均分布在单元的结点上,来模拟 SMA 丝的驱动力,该方法称为等效结点力法。SMA 丝回复力的等效方法如图 7.9 所示。

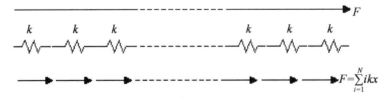

图 7.9　SMA 丝回复力的等效方法

7.4.2　弯皱智能控制的数值模拟及其与试验对比

0.5 mm 丝径 SMA 丝预拉伸 4% 后以 2 A 恒定直流加脉冲电流驱动所产生的驱动力大小为 30 N。因此,将 SMA 丝的驱动力等分为 30 等份,连续作用在 30 个结点上,等效作用在每个单元结点上的结点力为 1 N。基于非线性数值计算获取数值结果。通过最小主应力来反映褶皱区域的应力分布,通过结构位移反映弯皱变形的各个参数,包括褶皱区域、波长及幅度。通过计算得到控制前后端截 7 N 时的褶皱区最小主应力结果,如图 7.10所示。

根据模拟结果,引入 SMA 丝的智能控制后,褶皱数量由控制前的 37 个减少为控制后的 23 个。其中,结果图 7.10(b)中黄色峰条即为明显的褶皱,通过获取黄色峰条的个数就可以确定褶皱个数。另外,可以发现,SMA 丝除了可以有效缩小轴向褶皱演化,还可以有效控制褶皱在结构环向方向的扩展,缩减褶皱的区域。引入褶皱控制策略后,最小主应力峰值锐减了近 50%,表明控制策略可以有效降低褶皱程度。且褶皱区域由控制前的曲边大"三角形"缩小为小"玉米形"。此外,如图 7.10 所示的结果,褶皱的消减不是均匀和线性的,而且控制前后,褶皱区形状也不完全相同,这主要是由控制机理和薄膜的非线性形变特性所决定的。

薄膜充气梁的应力分布特性可用图 7.11 解释。充气梁受弯时,最大弯矩出现在固定端,最小弯矩在自由端。当固定端受压区压缩应力达到膜材临界压缩应力时褶皱产生,之后褶皱在外载继续作用下沿轴向及环向扩展,此时充气梁褶皱区截面应力分布如图 7.11 中 I—I 截面所示。充气梁固定端弯矩最大,对应最大压缩应力,因此,A—A 截面褶皱沿环向分布最广泛。沿着轴向压缩应力逐渐减小,到达 B—B 截面时压缩应力消减为零,此截面处无褶皱。褶皱区外均为张紧区,该区都是拉应力。

充气梁固体端褶皱区的变形特性如图 7.12 所示。结果显示,变形控制前充气梁固定端区域的变形是波动起伏并伴有多个褶皱波的形变特征,褶皱区域沿轴向接近 0.14 m(薄膜充气梁长 0.5 m)。引入 SMA 丝进行控制之后,褶皱几乎消失,且主要存在于离固定端 0.02 m 的轴向区域内。智能控制前,0.02 m 区域内共有 5 个大幅度褶皱,控制后该区域内仅有 2 个小幅度褶皱,波长显著增加,表明褶皱的程度明显得到控制。此外,在靠近固定端轴长 0.16 m 处,充气梁横向位移由控制前的 2.8 mm 缩减为控制后的 0.9 mm,表明引入 SMA 丝的智能控制可以显著提升结构的抗弯性能。控制前后充气梁结构的端部变形结果如图 7.13 所示。

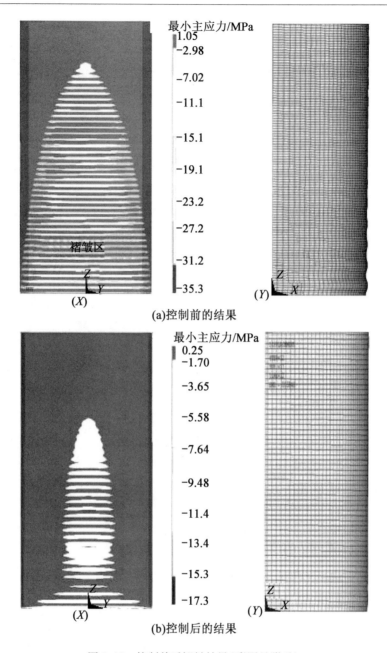

(a)控制前的结果

(b)控制后的结果

图 7.10　控制前后褶皱结果(彩图见附录)

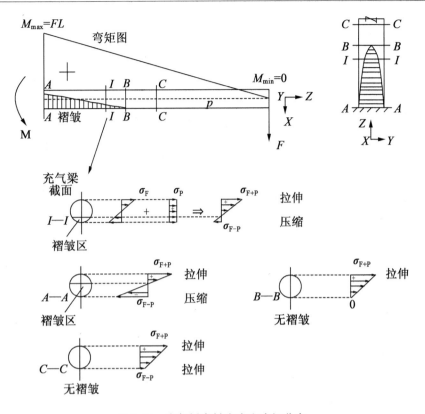

图 7.11　充气梁弯皱应力和力矩分布

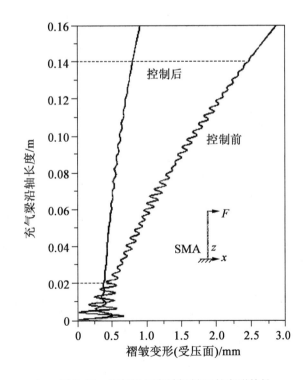

图 7.12　充气梁固定端褶皱区的变形特性

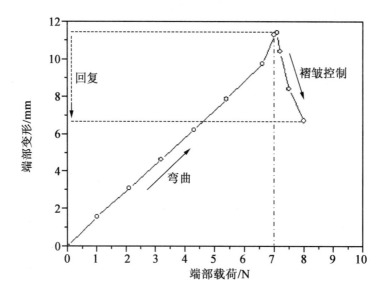

图 7.13　控制前后充气梁结构的端部变形结果

由图 7.13 可知,随着端载的不断增加,端部变形不断增大,端载作用到 7 N 时,对 SMA 丝进行电驱动使其产生回复力进而收缩。在 SMA 丝驱动力作用下充气梁端部变形明显减小,SMA 丝的回复力作用相当于提高了充气梁的抗弯性能,控制后变形的回复接近未回复前的 40.7%,控制后充气梁抗弯能力提升近一倍(控制前为 608.7 N/m,控制后提升到 1 212.1 N/m),可表明 SMA 丝对充气梁抗弯性能提升的作用十分明显。

变形控制前,褶皱数量为 37 个,引入 SMA 丝对充气梁弯皱变形性能控制后,褶皱数量减少,为 23 个。褶皱平均波长控制前为 4.297 mm,控制后增加,为 4.714 mm。褶皱面积控制前为 0.012 48 m²,控制后为 0.006 85 m²。充气梁端部位移控制前为 11.3 mm,控制后为 6.7 mm。褶皱控制的试验结果与模拟结果的比较见表 7.2。

表 7.2　褶皱控制的试验结果与模拟结果的比较

内容		褶皱数量	褶皱平均波长/mm	褶皱面积/m²	端部位移/mm
试验结果	控制前	37	4.189	0.012 16	9.7
	控制后	26	4.531	0.007 17	6.4
数值预报	控制前	37	4.297	0.012 48	11.3
	控制后	23	4.714	0.006 85	6.7
偏差 δ	控制前	0	2.5%	2.6%	14.1%
	控制后	13%	3.9%	4.7%	4.5%

在表 7.2 中,偏差 $\delta = \dfrac{|R_{s} - R_{e}|}{R_{s}} \times 100\%$,其中,$R_{s}$、$R_{e}$ 分别为模拟结果和试验结果,对应变形控制前和变形控制后的参数。由表 7.2 可见,除了控制后褶皱数量的模拟和试验结果偏差以及控制前端部位移的模拟和试验偏差大于 10% 外,其余褶皱参数控制前后模拟和试验偏差都小于 5%,这表明模拟结果与试验结果十分接近,且验证了模拟方法的有效性。

7.5　本章小结

本章重点针对薄膜充气梁的弯皱变形进行了基于 SMA 丝的智能控制研究,包括 SMA 丝驱动性能试验来获取 SMA 丝电驱动最大驱动力。结合薄膜充气梁的弯皱试验设计了 SMA 丝智能控制的方案,将 SMA 丝布置在褶皱区相对一侧的张紧区,通过电驱动使 SMA 丝收缩并拉动整个薄膜充气梁回复变形,提高了整体抗弯性能,进而实现了对薄膜充气梁弯皱变形的控制。根据 SMA 丝的智能控制方案和驱动变形特性,提出了基于等效结点力的数值模拟方法,预报了基于 SMA 丝的薄膜充气梁弯皱变形的控制结果,其有效性得到了控制试验的验证。

本章参考文献

[1]　JENKINS C H M. Gossamer spacecraft：membrane and inflatable structures technology for space applications[M]. Resfon：American Institute of Aeronautics and Astronautics, 2001.

[2]　WANG C G, TAN H F, DU X W, et al. Wrinkling prediction of rectangular shell-membrane under transverse in-plane displacement[J]. International Journal of Solids and Structures, 2007, 44(20)：6507-6516.

[3]　LEIFER J. Simplified computational models for shear compliant borders in solar sails [J]. AIAA Journal of Spacecraft and Rocke, 2007, 44(3)：571-581.

[4]　SAKAMOTO H, PARK K C, MIYAZAKI Y. Dynamic wrinkle reduction strategies for cable suspended membrane structures[J]. Journal of Spacecraft and Rockets, 2005, 42 (5)：850-858.

[5]　PENG F, HU Y, NG A. Active control of inflatable structure membrane wrinkles using genetic algorithm and neural network[C]. Palm Springs：45th AIAA/ASME/ASCE Structures, Structural Dynamics and Materials Conference,2004.

[6]　PENG F, JIANG X, HU Y, et al. Application of SMA in membrane structure shape

control[J]. IEEE, 2009, 45(1):85-93.

[7]　WANG X, ZHENG W, HU Y. Active flatness control of space membrane structures using discrete boundary SMA actuators[C]. Xi'an: IEEE/ASME International Conference on Advanced Intelligent Mechatronics, 2008.

[8]　RUGGIERO E, PARK G, INMAN D J. Smart materials in inflatable structure applications[C]. Colorado: 43rd AIAA/ASME/ASCE Structures, Structural Dynamics and Materials Conference, 2002.

[9]　LEE I, ROH J H, YOO E J, et al. Configuration control of aerospace structures with smart materials[J]. Journal of Advanced Science, 2006, 18(1+2):1-5.

[10]　YOO E J, ROH J H, HAN J H. Wrinkling control of inflatable booms using shape memory alloy wires[J]. Smart Materials and Structures, 2007, 16(2):340-348.

[11]　TIAN Z H, GUO Z, WANG C G, et al. Wrinkling deformation control of inflatable boom by shape memory alloy[C]. Weihai: Second International Conference on Smart Materials and Nanotechnology in Engineering, 2009.

第8章 网格增强充气梁结构的弯皱特性

8.1 概　　述

NASA 的研究报告[1]发现,充气梁的承载性能和材料的轴向弹性模量呈递增关系,抗弯刚度也和轴向弹性模量呈递增关系。为了提高充气梁的承载性能和刚度,一种网格增强材料及网格充气结构方案被提出,这种网格增强材料,通过在薄膜上附加增强带或增强纤维,将薄膜的抗拉性能提高[2]。网格增强等效材料的薄膜通常采用弹性模量低、厚度薄、成本较低的普通性能薄膜材料。增强带一般采用由高强度、高性能、较大厚度的柔性复合膜材。该结构膜材具有性能高、轻质和成本低的显著特点。由于薄膜和增强带均是柔性材料,所以易于折叠并便于携带,可用于充气式航空航天结构,如飞艇和充气天线等[3-6]。

本章将提出网格增强等效材料的概念,建立其数学模型,制作网格增强的充气梁,并对其进行抗弯试验,得到其载荷挠度曲线,并通过试验和数值分析进行验证。

8.2 网格增强材料的拟层等效

本节采用高强度薄膜带(简称增强带)增强柔性薄膜基体材料(简称薄膜)形成一种网格增强薄膜材料,由该材料制备的充气梁可有效提升结构的承载性能。增强带部分是由等间距平行放置的 n 向 n 系列增强带组成,将之定义为 n 向网格增强薄膜结构。若增强带布置密集,则该结构可以等效为一种材料,称之为"网格增强等效材料"。网格增强等效材料示意图如图 8.1 所示。

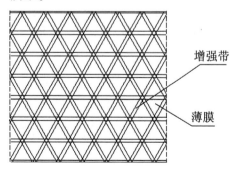

图 8.1　网格增强等效材料示意图

8.2.1 拟层法

将各系列增强带分离,并将薄膜进行对应分层,将对应的薄膜和增强带进行组合,成为一个单层材料,该单层材料可以看作是等效正交各向异性材料,最后将各层进行叠加分析,这里将该种方法称为拟层法。具体方法是将薄膜分为 n 层,每层与对应的增强带看作是一层,对应层可以看作是简单层合板。每个方向的增强带均为等间距布置,设其布置方式为 n 个方向,分别与初始方向成 θ^i 角。以三层板为例来描述三向网格增强等效材料解析等效过程,如图 8.2 所示。

对三向网格增强等效材料进行拟层合后,则可以使用简单层合板理论对其进行分析。由于结构各部分变形协调,将薄膜分层后依旧保持变形协调,各部分的应力应变状态不变。期间忽略增强带叠加时产生的凸起厚度的影响,由于薄膜和增强带为薄壁材料,在分析时可以忽略其影响,故该等效是合理的。

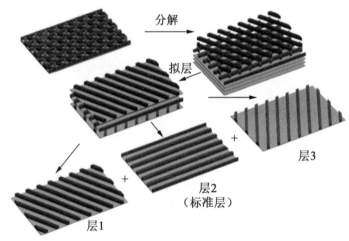

图 8.2　三向网格增强等效材料分解示意图

8.2.2 胞元的材料性质

对于网格增强等效材料,首先需要确定其基本几何构成单元,以便于对其进行分析。以 ISOGRID 网格为例,该网格是一种由多个正三角形组成,且三角形只有正置和倒置两个方向的构成方式,并判定其最小单元包含两个完整的三角形。若把最小周期性单元命名为"胞元",则胞元同时具有纵向和横向周期性。经过分析,找出两种典型形状的胞元,如图 8.3 所示。两种胞元同时具有 x 轴对称、y 轴对称和中心对称的性质。其中图8.3(a)的增强肋由 5 段组成,而图8.3(b)的增强肋由 7 段组成。显然图 8.3(a)由于增强带段数少,更适于分析和试验,后续分析将以图 8.3(a)所示胞元为基础。

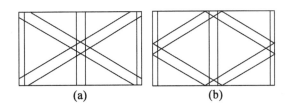

图 8.3　三向网格增强薄膜材料结构胞元示意图

设网格增强薄膜材料可以等效为 n 层,若每层的厚度均为 t_m,则总厚度为 nt_m。单位宽度各向同性材料的抗拉刚度同材料的弹性模量 E_m、胞元宽度 b_m 和材料的厚度 nt_m 相关,而除此之外,网格增强等效材料还包含增强带的参数,这些参数包括增强带的弹性模量 E_f、厚度 t_f、宽度 b_f、倾斜角 α 和增强带数量密度 m(即单位宽度密度)。网格增强等效材料的等效弹性模量是上述参数的方程,可表述为

$$\overline{E} = f(E_m, n, t_m, b_m, E_b, t_b, b_b, m, \alpha) \tag{8.1}$$

以三向网格增强等效材料为例,根据结构的特性,可知增强带为沿 3 个方向均匀布置,假设其中一个沿 x 轴布置,其余两个方向的增强带可以看作是沿 x 轴布置的增强带沿 z 轴旋转 $\pm 60°$ 而成的,若假设薄膜可以分为均匀的 3 层,每一层分别与某一方向的增强带组成结构,则该结构类似于复合材料中的简单层合板,其组成方式如图 8.2 所示。各层定义为胞元的单元层。

8.3　网格增强等效材料的弹性常数

根据网格增强等效材料的定义可知,不同单元层可以看作是由某一单元层旋转不同角度得来的,对于增强带与水平方向夹角为 0° 的单元层,可以看作是正交各向异性材料,称其为标准单元层,简称为标准层。设标准层纤维方向的弹性模量为 E_1,垂直纤维方向的弹性模量为 E_2,泊松比分别为 ν_{12} 和 ν_{21},剪切模量为 G_{12}。则任意单元层可以看作是标准层旋转生成的,因此可以根据旋转角和标准层的性质得到任意单元层的材料参数。

8.3.1　任意单元层的数学模型

如图 8.4 所示,对于任意放置的第 i 层,假设该层由标准层旋转 θ^i 角生成的,1 方向沿增强带纵向方向,2 方向沿增强带横向方向。假定单层材料的受力问题为平面应力问题,在标准层主方向与受力方向成 θ^i 角时,获得各项表观工程常数在非主方向的 xy 坐标系中为

$$E_x^i = \left[\frac{\cos^4 \theta^i}{E_1} + \left(\frac{1}{G_{12}} - \frac{2\nu_{12}}{E_1} \right) \sin^2 \theta^i \cos^2 \theta^i + \frac{\sin^4 \theta^i}{E_2} \right]^{-1} \tag{8.2}$$

$$\nu_{xy}^i = E_x^i \left[\frac{\nu_{12}}{E_1}(\sin^4 \theta^i + \cos^4 \theta^i) - \left(\frac{1}{E_1} + \frac{1}{E_2} - \frac{1}{G_{12}} \right) \sin^2 \theta^i \cos^2 \theta^i \right] \tag{8.3}$$

$$E_y^i = \left[\frac{\sin^4 \theta^i}{E_1} + \left(\frac{1}{G_{12}} - \frac{2\nu_{12}}{E_1} \right) \sin^2 \theta^i \cos^2 \theta^i + \frac{\cos^4 \theta^i}{E_2} \right]^{-1} \tag{8.4}$$

$$G_{xy}^i = \left[2 \left(\frac{2}{E_1} + \frac{2}{E_2} + \frac{4\nu_{12}}{E_1} - \frac{1}{G_{12}} \right) \sin^2 \theta^i \cos^2 \theta^i + \frac{1}{G_{12}} (\sin^4 \theta^i + \cos^4 \theta^i) \right]^{-1} \tag{8.5}$$

$$\eta_{xy,x}^i = E_x^i \left[\left(\frac{2}{E_1} + \frac{2\nu_{12}}{E_1} - \frac{1}{G_{12}} \right) \sin \theta \cos^3 \theta - \left(\frac{2}{E_2} + \frac{2\nu_{12}}{E_1} - \frac{1}{G_{12}} \right) \sin^3 \theta \cos \theta \right] \tag{8.6}$$

$$\eta_{xy,y}^i = E_y^i \left[\left(\frac{2}{E_1} + \frac{2\nu_{12}}{E_1} - \frac{1}{G_{12}} \right) \sin^3 \theta^i \cos \theta^i - \left(\frac{2}{E_2} + \frac{2\nu_{12}}{E_1} - \frac{1}{G_{12}} \right) \sin \theta^i \cos^3 \theta^i \right] \tag{8.7}$$

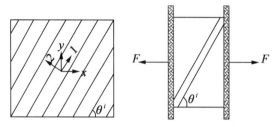

图 8.4   非标准层分析模型

若每个方向的增强带均为等间距布置,设其布置方式为 n 个方向,第 i 个方向上的增强带与初始方向成 θ^i 角,若将薄膜分为 n 层,每层与对应的增强带看作是一层,对应层可以看作是简单层合板。根据上述公式可以获得同一坐标系下 x、y 方向的弹性模量、泊松比和剪切模量,将第 i 层的材料参数记作 E_x^i、E_y^i、ν_{xy}^i 和 G_{xy}^i,若将其体积对应权重记为 V^i ($\sum\limits_{i=1}^{n} V^i = 1$),则根据叠加原理可知其等效材料参数为

$$\overline{E}_x = \sum_{i=1}^{n} V^i E_x^i, \quad \overline{E}_y = \sum_{i=1}^{n} V^i E_y^i, \quad \overline{\nu}_{xy} = \sum_{i=1}^{n} \frac{E^i V^i \nu_{xy}^i}{\sum\limits_{i=1}^{n} E^i V^i}, \quad \overline{G}_{xy} = \sum_{i=1}^{n} V^i G_{xy}^i \tag{8.8}$$

8.3.2 标准单元层

标准层的材料参数容易进行求解和分析,由于胞元单元层等效于正交各向异性的复合材料,所以这里对其弹性模量(E_1、E_2)、泊松比(ν_{12})和剪切模量(G_{12})进行求解分析。

假设这两种材料都处于弹性状态,薄膜与增强带无相对位移,根据复合材料力学中的变形协调关系与应变的定义,可得

$$E_1 = E_m \frac{b_m t_m}{b_m t_m + b_f t_f} + E_f \frac{b_f t_f}{b_m t_m + b_f t_f} \tag{8.9}$$

$$E_2 = \frac{\sigma_2}{\varepsilon_2} = \frac{(E_m t_m + E_f t_f) E_m t_m b_m^2}{(b_m t_m + b_f t_f) \left[(E_m t_m + E_f t_f)(b_m - b_f) + E_m t_m b_f \right]} \tag{8.10}$$

$$\nu_{12} = \left[1 - \frac{b_f E_f t_f}{b_m (E_m t_m + E_f t_f)} \right] \nu_m + \frac{b_f E_f t_f}{b_m (E_m t_m + E_f t_f)} \nu_f \tag{8.11}$$

对于平面应力状态的薄膜材料,通过截面法获得 1 方向的正应力与切应力与其他坐标系下应力的关系,将应力和应变进行坐标转换,得

$$\{ \sigma_1 \quad \sigma_2 \quad \tau_{12} \}^T = \boldsymbol{T}^\sigma \{ \sigma_x \quad \sigma_y \quad \tau_{xy} \}^T \tag{8.12}$$

同理

$$\left\{ \varepsilon_1 \quad \varepsilon_2 \quad \frac{\gamma_{12}}{2} \right\}^T = \boldsymbol{T}^\sigma \left\{ \varepsilon_x \quad \varepsilon_y \quad \frac{\gamma_{xy}}{2} \right\}^T \tag{8.13}$$

应力转换矩阵为

$$\boldsymbol{T}^\sigma = \begin{bmatrix} \cos^2\alpha & \sin^2\alpha & 2\cos\alpha\sin\alpha \\ \sin^2\alpha & \cos^2\alpha & -2\cos\alpha\sin\alpha \\ -\cos\alpha\sin\alpha & \cos\alpha\sin\alpha & \cos^2\alpha - \sin^2\alpha \end{bmatrix} \tag{8.14}$$

若更改式(8.13)的系数,设

$$\{ \varepsilon_1 \quad \varepsilon_2 \quad \gamma_{12} \}^T = \boldsymbol{T}^\varepsilon \{ \varepsilon_x \quad \varepsilon_y \quad \gamma_{xy} \}^T \tag{8.15}$$

则应变转换矩阵变化为

$$\boldsymbol{T}^\varepsilon = \begin{bmatrix} \cos^2\alpha & \sin^2\alpha & \cos\alpha\sin\alpha \\ \sin^2\alpha & \cos^2\alpha & -\cos\alpha\sin\alpha \\ -2\cos\alpha\sin\alpha & 2\cos\alpha\sin\alpha & \cos^2\alpha - \sin^2\alpha \end{bmatrix} \tag{8.16}$$

标准层与坐标转换后的应力关系为

$$\{ \sigma_x \quad \sigma_y \quad \tau_{xy} \}^T = (\boldsymbol{T}^\sigma)^{-1} \{ \sigma_1 \quad \sigma_2 \quad \tau_{12} \}^T \tag{8.17}$$

同理,应变关系为

$$\{ \varepsilon_x \quad \varepsilon_y \quad \gamma_{xy} \}^T = (\boldsymbol{T}^\varepsilon)^{-1} \{ \varepsilon_1 \quad \varepsilon_2 \quad \gamma_{12} \}^T \tag{8.18}$$

应力 – 应变关系为

$$\{ \sigma_1 \quad \sigma_2 \quad \tau_{12} \}^T = \boldsymbol{C}_{12} \{ \varepsilon_1 \quad \varepsilon_2 \quad \gamma_{12} \}^T, \quad \{ \sigma_x \quad \sigma_y \quad \tau_{xy} \}^T = \boldsymbol{C}_{xy} \{ \varepsilon_x \quad \varepsilon_y \quad \gamma_{xy} \}^T \tag{8.19}$$

式中　$\boldsymbol{C}_{12}$——标准层材料在 12 坐标系下的柔度矩阵;

　　　$\boldsymbol{C}_{xy}$——在 xy 坐标系下的柔度矩阵。

$$\boldsymbol{C}_{12} = \begin{bmatrix} \dfrac{1}{E_1} & -\dfrac{\nu_{12}}{E_1} & 0 \\ -\dfrac{\nu_{21}}{E_2} & \dfrac{1}{E_2} & 0 \\ 0 & 0 & \dfrac{1}{G_{12}} \end{bmatrix} \tag{8.20}$$

则转换后的柔度矩阵$\underset{xy}{C}$可以表示为

$$\underset{xy}{C} = (T^{\sigma})^{-1} \underset{12}{C} (T^{\varepsilon}) \tag{8.21}$$

$$\underset{xy}{C} = \begin{bmatrix} C_{xx} & C_{xy} & C_{xz} \\ C_{yx} & C_{yy} & C_{yz} \\ C_{zx} & C_{zy} & C_{zz} \end{bmatrix} \tag{8.22}$$

式中

$$\begin{cases} C_{xx} = \dfrac{E_2 G_{12} - 2\nu_{12} E_2 G_{12} + E_1 G_{12} + E_1 E_2}{4 E_1 E_2 G_{12}} \\[3mm] C_{xy} = C_{yx} = \dfrac{E_2 G_{12} - 2\nu_{12} E_2 G_{12} + E_1 G_{12} - E_1 E_2}{4 E_1 E_2 G_{12}} \\[3mm] C_{xz} = C_{zx} = -\dfrac{E_1 - E_2}{2 E_1 E_2} \\[3mm] C_{yy} = \dfrac{E_2 G_{12} - 2\nu_{12} E_2 G_{12} + E_1 G_{12} + E_1 E_2}{4 E_1 E_2 G_{12}} \\[3mm] C_{yz} = C_{zx} = -\dfrac{E_1 - E_2}{2 E_1 E_2} \\[3mm] C_{zz} = -\dfrac{E_1 + 2\nu_{12} E_2 + E_2}{2 E_1 E_2} \end{cases} \tag{8.23}$$

由于受力状态不影响材料的材料参数,为了推导剪切模量 G_{12},对 12 坐标系下的受力单元施加以下主应力:

$$\{\sigma_1 \quad \sigma_2 \quad \tau_{12}\}^{\mathrm{T}} = \{\sigma_{11} \quad -\sigma_{11} \quad 0\}^{\mathrm{T}} \tag{8.24}$$

在 xy 坐标系下,对于转角 $\alpha = -\dfrac{\pi}{4}$ 的标准层,主正应力转化为正切应力,即

$$\{\sigma_x \quad \sigma_y \quad \tau_{xy}\}^{\mathrm{T}} = \{0 \quad 0 \quad \sigma_{11}\}^{\mathrm{T}} \tag{8.25}$$

根据材料的应力应变关系,有

$$\begin{Bmatrix} \varepsilon_x \\ \varepsilon_y \\ \gamma_{xy} \end{Bmatrix} = \underset{xy}{C} \begin{Bmatrix} \sigma_x \\ \sigma_y \\ \tau_{xy} \end{Bmatrix} = \begin{bmatrix} -\dfrac{E_1 - E_2}{2 E_1 E_2} \sigma_{11} \\[3mm] -\dfrac{E_1 - E_2}{2 E_1 E_2} \sigma_{11} \\[3mm] \dfrac{E_1 + 2\nu_{12} E_2 + E_2}{2 E_1 E_2} \sigma_{11} \end{bmatrix} \tag{8.26}$$

式中,xy 坐标系下的柔度矩阵$\underset{xy}{C}$是由标准层的柔度矩阵$\underset{12}{C}$转换而成的。

此时,剪切应变可以表示为

$$\gamma_{xy} = \frac{E_1 + 2\nu_{12} E_2 + E_2}{2 E_1 E_2} \sigma_{11} = \frac{E_1 + 2\nu_{12} E_2 + E_2}{E_1 E_2} \tau_{xy} \tag{8.27}$$

由于受力状态不影响材料的材料参数,所以剪切模量 G_{12} 可以表示为

$$G_{12} = \frac{\tau_{12}}{\gamma_{12}} = \frac{E_1 E_2}{E_1 + 2\nu_{12} E_2 + E_2} \tag{8.28}$$

当两个方向的模量相等时,式(8.28)转化为各向同性材料的剪切模量公式。

8.4　网格增强等效材料的拉伸性能分析

8.4.1　拉伸试验

本节针对上述胞元,设计了三角形网格增强薄膜材料的拉伸试验,为了能够得到更好的试验测量结果,降低边界导致的应变不均、夹支端滑移的影响,得到更为精确的抗拉刚度或等效弹性模量,对试验试件两端采用了铝片加紧的工艺,有效地增加了其长度,降低了应变不均匀程度。试件制作了5种,分别为Kapton薄膜、两种宽度的PU膜和两个方向的网格增强试件,其中,两种PU膜的宽度和两个方向的网格增强试件分别对应胞元的宽度与长度。网格增强试件增强带宽5 mm,均由6个胞元组成。每种试件制作了5个,共25个。最后通过有限元软件进行了分析和对比验证。

分别对PU膜和增强带Kapton薄膜以及二者构成的网格增强材料进行了单向拉伸试验,获得了三者的载荷位移关系,得到了材料的抗拉刚度和弹性模量。为了减小试件在夹具内的移动影响,在所有试件的两端均粘贴了铝箔。由于边界为夹支,试件横向的变形在边界处受到约束,因此,同样载荷下的试件位移会减小,导致试件的测量模量偏大,对于不同尺寸的试件具有不同的影响,为了消除该因素的影响,将制作同网格增强材料试件同尺寸的PU膜试件进行拉伸试验以获得对应模量。

试验采用INSTRON-5965拉伸仪测试,为避免速度差异影响试验结果,此次试验对试件均采用10 mm/min的拉伸速率。试验过程中先固定试件上端,再固定试件下端,由于引伸计辅助测量会使得薄膜结构产生不均匀的变形,应避免引伸计对试验结果精度的影响。胞元试件拉伸试验如图8.5所示。

图8.5　胞元试件拉伸试验

纵向网格增强试件抗拉试验载荷－位移曲线如图8.6所示。图8.6所示为5个宽为4 cm的含增强带试件的单向拉伸试验数据,从图中可以看出,前段仍然吻合较好,而有些试件后段产生锯齿形波动,这是裂纹扩展时遇到增强带断裂而产生的波动。其中波动出现较晚的试件是中间宽增强带出现断裂的试件,其他3个试件均为侧边先出现断裂。

图8.7所示为胞元试件受拉和试件断裂图。当将试件安装在夹具上后,试验载荷位移曲线开始部分仍具有低切线刚度,认为主要是由于试件不竖直而造成的,即试件在开始阶段一部分张紧,一部分松弛。随着载荷变大,材料的褶皱越加明显,直至最后材料发生破坏,这是由于增强带和薄膜变形不协调造成的。最终增强带发生撕裂,而薄膜未发生破坏。

图8.8所示为23 mm宽所有试件的单向拉伸对比曲线。由图可知,增强带的伸长率较小,PU膜的伸长率较大。网格增强材料比PU膜试件的刚度和强度明显提高。网格增强材料在破坏前具有明显的线性特征,这说明网格增强材料抗拉刚度较好。含增强带试件均出现锯齿状曲线,而纯膜试件却没有出现,说明前面假设锯齿状的产生和增强带有关是正确的。

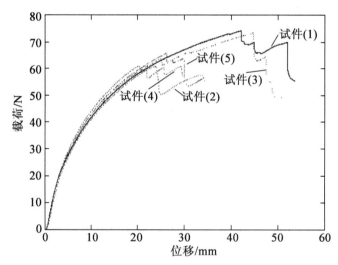

图8.6　纵向网格增强试件抗拉试验载荷－位移曲线

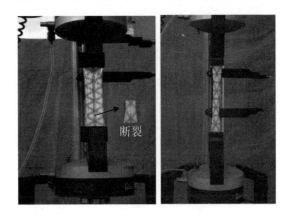

图 8.7　胞元试件受拉和试件断裂图

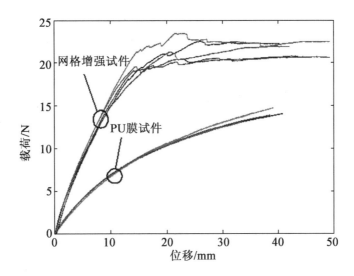

图 8.8　23 mm 宽所有试件的单向拉伸对比曲线

8.4.2　等效弹性模量和刚度分析

单向拉伸试验的载荷位移曲线是非线性的,由于拉伸试验试件装配时试件方向可能与拉力方向成小的角度,而非理想的拉伸状态,该误差是很难避免的,因此,最前段曲线呈现非线性状态,将该段定义为预拉伸阶段,即试件夹支边界上的一个角受拉伸的阶段。根据夹角的不同,预拉伸阶段的长度也不同。获取弹性模量的数据是材料载荷位移曲线的前期线性部分,位于预拉伸阶段之后。

材料力学的抗拉刚度公式为

$$E\,\overline{A}_{\mathrm{mf}} = \frac{Fl}{\Delta l} \tag{8.29}$$

式中　$\overline{A}_{\mathrm{mf}}$——网格增强材料(含膜 m 和网 f)的等效截面面积。

由于增强带在每一个截面具有一定的面积,于是假设等效模量为

$$E = \frac{Fl}{\Delta l (A_{\mathrm{m}} + A_{\mathrm{f}})} \tag{8.30}$$

对多个相同规格的试件进行单向拉伸试验,取其平均值作为材料的弹性模量。为了反映组内个体间的差异和离散程度,计算数据的均方差,即

$$\mu = \sqrt{\frac{\sum\limits_{j=1}^{m} (x_j - \bar{x})^2}{n - 1}} \tag{8.31}$$

为了便于分析,将试件进行编号(表 8.1)。其中,类型 1 和类型 3 为 PU 膜试件;类型 5 为 Kapton 膜试件;类型 2 和类型 4 为网格增强试件,由薄膜材料 PU 和增强带材料 Kapton 组成。

表 8.1 拉伸试件

试件编号	类型 1	类型 2	类型 3	类型 4	类型 5
尺寸	40 mm × 138 mm	40 mm × 138 mm	23 mm × 165 mm	23 mm × 165 mm	30 mm × 100 mm
有无增强带	无	有	无	有	无
薄膜材料厚度/μm	100	100	100	100	25
增强带材料厚度/μm	—	25	—	25	—

抗拉刚度和试验的斜率成正比,不同曲线的斜率前段吻合度较高,而后段逐渐分散,假设材料结构在弹性范围内呈线性,由于材料的非线性效果明显,必须取前期曲线,取应变小于 2% 的试验结果进行线性拟合,得到材料的抗拉刚度,进而得到材料的弹性模量。同时由于各个试件的预应力不同甚至发生滑移,所以需要根据不同的试件情况去掉初始曲线段。为了降低分析结果的偏差,应尽量取相同的位移曲线段进行拟合。以 4 cm 宽网格增强材料为例,得到的分析结果见表 8.2。

表 8.2　试验曲线线性段斜率(类型 2)

取值范围/mm	斜率	$F/\delta(\mathrm{N}\cdot\mathrm{m}^{-1})$	EA/N	A/m^2	E/Pa	均方差
0.7 ~ 1.5	8.714 67	8.71×10^3	1.21×10^3	0.000 004 75	2.54×10^8	
1.0 ~ 1.5	8.940 67	8.94×10^3	1.24×10^3	0.000 004 75	2.61×10^8	
0.8 ~ 1.6	8.779 43	8.78×10^3	1.22×10^3	0.000 004 75	2.56×10^8	1.47×10^7
1.0 ~ 1.8	7.697 42	7.70×10^3	1.07×10^3	0.000 004 75	2.25×10^8	
1.0 ~ 1.5	8.789 57	8.79×10^3	1.22×10^3	0.000 004 75	2.56×10^8	
平均值	8.584 352	8.58×10^3	1.19×10^3	0.000 001 55	2.50×10^8	
理论值	—	—	1.14×10^3		2.39×10^8	
绝对偏差			4.4%		4.4%	

为了验证模型的可行性,取弹性模量相差较大的两种材料作为试验材料进行验证,以材料性能稳定的厚为 25 μm、模量为 2.99 GPa、泊松比为 0.34 的 Kapton 膜作为增强带材料,以厚为 100 μm、模量分别为 67 MPa(类型 2)和 62 MPa(类型 4)、泊松比为 0.34 的 PU 膜作为薄膜层的结构进行了验证。试验结果与采用式(8.8)第一个公式得到的预报结果进行对比(表 8.3)。其中,每个胞元宽为 23 mm,高为 40 mm。类型 2 试件包含 6 个胞元,长为 138 mm,宽为 40 mm。类型 4 试件包含 4 个胞元,长为 160 mm,宽为 23 mm,通过拉伸机进行单向拉伸试验。

表 8.3　试验结果与理论结果对比

试件类型	参数	网格增强材料(试验)	网格增强材料(理论)	误差/%
2	模量/MPa	250	239	4.4
	抗拉刚度/N	1 190	1 140	4.4
4	模量/MPa	140	155	9.7
	抗拉刚度/N	382	423	9.7

注:试件类型 2 沿增强带方向,试件类型 4 垂直增强带方向。

由表 8.3 可知,增强带方向的弹性模量误差在 5% 以内,垂直于增强带方向的弹性模量误差在 10% 以内,说明理论对于增强带方向的弹性模量预报更加准确,可以用于指导工程实践。由于试验中试件均为单个胞元宽度,试件边界不平滑,而理论值均为无限多个胞元宽度的试件求解值,所以试验预报值存在偏差。试件类型 2 中由于斜方向增强带的存在,导致两侧边界外凸,限制纵向伸长,所以试验值偏大;而试件类型 4 中由于边界没有连贯的增强带,所以薄膜不受约束,没有限制横向的缩短,所以试验值偏小。

增强前后弹性模量的对比见表8.4,增强材料相较于PU膜材料其模量和抗拉刚度显著提高,所以该材料相较于薄膜材料,具有优异的特性。

表8.4　增强前后弹性模量的对比

试件类型	分类	薄膜弹性模量/MPa	网格增强材料弹性模量/MPa	增强率/%
2	理论值	67	239	256.7
	试验值	67	250	273.1
4	理论值	62	155	150.0
	试验值	62	139	124.2

PU膜的面密度为130 g/m^2,Kapton材料的面密度为36 g/m^2,若取其为单位面积,将弹性模量除以其面密度定义为弹性模量效率,即

$$弹性模量效率 = \frac{弹性模量}{面密度} \tag{8.32}$$

弹性模量效率见表8.5。由表8.5可知,在本试验中,增强带能明显提高材料的弹性模量效率,起到明显的增强作用。其中试验结果为同类型5个试件的平均值。

表8.5　弹性模量效率

试件类型	分类	薄膜弹性模量效率 /(MPa · m^2 · kg^{-1})	网格增强材料弹性模量效率 /(MPa · m^2 · kg^{-1})	增强率/%
2	理论值	515.4	1 522.3	195.4
	试验值	515.4	1 592.4	209.0
4	理论值	476.9	987.3	107.0
	试验值	476.9	885.4	85.6

8.4.3　拉伸性能的数值分析

由于胞元为薄膜组合结构,所以增强带和薄膜均采用膜选项的Shell63单元。膜选项的Shell63单元是只能抗拉、不能抗压和抗弯的三自由度单元。材料参数使用试验测试结果进行数值分析。

网格增强薄膜材料结构模拟工况示意图如图8.9所示。为了能够更好地得到单向拉伸的测量结果,减小边界导致的圣维南效应的影响,得到其较为精确的抗拉刚度或等效弹性模量,约束左侧边界线的位移,对右侧边界线施加沿 X 方向0.005 m的位移,将载荷均匀地施加于各节点上,从而均匀分布到整个右侧边界上。降低边界应力集中造成的影响,使得模拟结果更加接近模量真实值,避免材料发生明显的"颈缩"现象。纵向和横向网格增强材料 X 轴位移云图如图8.10和图8.11所示,由图可看出其具有细微的"颈

缩"现象。

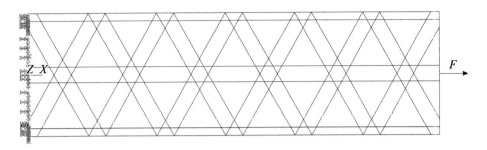

图 8.9　网格增强薄膜材料结构模拟工况示意图

图 8.10　纵向网格增强材料 X 轴位移云图（彩图见附录）

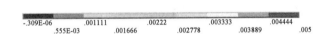

图 8.11　横向网格增强材料 X 轴位移云图（彩图见附录）

　　经过模拟发现网格增强材料受不同载荷时沿 X 轴发生的位移差值分布不均匀,这是由于结构中间具有变窄变长的现象,而两侧边界则不能发生沿 Y 轴的变形,所以造成应力和应变分布不均匀。纵向拉伸时和横向拉伸时的 Von – Mises 应力云图及第一主应力方图如图 8.12 ~ 8.15 所示。由图 8.12 ~ 8.15 可以看出,薄膜三角形靠内的角应力最大,而两侧增强带中间部分应力最小,所受到的拉伸载荷主要由增强带承受。

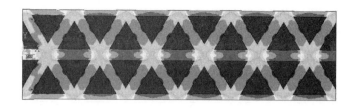

图 8.12 纵向拉伸时的 Von – Mises 应力云图(彩图见附录)

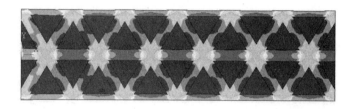

图 8.13 纵向拉伸时的第一主应力云图(彩图见附录)

图 8.14 横向拉伸时的 Von – Mises 应力云图(彩图见附录)

图 8.15 横向拉伸时的第一主应力云图(彩图见附录)

为了降低边界效应的影响,分别取 1 mm、2 mm、3 mm、4 mm 和 5 mm 对应的斜率,用类似的方法得到了其他类型的数值结果,结果见表 8.6 和表 8.7。

表 8.6 数值模拟曲线线性段斜率(宽为 40 mm)

斜率/m	宽增强/mm	$F/(\text{N} \cdot \text{m}^{-1})$	EA/N	A/m^2	E/Pa	均方差
0.001	9.629 2	9.63×10^3	1.33×10^3	0.000 004 75	2.81×10^8	
0.002	19.28	9.64×10^3	1.34×10^3	0.000 004 75	2.81×10^8	
0.003	28.952	9.65×10^3	1.34×10^3	0.000 004 75	2.82×10^8	
0.004	38.645	9.66×10^3	1.34×10^3	0.000 004 75	2.82×10^8	
0.005	48.357	9.67×10^3	1.34×10^3	0.000 004 75	2.82×10^8	
平均值		9.66×10^3	1.34×10^3	0.000 004 75	2.82×10^8	3.95×10^8
理论值			1.14×10^3		2.39×10^8	
误差			17.5%		18.0%	

表 8.7 数值模拟曲线线性段斜率(宽为 23 mm)

斜率/m	窄增强/mm	$F/(\text{N} \cdot \text{m}^{-1})$	EA/N	A/m^2	E/Pa	均方差
0.001	2.335 1	2.34×10^3	3.74×10^2	2.73×10^{-6}	1.37×10^8	
0.002	4.689 7	2.34×10^3	3.75×10^2	2.73×10^{-6}	1.37×10^8	
0.003	7.063 3	2.35×10^3	3.77×10^2	2.73×10^{-6}	1.38×10^8	
0.004	9.455 2	2.36×10^3	3.78×10^2	2.73×10^{-6}	1.38×10^8	
0.005	11.865	2.37×10^3	3.80×10^3	2.73×10^{-6}	1.39×10^8	
平均值		2.36×10^3	3.77×10^2	2.73×10^{-6}	1.38×10^8	8.78×10^5
理论值			4.23×10^2		1.55×10^8	
误差			10.9%		11.0%	

同试验类似,数值模拟值也均为单个胞元宽度,试件类型 2 中数值模拟值比理论值偏大,而试件类型 4 中数值模拟值比理论值偏小。无论是试验还是数值模拟,均与理论的前提条件不同,所以两者比较差异较大,应该将数值模拟值与试验值相比较。试验结果与理论结果的对比见表 8.8。

表 8.8 试验结果与理论结果的对比

试件类型	参数	网格增强材料(试验)	网格增强材料(模拟)	误差/%
2	模量/MPa	250	282	11.3
	抗拉刚度/N	1 190	1 340	—
4	模量/MPa	140	138	1.4
	抗拉刚度/N	382	377	—

8.5 网格增强充气梁的抗弯皱曲特性分析

8.5.1 起皱载荷与失效载荷预报

本节增强网型选用六边形网格,采用黏结复合技术制备的网格增强薄膜充气梁,如图 8.16 所示,其中网格材料选用玻璃纤维胶带,薄膜材料选用聚酰亚胺薄膜(以下简称 KM),为便于试验对比,同样制备了纯聚酰亚胺薄膜充气梁。

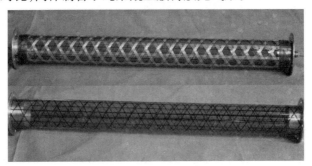

图 8.16 六边形网格增强薄膜充气梁

图 8.17 所示为网格增强薄膜充气梁模型。考虑网格的增强作用,假定网格增强薄膜材料的体积在充压前后保持恒定,得到预应力构型下正交各向异性管壁材料的充气梁充压膨胀形变参数如下。

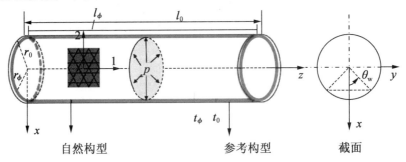

图 8.17 网格增强薄膜充气梁模型(彩图见附录)

$$l_0 = l_\phi \left[1 + \frac{p r_\phi}{2 E_1 t_\phi} (1 - 2\nu_{12}) \right] \tag{8.33}$$

$$r_0 = r_\phi \left[1 + \frac{p r_\phi}{2 E_2 t_\phi} (2 - \nu_{21}) \right] \tag{8.34}$$

$$t_0 = \frac{4 E_1 E_2 t_\phi^3}{\left[2 E_1 t_\phi + p r_\phi (1 - 2\nu_{12}) \right] \left[2 E_2 t_\phi + p r_\phi (2 - \nu_{21}) \right]} \tag{8.35}$$

式中　l、r、t——充气梁的长度、截面半径和薄膜材料的厚度。

　　基于 Veldman 的模型[7]，针对正交各向异性薄膜材料充气梁，在悬臂梁工况下其失效弯矩为

$$M_{\text{coll-v}}^{\text{Ortho}} = \frac{\pi}{4} \cdot p \pi r^3 + \frac{2\sqrt{2}}{9} \pi E_1 r t^2 \sqrt{\frac{E_2}{E_1}} \sqrt{\frac{1}{1 - \nu_{12}\nu_{21}} + 4 \frac{p}{E_2} \left(\frac{r}{t} \right)^2} \tag{8.36}$$

　　在 Veldman 模型的基础上考虑充气压力效应，提出基于参考构型的壳膜模型，该模型(8.37)右边第一项引入修正因子 α 进行修正，其表达式为

$$M_{\text{coll-w}}^{\text{Iso}} = \alpha p \pi r_0^3 + \frac{2\sqrt{2}}{9} \pi E r_0 t_0^2 \sqrt{\frac{1}{1 - \nu^2} + 4 \frac{p}{e} \left(\frac{r_0}{t_0} \right)^2} \tag{8.37}$$

　　考虑到本节充气梁所用的网格增强薄膜材料被认为具有正交各项异性，因此考虑充气压力效应的充气梁失效弯矩表达式为

$$M_{\text{coll}}^{\text{Ortho}} = \alpha p \pi r_0^3 + \frac{2\sqrt{2}}{9} \pi E_1 r_0 t_0^2 \sqrt{\frac{E_2}{E_1}} \sqrt{\frac{1}{1 - \nu_{12}\nu_{21}} + 4 \frac{p}{E_2} \left(\frac{r_0}{t_0} \right)^2} \tag{8.38}$$

　　式(8.38)右边项的第一项为考虑充气压力效应的充气梁起皱弯矩，即

$$M_{\text{w}}^{\text{Ortho}} = \alpha p \pi r_0^3 \tag{8.39}$$

式中，修正因子 $\alpha = \dfrac{\theta_{\text{w}}}{\pi}$ 是由试验测量获得，而不是以前的模型采用的经验数值。试验测试中获取褶皱角 θ_{w}，进而计算获得修正因子的数值。通过式(8.38)和式(8.39)可知，起皱载荷 F_{w} 和失效载荷 F_{coll} 的表达式分别为

$$F_{\text{w}} = \frac{\alpha p \pi r_0^3}{l_0}, \quad F_{\text{coll}} = \frac{M_{\text{coll}}}{l_0} \tag{8.40}$$

8.5.2　网格增强充气梁的弯皱试验

　　网格增强充气梁弯皱试验的测试工装如图 8.18 所示。在充气梁的自由端施加一弯曲载荷，自由端的位移由莱卡全站仪进行监测，靠近固定端出现的褶皱由基于 DIC 技术的非接触测量系统获取。

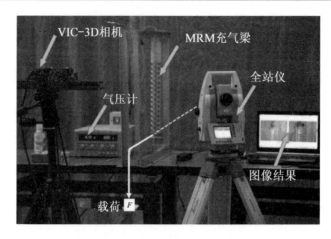

图 8.18　网格增强充气梁弯皱试验的测试工装

　　充气梁的几何参数与材料参数见表 8.9。充气内压为 10 kPa 时充气梁的端部载荷 - 自由端变形曲线如图 8.19 所示,网格增强充气梁的起皱载荷和失效载荷分别为 1.04 N 和 2.57 N,而纯薄膜充气梁的起皱载荷和失效载荷分别为 0.88 N 和 1.47 N。相对于纯薄膜充气梁,网格增强充气梁的起皱载荷和失效载荷分别提升了 18.18% 和 74.83%。

表 8.9　充气梁的几何参数与材料参数

		KM	GFT	MRM
几何参数	自然长度 l_ϕ/m			0.6
	自然半径 R_ϕ/m			0.03
	自然厚度 t_ϕ^{KM}/m			2.5×10^{-5}
	自然厚度 t_ϕ^{KRM}/m			5.0×10^{-5}
	自然厚度 t^{GFT}/m			1.1×10^{-4}
材料参数	1 方向模量 E_1/GPa	3.04	7.02	6.94
	2 方向模量 E_2/GPa			4.30
	泊松比 ν_{21}	0.31	0.22	0.48
	泊松比 ν_{12}			0.30

注:KM 指 Kapton 膜;GFT 指玻纤条;MRM 指网格增强材料。

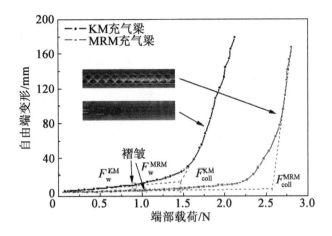

图 8.19　充气内压为 10 kPa 时充气梁的端部皱载荷 – 自由端变形曲线

　　然而,网格无疑会带来结构质量的增加,因此定义相对载荷来评估结构的承载能力,其表达式为

$$\eta = \frac{F}{M} \tag{8.41}$$

　　根据试验测试结果,网格增强充气梁弯皱失效时的平均褶皱角为 118.5°,而纯薄膜充气梁弯皱失效时试验测得的平均褶皱角为 119.5°。图 8.20 所示为纯薄膜充气梁和网格增强充气梁相对载荷的结果比较。由图可知,网格增强充气梁的相对起皱载荷和相对失效载荷与纯薄膜充气梁相比,分别提升了 17.78% 和 49.43%。

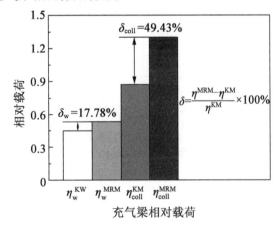

图 8.20　纯薄膜充气梁和网格增强充气梁相对载荷的结果比较

　　基于上述理论预报公式计算得到的充气梁起皱载荷和失效载荷,与试验结果进行比较,比较结果见表 8.10,理论预报结果与试验结果吻合较好,平均误差为 6.74%。

表 8.10　充气梁的几何参数与材料参数

载荷	试验结果/N	预报结果/N	误差/%
F_w^{KM}	0.88	0.93	5.68
F_{coll}^{KM}	1.47	1.35	−8.16
F_w^{MRM}	1.04	0.94	−9.62
F_{coll}^{MRM}	2.57	2.66	3.50

　　基于数字图像相关(DIC)技术的非接触测量系统捕捉了充气梁在弯曲过程中的褶皱演化过程,结果如图 8.21 所示。在弯皱试验中,网格增强充气梁和纯薄膜充气梁表现出不同的褶皱演化行为。对于纯薄膜充气梁,褶皱演化过程主要包括 3 个阶段:①首先沿充气梁的纵向出现一系列规整的小褶皱;②随着载荷的增加,小褶皱沿着充气梁的横向和纵向同时扩展,形成大褶皱;③当加载载荷达到临界失效载荷 F_{coll}^{KM} 时,充气梁失效。网格增强充气梁表现出独特的皱曲行为,首先出现一些小的褶皱波纹,但与纯薄膜出现一系列褶皱波纹不同的是,这些褶皱波纹分散在纤维条增强的网格中,这些网格在褶皱扩展的过程中扮演着"障碍物"的角色;随着载荷的增加,增强条出现局部屈曲,这为之前被"困"在网格中的褶皱提供了扩展的通道;随后褶皱越过增强条并沿着充气梁的横向和纵向扩展,形成大的褶皱;最后当载荷达到失效载荷 F_{coll}^{MRM} 时,充气梁失效。

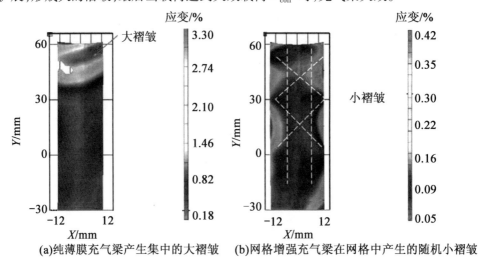

(a)纯薄膜充气梁产生集中的大褶皱　(b)网格增强充气梁在网格中产生的随机小褶皱

图 8.21　试验获取的充气梁弯皱模式(彩图见附录)

8.5.3　网格增强薄膜充气梁的弯皱数值仿真

　　在充气梁弯皱数值分析中,选用缩减积分的 ANSYS SHELL181 单元来模拟管壁材料,该单元适用于分析大变形、大转动和有限膜应变的壳的线性与非线性问题,且计算效率高。纯薄膜充气梁和网格增强充气梁的有限元模型如图 8.22 所示。分析中采用悬臂梁的边界条件,固定端全部固支,自由端建立刚性区域,网格尺寸为 0.01 m。载荷分两步进行施加,首先施加 10 kPa 充气内压,然后在刚性区域的中心施加一点载荷。模型的几何参数和材料参数见表 8.9。

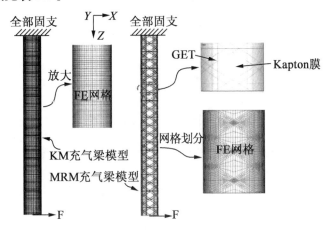

图 8.22　纯薄膜充气梁和网格增强充气梁的有限元模型

充气内压为 10 kPa 时纯薄膜充气梁和网格增强充气梁的弯皱载荷 – 位移曲线如图 8.23 所示,曲线趋势和试验曲线与图 8.19 类似。网格增强充气梁的临界起皱载荷和失效载荷分别为 0.99 N、2.53 N,而纯薄膜充气梁的起皱载荷和失效载荷分别为 0.83 N、1.61 N。其数值仿真结果与试验结果接近,误差为 5.39%。

网格增强充气梁在充压膨胀后的构型如图 8.24 所示,由于网格的存在而出现"米其林"鼓胀效应。充气梁基于米塞斯应变的褶皱模式如图 8.25 所示,两种充气梁的褶皱模式与试验结果(图 8.21)吻合较好。褶皱分散在网格中,增强条阻止了褶皱的扩展。

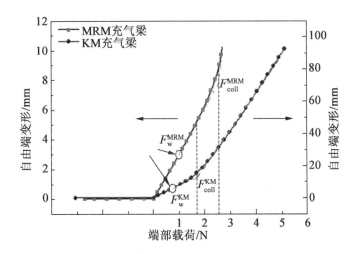

图 8.23　充气内压为 10 kPa 时纯薄膜充气梁和网格增强充气梁的弯皱载荷 – 位移曲线

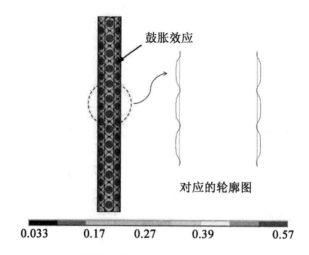

图8.24　网格增强充气梁在充压膨胀后的构型(彩图见附录)

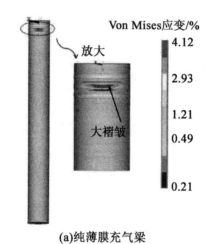

(a)纯薄膜充气梁

(b)网格增强充气梁

图8.25　充气梁基于米塞斯应变的褶皱模式(彩图见附录)

　　基于第三主应力的纯薄膜充气梁和网格增强充气梁的褶皱模式与形状如图 8.26 和图 8.27 所示。对比两图可知,网格增强充气梁的应力被网格离散,而纯薄膜充气梁存在高度应力集中现象。网格增强充气梁中的网格和薄膜的协调变形与交互作用改变了应力传递路径,褶皱被分散并"困"在网格中间,网格的增强条阻碍了褶皱的扩展演化,进而提升了结构的承载能力。从图 8.26(c) 和图 8.27(c) 也可以清晰地看出,纯薄膜充气梁在弯曲过程中发生整体变形,然而网格增强充气梁却出现局部变形,这是由于网格的存在离散的整体薄膜,并限制了薄膜的整体变形。

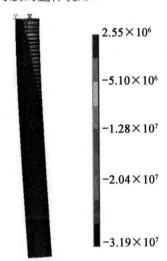

2.55×10^6

-5.10×10^6

-1.28×10^7

-2.04×10^7

-3.19×10^7

(a)基于第三主应力的褶皱模式

放大

(b)相对应的褶皱形状

变形后的形状

初始形状

(c)基于节点的最小主应力充气梁截面视图

图 8.26　基于第三主应力的纯薄膜充气梁的褶皱模式与形状(彩图见附录)

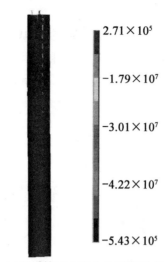

2.71×10^5

-1.79×10^7

-3.01×10^7

-4.22×10^7

-5.43×10^5

(a)基于第三主应力的褶皱模式

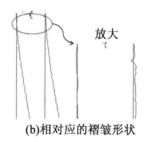

放大

(b)相对应的褶皱形状

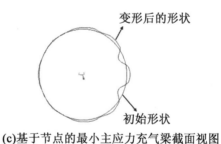

变形后的形状

初始形状

(c)基于节点的最小主应力充气梁截面视图

图 8.27　基于第三主应力的网格增强充气梁的褶皱模式与形状(彩图见附录)

8.6　本章小结

　　本章主要考虑引入网格增强后,薄膜结构力学性能的等效以及网格对薄膜结构抗皱性能的提升。建立了网格增强薄膜结构的弹性性能预报公式,并得到了试验验证。分析了网格增强充气梁的抗弯皱曲特性,评估了网格对充气梁承载能力的提升作用。

本章参考文献

[1]　WEINGARTEN V I, SEIDE P, PETERSON J P. Buckling of thin-walled circular cylinders. NASA space vehicle design criteria[J]. National Aeronautics and Space Administration, Report No. NASA SP-8007, 1968.

[2]　LENNON A, PELLEGRINO S. Stability of lobed inflatable structures[C]. Atlantsa: AIAA:41st AIAA/ASME/ASCE/AHS/ASC Structural Dynamics, and Materials Conference and Exhibit, 2000.

[3]　BAGINSKI F, BRAKKE K. Simulating clefts in pumpkin balloons[J]. Advances in Space Research, 2010, 45(4):473-481.

[4]　FUKE H, IZUTSU N, AKITA D, et al. Progress of super – pressure balloon development: a new "tawara" concept with improved stability[J]. Advances in Space Research, 2011, 48(6):1136-1146.

[5]　CATHEY H M. Evolution of the NASA ultra long duration Balloon[C]. Atlantsa:AIAA Balloon Systems Conference, 2007.

[6]　HARADA M, SANO M. Theoretical analysis of a new design concept for LTA structure [C]. Missouri:1st UAV Conference, 2002.

[7]　VELDMAN S L, BERGSMA O K, BEUKERS A. Bending of anisotropic inflated cylindrical beams[J]. Thin-walled Structures, 2005, 43(3):461-475.

第9章 飞行器充气支撑结构的屈曲特性分析

9.1 概　述

屈曲特性尤其是非线性屈曲行为分析,是充气薄膜承力结构受力分析的关键。对于飞行器充气支撑结构的屈曲分析而言,存在两个关键问题,一个是结构尺度问题,主要体现在薄膜厚度(微米级)与结构尺寸(十几米至上百米)之间的问题[1-3];另一个是基于薄膜/薄壳单元的非线性屈曲计算十分耗时,且无法获取收敛解,主要原因来自结构尺度问题导致的网格致密化以及局部屈曲导致的刚度矩阵奇异性问题[4-6]。

本章在拟梁法的基础上,结合充气支撑结构的承力特点,进行两类典型飞行器充气支撑结构的屈曲特性分析。基于拟梁法的屈曲计算可以获取准确的计算结果,且耗费计算机时少,不存在收敛问题,而且可以推广应用于复杂结构的非线性屈曲行为分析。

9.2 充气支撑结构的虚拟梁模型

9.2.1 自然构形与参考构形

充气支撑结构多由单层或层合薄膜材料构成,因此在充气内压及外载作用下,其变形主要体现为几何非线性特性,多涉及大位移、大转动和小应变情况。此外,对于充气支撑结构的受力特性分析必须考虑充气内压的作用。由于大变形需要借助不同的构形来描述初始及变形状态,所以对于充气支撑结构在进行受力分析前,有必要引入不同的参考构形对充气前后结构的不同形变状态进行区分定义。

不同于一般的结构,充气薄膜结构的受载过程可以被定义为两个连续的阶段;以充气梁为例,第一个阶段是薄膜充气梁的充气膨胀变形阶段;第二个阶段是薄膜充气梁受外载作用的变形阶段。这样,对应薄膜充气梁的两个变形阶段,引入 3 个参考构形进行区分定义:第一个是初始构形,对应初始的零应力状态,此时薄膜充气梁无内压和外载作用,属于无应力的自然状态;第二个是预应力构形,对应薄膜充气梁的充压膨胀变形状态,此时薄膜充气梁仅有内压作用而无外载作用;第三个是当前构形,是薄膜充气梁的实际工作状态,此时薄膜充气梁同时经受充气内压和外载的联合作用。

由于膜材自身的轻质柔性特点,对于无内压作用的薄膜充气梁不能承受任何的压缩和弯曲载荷的作用,或其承受压缩和弯曲载荷的能力十分有限。在充气内压作用下,薄膜充气梁产生薄膜面内预张力,进而产生应力刚化效应,即薄膜在面内张力作用下提高了其抵抗面外弯曲变形的能力,即提高了其抗弯刚度。因此,只有在非零内压作用下薄膜充气梁才会具有承载能力。所以,需要准确地考虑充气内压的作用。为便于区分,采用"ϕ"作为下标来表示初始零应力的自然状态,采用"0"作为下标来表示充气内压作用的预应力状态。

以悬臂梁形式为例,在充气内压作用下,结构长度由 l_ϕ 增加到 l_0,结构截面半径由 r_ϕ 增加到 r_0,而结构壁厚由 t_ϕ 减小到 t_0。充气梁的参考构形如图 9.1 所示。

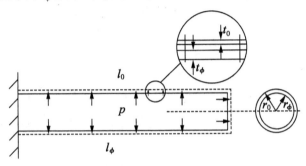

图 9.1　充气梁的参考构形

9.2.2　虚拟梁模型的建立

薄膜充气梁同时承受内压和外载荷作用,预应力构型的充气梁长度为 l_0,截面半径为 r_0,壁厚为 t_0,位移场分量 U 表示轴向位移,V 表示横向位移,θ 表示转动角,如图 9.1所示。

基于预应力构形的以 Lagrangian 格式表述的虚功方程为

$$\int_{\Omega_0} (\boldsymbol{F}\boldsymbol{S})^{\mathrm{T}} : \mathrm{grad}\, \boldsymbol{V}^* \,\mathrm{d}\Omega_0 = \int_{\Omega_0} \boldsymbol{f}_0 \cdot \boldsymbol{V}^* \,\mathrm{d}\Omega_0 + \int_{\partial\Omega_0} \boldsymbol{V}^* \cdot (\boldsymbol{F}\boldsymbol{S}) \cdot \boldsymbol{N}\mathrm{d}A_0 \qquad (9.1)$$

式中　$\boldsymbol{V}^*$——虚位移场;

　　　$\boldsymbol{F}$——变形梯度;

　　　$\boldsymbol{S}$——第二类 Piola – Kirchhoff 应力张量;

　　　Ω_0——预应力构形内充气梁所占的三维空间区域;

　　　$\partial\Omega_0$——该空间区域的边界;

　　　$\boldsymbol{f}_0$——单位体积的体力;

　　　$\boldsymbol{N}$——预应力构形下的单位外法线矢量;

A_0——预应力构形下充气梁的截面面积。

式(9.1)中,等式左边项为内力虚功,等式右边项为外力虚功。外力虚功中考虑了恒载或固定载荷的外力虚功及充气内压作用的外力虚功。

由 Timoshenko 梁模型得到充气梁内任一点 $Q_0(X,Y,\theta)$ 处的位移形式为

$$\boldsymbol{U}(Q_0) = \{ U - Y\sin\theta \quad V - Y + Y\cos\theta \quad 0 \}^{\mathrm{T}} \tag{9.2}$$

由式(9.2)可求得 Green 应变张量分量形式为

$$\begin{cases} E_{XX} = U_{,X} - Y\theta_{,X}\cos\theta + \dfrac{1}{2}(U_{,X}^2 + V_{,X}^2 + Y^2\theta_{,X}^2 - 2Y\theta_{,X}U_{,X}\cos\theta - 2Y\theta_{,X}V_{,X}\sin\theta) \\[2mm] E_{XY} = \dfrac{1}{2}(V_{,X}\cos\theta - U_{,X}\sin\theta - \sin\theta) \\[2mm] E_{YY} = 0 \end{cases} \tag{9.3}$$

式中 E_{XX}——轴向应变;

E_{XY}、E_{YY}——剪应变和环向应变。

进而,可得虚位移形式为

$$\boldsymbol{V}^*(Q_0) = \{ U^* - Y\theta^*\cos\theta \quad V^* - Y\theta^*\sin\theta \quad 0 \}^{\mathrm{T}} \tag{9.4}$$

假定各向同性膜材弹性模量为 E,泊松比为 ν,第二类 Piola – Kirchhoff 应力张量分量形式为

$$S_{XX} = S_{XX}^0 + E \cdot E_{XX}, \quad S_{XY} = S_{XY}^0 + \dfrac{E \cdot E_{XY}}{(1+\nu)} \tag{9.5}$$

式中 S_{XX}^0、S_{XY}^0——由充气内压作用产生的初始预张拉正应力和剪应力。

根据所给出的虚位移和第二类 Piola – Kirchhoff 应力张量的分量形式,将其代入虚功方程(9.1)第一项得到内力虚功的具体形式为

$$\int_{\Omega_0}(\boldsymbol{FS})^{\mathrm{T}}:\operatorname{grad}\boldsymbol{V}^*\mathrm{d}\Omega_0$$

$$= \int_0^{l_0} [N(1 + U_{,X}) + M\theta_{,X}\cos\theta - T\sin\theta]U_{,X}^* + [NV_{,X} + M\theta_{,X}\sin\theta + T\cos\theta]V_{,X}^* +$$

$$\{M[V_{,X}\theta_{,X}\cos\theta - (1 + U_{,X})\theta_{,X}\sin\theta] - T[(1 + U_{,X})\cos\theta + V_{,X}\sin\theta]\}\theta^* +$$

$$\left\{M[(1 + U_{,X})\cos\theta + V_{,X}\sin\theta] + \int_{A_0}Y^2 S_{XX}\mathrm{d}A_0\theta_{,X}\right\}\theta_{,X}^*\mathrm{d}X \tag{9.6}$$

式中,预应力构形中截面 A_0 上的轴向力、剪切力和弯矩可分别表述为

$$\begin{cases} N = \displaystyle\int_{A_0}S_{XX}\mathrm{d}A_0 = N^0 + EA_0\left(U_{,X} + \dfrac{1}{2}U_{,X}^2 + \dfrac{1}{2}V_{,X}^2 + \dfrac{I_0}{2A_0}\theta_{,X}^2\right) \\[3mm] T = \displaystyle\int_{A_0}S_{XY}\mathrm{d}A_0 = T^0 + \dfrac{GA_0}{2}[V_{,X}\cos\theta - (1 + U_{,X})\sin\theta] \\[3mm] M = -\displaystyle\int_{A_0}YS_{XX}\mathrm{d}A_0 = M^0 + EI_0[(1 + U_{,X})\cos\theta + V_{,X}\sin\theta]\theta_{,X} \end{cases} \tag{9.7}$$

式中　N^0、T^0、M^0——截面 A_0 上的初始轴向力合力、初始剪切力合力和初始弯矩合力矩；

　　　I_0——面积矩。

$\int_{A_0} Y^2 S_{XX} \mathrm{d}A_0$ 可具体表述为

$$\int_{A_0} Y^2 S_{,XX} \mathrm{d}A_0 = \frac{N I_0}{A_0} + \left(\int_{A_0} Y^4 \mathrm{d}A_0 - \frac{I_0^2}{A_0} \right) \left(\frac{1}{2} E \theta_{,x}^2 + \gamma^0 \right) \tag{9.8}$$

式中　γ^0——与初应力 S_{XX}^0 相关的参数。

　　所有载荷均考虑作用在预应力构形上，则恒载或固定载荷的外力虚功的表述形式为

$$W_{\text{deadload}}^* = \int_{\Omega_0} \boldsymbol{f}_0(Q_0) \cdot \boldsymbol{V}^*(Q_0) \mathrm{d}\Omega_0 + \int_{\partial\Omega_0} \boldsymbol{V}^*(Q_0) \cdot (\boldsymbol{FS}) \cdot \boldsymbol{N}(Q_0) \mathrm{d}A_0$$

$$= \int_0^{l_0} \left\{ [g_x + X(x)] U^*(x) + [g_y + Y(x)] V^*(x) + [m + \Gamma(x)] \theta^*(x) \right\} \mathrm{d}x$$

$$= [g_x + X(l_0)] U^*(l_0) + [g_y + Y(l_0)] V^*(l_0) + [m + \Gamma(l_0)] \theta^*(l_0) -$$

$$[g_x + X(0)] U^*(0) - [g_y + Y(0)] V^*(0) - [m + \Gamma(0)] \theta^*(0) \tag{9.9}$$

式中　g_x 和 g_y——单位长度恒载的面内分量；

　　　m——单位长度力矩；

　　　$X(\cdot)$ 和 $Y(\cdot)$——合力分量；

　　　$\Gamma(\cdot)$——合力矩分量。

　　根据充气梁的受载过程，在外载作用到结构上之前需对其进行充压膨胀计算，给定内压 p，则当前构形上充气梁在内压作用下的承载力主要体现在 $p \cdot n$ 项，该项需要作为外力虚功单独考虑，n 是充气梁表面外法线向量。为了确定充气内压对外力功的贡献，可假定参考体积 Ω_0 是一个半径为 R_0 的圆柱体的体积，联合 Timoshenko 梁假定可认为，充气梁变形过程中其截面形状不改变，即计算中采用圆截面假定。其中充气内压的外力虚功需要同时考虑圆柱面和两端处的虚功。

　　对于圆柱面上的充气内压虚功，可先假定柱坐标系 $(\xi_1, \xi_2) = (R_0 \varphi, X)$，其中，$\varphi$ 是表面外法线向量 $\boldsymbol{n}$ 在 X 点与 y 轴的夹角。根据位移场式(9.2)可以确定当前单元表面为

$$\boldsymbol{n} \mathrm{d}A = \frac{\partial x}{\partial \xi_1} \frac{\partial x}{\partial \xi_2} \mathrm{d}\xi_1 \mathrm{d}\xi_2 = \left\{ \begin{array}{c} -\cos\varphi (V_{,X} - R_0 \cos\varphi \sin\theta \theta_{,X}) \\ \cos\varphi (1 + U_{,X} - R_0 \cos\varphi \cos\theta \theta_{,X}) \\ \sin\varphi [\sin\theta V_{,X} - R_0 \cos\varphi \theta_{,X} + \cos\theta (1 + U_{,X})] \end{array} \right\} \mathrm{d}\xi_1 \mathrm{d}\xi_2$$

$$\tag{9.10}$$

虚位移场式(9.4)可重新表述为

$$\boldsymbol{V}^*(Q_0) = \left\{ \begin{array}{c} U^* - R_0 \theta^* \cos\varphi \cos\theta \\ V^* - R_0 \theta^* \cos\varphi \sin\theta \\ 0 \end{array} \right\} \tag{9.11}$$

联合式(9.10)和式(9.11),可以得到此时整个圆柱面的内压功的贡献,即

$$\int_{\text{surface}} \boldsymbol{V}^*(Q_0) \cdot p\boldsymbol{n}\mathrm{d}A = p\pi R_0^2 \int_0^{l_0} \{U^* \sin\theta\theta_{,X} - V^* \cos\theta\theta_{,X} +$$

$$\theta^*[\cos\theta V_{,X} - \sin\theta(1 + U_{,X})]\}\mathrm{d}X \qquad (9.12)$$

对于充气梁两端处的充气内压虚功,可以采用与恒载或固定载荷相似的处理方式进行计算,联合虚位移场形式及端部 $x = l$ 处满足的关系等式 $p\boldsymbol{n}\mathrm{d}A = \boldsymbol{\sigma} \cdot \boldsymbol{n}\mathrm{d}A$($\boldsymbol{\sigma}$ 是 Cauchy 应力),进而得

$$\int_{\text{end}} \boldsymbol{V}^*(Q_0) \cdot p\boldsymbol{n}\mathrm{d}A = p\pi R_0^2(U^* \cos\theta + V^* \sin\theta) \qquad (9.13)$$

由于充气内压在端部不产生扭矩,故充气梁两端处的充气内压虚功式(9.13)中不会出现扭矩项。

联合整个圆柱面和端部的充气内压虚功形式得到整个充气梁的充气内压外力虚功形式为

$$W_{\text{pressure}}^* = \int_{\text{surface}} \boldsymbol{V}^*(Q_0) \cdot \boldsymbol{n}\mathrm{d}A + \int_{\text{end}} \boldsymbol{V}^*(Q_0) \cdot p\boldsymbol{n}\mathrm{d}A$$

$$= P \int_0^{l_0} \{U^* \sin\theta\theta_{,X} - V^* \cos\theta\theta_{,X} + \theta^*[\cos\theta V_{,X} - \sin\theta(1 + U_{,X})]\}\mathrm{d}X +$$

$$P[U^* \cos\theta + V^* \sin\theta]_0^{l_0} \qquad (9.14)$$

式中,$P = p\pi R_0^2$。

联合虚功平衡方程(9.1),并利用式(9.6)、式(9.8)、式(9.9)和式(9.14)可以得到薄膜充气梁的平衡方程形式为

$$\begin{cases} -[N(1 + U_{,X})]_{,X} - (M\cos\theta\theta_{,X})_{,X} + (T\sin\theta)_{,X} - P\sin\theta\theta_{,X} = g_X \\ -(NV_{,X})_{,X} - (M\sin\theta\theta_{,X})_{,X} + (T\cos\theta)_{,X} + P\cos\theta\theta_{,X} = g_Y \\ -[M(1 + U_{,X})]_{,X}\cos\theta - (MV_{,X})_{,X}\sin\theta + [(1 + U_{,X})\cos\theta + V_{,X}\sin\theta]T \\ \quad -\left[\left(\dfrac{NI_0}{A_0} + \dfrac{1}{2}EK\theta_{,X}^2 + K\gamma^0\right)\theta_{,X}\right]_{,X} - P[\cos\theta V_{,X} - \sin\theta(1 + U_{,X})] = m \end{cases}$$

$$(9.15)$$

边界条件为

$$\begin{cases} N(0)\left[1+U_{,X}(0)\right]+M(0)\cos\theta(0)\theta_{,X}(0)-T(0)\sin\theta(0)-P\cos\theta(0)=-X(0) \\ N(l_0)\left[1+U_{,X}(l_0)\right]+M(l_0)\cos\theta(l_0)\theta_{,X}(l_0)+T(l_0)\sin\theta(l_0)-P\cos\theta(l_0)=X(l_0) \\ N(0)V_{,X}(0)+M(0)\sin\theta(0)\theta_{,X}(0)+T(0)\cos\theta(0)-P\sin\theta(0)=-Y(0) \\ N(l_0)V_{,X}(l_0)+M(l_0)\sin\theta(l_0)\theta_{,X}(l_0)+T(l_0)\cos\theta(l_0)-P\sin\theta(l_0)=Y(l_0) \\ M(0)\left[1+U_{,X}(0)\right]\cos\theta(0)+M(0)\sin\theta(0)V_{,X}(0)+\left[\dfrac{N(0)I_0}{A_0}+\dfrac{1}{2}EK\theta_{,X}^2(0)+K\gamma^0\right]\theta_{,X}(0) \\ \quad=-\varGamma(0) \\ M(l_0)\left[1+U_{,X}(l_0)\right]\cos\theta(l_0)+M(l_0)\sin\theta(l_0)V_{,X}(l_0)+\left[\dfrac{N(l_0)I_0}{A_0}+\dfrac{1}{2}EK\theta_{,X}^2(l_0)+K\gamma^0\right]\theta_{,X}(l_0) \\ \quad=\varGamma(l_0) \end{cases}$$

$$(9.16)$$

　　至此,我们建立了薄膜充气梁的受载虚功平衡方程。K 是与初始几何构形相关的参数。若将关系式(9.7)中的力场(N,M,T)代入虚功平衡方程(9.15)中就会得到以未知数(U,V,θ)3 个非线性方程组组成的一系列非线性方程。这些方程组联合对应的边界条件就可以获得对应特定载荷情况下的充气梁的受力特性。但是由于问题的复杂性,要想获得这样的非线性方程组的精确解十分困难,因此,有必要根据实际问题以及给定一些简化条件,在不影响分析结果并能够反映主要问题的情况下,对以上非线性方程组进行线性化处理以期望获得可能的近似解。

　　从简化分析的角度,对于非线性方程组线性化的首要问题就是要针对其位移和转角的尺度进行限定,实际上对于充气梁结构在其工作状态时,其充气内压不可能是一个很小的值,即作为结构主承力构件的充气梁必须是一个充入高压的结构,在这种实际情况下,充气梁结构受外载作用时不期望产生过大的变形,因此,在进行线性化处理时引入小变形假定,且要求轴向转动也很小。由此可以得到 $\dfrac{V}{l_0}$ 和 θ 是一阶无穷小量,且 $\dfrac{U}{l_0}$ 是二阶无穷小量。此外,对于初应力的假定为轴向应力 S_{XX}^0 在截面上是常数,由此可确定 $\boldsymbol{M}^0=\boldsymbol{\gamma}^0=0$,初始剪应力 $S_{XY}^0=0$,进而 $\boldsymbol{T}^0=0$。

　　基于如上的简化假定,力场关系式(9.7)的线性化形式为

$$N=N^0,\quad T=\frac{GA_0}{2}(V_{,X}-\theta),\quad M=EI_0\theta_{,X}(1+V_{,X}\theta) \tag{9.17}$$

虚功平衡方程(9.15)的线性化形式为

$$\begin{cases} -N_{,X}^0=g_X \\ -\left(N^0+\dfrac{GA_0}{2}\right)V_{,X^2}+\left(P+\dfrac{GA_0}{2}\right)\theta_{,X}=g_Y \\ -\left(\dfrac{N^0I_0}{A_0}+EI_0\right)\theta_{,X^2}-\left(P+\dfrac{GA_0}{2}\right)(V_{,X}-\theta)=m \end{cases} \tag{9.18}$$

边界条件(9.16)的线性化形式为

$$
\begin{cases}
N^0(0) - P = -X(0) \\[2mm]
N^0(l_0) - P = X(l_0) \\[2mm]
\left[N^0(0) + \dfrac{GA_0}{2} \right] V_{,X}(0) - \left(P + \dfrac{GA_0}{2} \right) \theta(0) = -Y(0) \\[2mm]
\left[N^0(l_0) + \dfrac{GA_0}{2} \right] V_{,X}(l_0) - \left(P + \dfrac{GA_0}{2} \right) \theta(l_0) = Y(l_0) \\[2mm]
\left[\dfrac{N^0(0) I_0}{A_0} + EI_0 \right] \theta_{,X}(0) = -\varGamma(0) \\[2mm]
\left[\dfrac{N^0(l_0) I_0}{A_0} + EI_0 \right] \theta_{,X}(l_0) = \varGamma(l_0)
\end{cases}
\tag{9.19}
$$

需要注意的是,由于方程和边界条件中考虑了充气内压的作用,所以所有的公式都是建立在预应力构形上的。此外,由于引入了充气内压的作用,且根据其在公式中的具体形式可以判定,建立于预应力构形的平衡方程中,充气内压的存在相当于提高了结构的弹性模量和剪切模量,即充气梁在充气内压作用下其抗拉和抗弯能力得到提高。由于考虑了小变形假定,即可以认为预应力构形中结构的参数,如长度 l_0、截面半径 r_0 及充气梁壁厚 t_0 都是充气内压 p 的函数,且都可以通过对一个薄壁圆筒受内压作用的线性膨胀变形计算获得。

对于以上线性化的方程及边界条件,可以通过解耦计算获取方程的位移解。其中,联合方程(9.18)及边界条件(9.19)的第一、二式可以获得轴向位移 U。联合方程(9.18)及边界条件(9.19)的第三、四式可以获得横向变形 V。联合方程(9.18)及边界条件(9.19)的第五、六式可以获得转动 θ。

根据方程(9.18)可以确定

$$
V_{,X} = \frac{(2P + GA_0)\theta - 2\displaystyle\int g_Y \mathrm{d}X}{2N^0 + GA_0}
\tag{9.20}
$$

再将式(9.20)代入方程(9.18)中可以将 $V_{,X}$ 消除,随即可以得到一个关于 θ 的二阶偏微分方程为

$$
\left[\frac{N^0(l_0) I_0}{A_0} + EI_0 \right] \theta_{,X^2} + \frac{2P + GA_0}{2N^0 + GA_0}(P - N^0)\theta = -m + \frac{2P + GA_0}{2N^0 + GA_0}\int g_Y \mathrm{d}X
$$

$$
\tag{9.21}
$$

对式(9.21)进行积分可以得到 3 个积分常数,另外对式(9.20)积分还有一个积分常数,这 4 个积分常数可以借助边界条件(9.19)中第三到第六式确定。

9.3　虚拟梁理论的有限元离散与数值求解

对充气梁的虚功方程进行有限元离散需要分别对内力虚功和外力虚功进行离散,可从初始的位移场开始。引入如下形式的位移和转动的插值形式:

$$\boldsymbol{U} = <N_U>\{U\}^e, \quad \boldsymbol{V} = <N_V>\{V\}^e, \quad \boldsymbol{\theta} = <N_\theta>\{\theta\}^e \tag{9.22}$$

式中,行向量 $<N_U>$、$<N_V>$ 和 $<N_\theta>$ 是位移(U,V)和转角 θ 的形状函数,列向量 $\{U\}^e$、$\{V\}^e$ 和 $\{\theta\}^e$ 包含结点位移与转动。

基于此,首先来离散内力虚功[式(9.6)]得

$$\int_{\Omega_0}(\boldsymbol{FS})^{\mathrm{T}}:\mathrm{grad}\,\boldsymbol{V}^*\,\mathrm{d}\Omega_0$$

$$= \int_0^{l_0}<U_{,X}^* \quad V_{,X}^* \quad \theta^* \quad \theta_{,X}^*> \begin{Bmatrix} N(1+U_{,X})+M\theta_{,X}\cos\theta-T\sin\theta \\ NV_{,X}+M\theta_{,X}\sin\theta+T\cos\theta \\ M[V_{,X}\theta_{,X}\cos\theta-(1+U_{,X})\theta_{,X}\sin\theta]-T[(1+U_{,X})\cos\theta+V_{,X}\sin\theta] \\ M[(1+U_{,X})\cos\theta+V_{,X}\sin\theta]+\left(\dfrac{NI_0}{A_0}+\dfrac{1}{2}KE\theta_{,X}^2+K\gamma^0\right)\theta_{,X} \end{Bmatrix}\mathrm{d}X$$

$$\tag{9.23}$$

式中　S——第二类 Piola – Kirchhoff 应力张量,$S = \begin{bmatrix} S_{XX} & S_{XY} & 0 \\ S_{XY} & 0 & 0 \\ 0 & 0 & 0 \end{bmatrix}$。

此外,单元的虚位移场 $\boldsymbol{V}^* = \{U^* \quad V^* \quad \theta^*\}^{e\mathrm{T}}$,由此:

$$\{U_{,X}^* \quad V_{,X}^* \quad \theta* \quad \theta_{,X}^*\}^{\mathrm{T}} = \begin{bmatrix} <N_{U,X}> & 0 & 0 \\ 0 & <N_{V,X}> & 0 \\ 0 & 0 & <N_\theta> \\ 0 & 0 & <N_{\theta,X}> \end{bmatrix}\begin{Bmatrix} U^* \\ V^* \\ \theta^* \end{Bmatrix}^e = [G]\{U^*\}^e$$

$$\tag{9.24}$$

进而

$$\int_{\Omega_0}(\boldsymbol{FS})^{\mathrm{T}}:\mathrm{grad}\,\boldsymbol{V}^*\,\mathrm{d}\Omega_0$$

$$= <U^*>^e\int_0^{l_0}[G]^{\mathrm{T}}\begin{Bmatrix} N(1+U_{,X})+M\theta_{,X}\cos\theta-T\sin\theta \\ NV_{,X}+M\theta_{,X}\sin\theta+T\cos\theta \\ M[V_{,X}\theta_{,X}\cos\theta-(1+U_{,X})\theta_{,X}\sin\theta]-T[(1+U_{,X})\cos\theta+V_{,X}\sin\theta] \\ M[(1+U_{,X})\cos\theta+V_{,X}\sin\theta]+\left(\dfrac{NI_0}{A_0}+\dfrac{1}{2}KE\theta_{,X}^2+K\gamma^0\right)\theta_{,X} \end{Bmatrix}\mathrm{d}X$$

$$= < U^* >^e \{ \Psi \}^e \tag{9.25}$$

在外载作用于充气梁上之前,充气梁在充气内压 p 的作用下膨胀变形,进而使得充气梁具有相当的承载能力。其中,充气内压对外力功的贡献主要是基于圆柱面假定,且包括整个圆柱面和端部的压力的贡献。

对充气内压的外力虚功式(9.14)离散得到

$$
\begin{aligned}
W_{\text{pressure}}^* &= P \int_0^{l_0} \{ U^* \theta_{,x} \sin \theta - V^* \theta_{,x} \cos \theta + \theta^* [V_{,x} \cos \theta - (1 + U_{,x}) \sin \theta] \} \mathrm{d}X + \\
&\quad P [U^* \cos \theta + V^* \sin \theta]_0^{l_0} \\
&= P \int_l^{l_0} \{ U_{,x}^* \cos \theta + V_{,x}^* \sin \theta + \theta^* [V_{,x} \cos \theta - (1 + U_{,x}) \sin \theta] \} \mathrm{d}X \\
&= < U^* >^e \{ \Phi_p (U^e) \}^e
\end{aligned}
\tag{9.26}
$$

式中

$$
\{ \Phi_p (U^e) \}^e = P \int_l^{l_0} [G]^{\mathrm{T}} \left\{ \begin{array}{c} \cos \theta \\ \sin \theta \\ V_{,x} \cos \theta - \sin \theta - U_{,x} \sin \theta \end{array} \right\} \mathrm{d}X \tag{9.27}
$$

进而,单元切向刚度矩阵可定义为

$$
[K]^e = \frac{\partial (\Psi)^e}{\partial (U)^e} - \frac{\partial \{ \Phi_p \}^e}{\partial \{ U \}^3} \tag{9.28}
$$

由式(9.25)可以得

$$
\frac{\partial \{ \Phi_p \}^e}{\partial \{ U \}^3} = \int_0^{l_0} [G]^{\mathrm{T}} \begin{bmatrix} 0 & 0 & P\sin \theta & 0 \\ 0 & 0 & -P\cos \theta & 0 \\ P\sin \theta & -P\cos \theta & P(V_{,x}\sin \theta + \cos \theta + U_{,x}\cos \theta) & 0 \\ 0 & 0 & 0 & 0 \end{bmatrix} [G] \mathrm{d}X
\tag{9.29}
$$

根据式(9.26)可以得

$$
\frac{\partial (\Psi)^e}{\partial (U)^e} = \int_0^{l_0} [G]^{\mathrm{T}} \left([S] + [T] \begin{bmatrix} ES_0 & 0 & 0 \\ 0 & EI_0 & 0 \\ 0 & 0 & \dfrac{ES_0}{4(1+\nu)} \end{bmatrix} [T]^{\mathrm{T}} \right) [G] \mathrm{d}X \tag{9.30}
$$

式中

$$[S] = \begin{bmatrix} N & 0 & -M\theta_{,X}\sin\theta - T\cos\theta & M\cos\theta \\ & N & M\theta_{,X}\cos\theta - T\sin\theta & M\sin\theta \\ & & -M\theta_{,X}(\cos\theta + U_{,X}\cos\theta + V_{,X}\sin\theta) + T(\sin\theta + U_{,X}\sin\theta - V_{,X}\cos\theta) & -M(\sin\theta + U_{,X}\sin\theta + V_{,X}\cos\theta) \\ \text{对称} & & & \dfrac{NI_0}{A_0} + \dfrac{3}{2}KE\theta_{,X}^2 + K\gamma^0 \end{bmatrix}$$

$$(9.31)$$

$$[T] = \begin{bmatrix} 1+U_{,X} & \theta_{,X}\cos\theta & -\sin\theta \\ V_{,X} & \theta_{,X}\sin\theta & \cos\theta \\ 0 & V_{,X}\theta_{,X}\cos\theta - \theta_{,X}(1+U_{,X})\sin\theta & -(1+U_{,X})\cos\theta - V_{,X}\sin\theta \\ \dfrac{I_0}{A_0}\theta_{,X} & (1+U_{,X})\cos\theta + V_{,X}\sin\theta & 0 \end{bmatrix} \quad (9.32)$$

再次强调,所有的离散和计算都是基于预应力构形进行的。基于如上同样的简化假定可以得到线性化的刚度矩阵,联合已有的矩阵 $[G]$ 并给定切线刚度矩阵中 $U(X) = V(X) = \theta(X) = 0$ 的条件,可以得到线性化方程的单元刚度矩阵为

$$[K]^e = \int_0^{l_0} \begin{bmatrix} K_{11}^e & 0 & 0 \\ 0 & K_{22}^e & K_{23}^e \\ 0 & K_{32}^e & K_{33}^e \end{bmatrix} dX \qquad (9.33)$$

式中

$$\begin{cases} K_{11}^e = (EA_0 + N^0)\{N_{U,x}\}<N_{U,x}> \\ K_{22}^e = \left[\dfrac{EA_0}{4(1-\nu)} + N_0\right]\{N_{V,x}\}<N_{V,x}> \\ K_{23}^e = -\left[\dfrac{EA_0}{4(1-\nu)} + P\right]\{N_{V,x}\}\left\langle\dfrac{N_\theta}{l_0}\right\rangle \\ K_{32}^e = -\left[\dfrac{EA_0}{4(1-\nu)} + P\right]\left\{\dfrac{N_\theta}{l_0}\right\}<N_{V,x}> \\ K_{33}^e = \dfrac{\left(E+\dfrac{N^0}{A_0}\right)I_0}{l_0^2}\{N_{\theta,X}\}<N_{\theta,X}> + \left[\dfrac{EA_0}{4(1-v)} + P\right]\left\{\dfrac{N_\theta}{l_0}\right\}\left\langle\dfrac{N_\theta}{l_0}\right\rangle \end{cases}$$

$$(9.34)$$

至此,离散化的虚拟梁理论演变为一个可以使用 Newton-Raphson 迭代进行求解的数值问题。只要给定合适的非线性梁单元和适当的求解控制,就可以对问题进行求解,这期间主要工作是选定合适的梁单元去离散虚功方程,进而确定切向刚度矩阵形式。

考虑到充气梁的实际构形,并结合前述的理论和离散分析,选用三结点 Timoshenko 梁单元,将该梁单元的离散格式依然考虑在预应力构形上。该梁单元两端每个结点有 3 个自由度,分别为轴向位移 u、横向位移 v 及弯曲转动 θ,轴向位移和转动都采用线性插值

的形式。此外,梁单元的中间结点仅存在横向位移 γ 一个自由度。该三结点梁单元的描述如图9.2所示。由于该梁单元建立在预应力构形上,故可以考虑因充气内压作用产生的梁截面刚度发生变化,进而可以反映出充气梁在充气内压作用下的膨胀变形,即体积变化导致的外力功的变化。

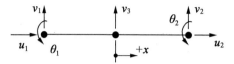

图9.2　三结点梁单元的描述

单元位移向量用 $\boldsymbol{U}^e$ 表示为

$$\boldsymbol{U}^e = \begin{bmatrix} u_1 & v_1 & \theta_1 & u_2 & v_2 & \theta_2 & v_3 \end{bmatrix}^{\mathrm{T}} \tag{9.35}$$

以图9.2中给出的局部坐标 x 定义单元形状函数如下:

$$\begin{cases} N_1^u = \dfrac{1}{2} - \dfrac{x}{l_0}, & N_1^v = 2\left(\dfrac{x}{l_0}\right)^2 - \dfrac{x}{l_0}, & N_1^\theta = N_1^u \\[3mm] N_2^u = \dfrac{1}{2} + \dfrac{x}{l_0}, & N_2^v = 2\left(\dfrac{x}{l_0}\right)^2 + \dfrac{x}{l_0}, & N_2^\theta = N_2^u, & N_3^v = 1 - 4\left(\dfrac{x}{l_0}\right)^2 \end{cases} \tag{9.36}$$

式中 l_0——单元长度。

根据式(9.36),可以通过插值的形式获得截面上任一点处的轴向位移 u、横向位移 v 及转动 θ 的形式,即

$$\begin{cases} u = \begin{bmatrix} N_1^u & 0 & 0 & N_2^u & 0 & 0 & 0 \end{bmatrix} \boldsymbol{U}^e = \boldsymbol{N}^u \boldsymbol{U}^e \\[2mm] v = \begin{bmatrix} 0 & N_1^v & 0 & 0 & N_2^v & 0 & N_3^v \end{bmatrix} \boldsymbol{U}^e = \boldsymbol{N}^v \boldsymbol{U}^e \\[2mm] \theta = \begin{bmatrix} 0 & 0 & N_1^\theta & 0 & 0 & N_2^\theta & 0 \end{bmatrix} \boldsymbol{U}^e = \boldsymbol{N}^\theta \boldsymbol{U}^e \end{cases} \tag{9.37}$$

式中,给定一般情况下 Timoshenko 梁的运动满足条件

$$\frac{\mathrm{d}v}{\mathrm{d}x} = \theta + \gamma \tag{9.38}$$

由此,确定轴向应变 ε、剪切应变 γ 和曲率 k 分别为

$$\begin{cases} \varepsilon = \dfrac{\mathrm{d}\boldsymbol{N}^u}{\mathrm{d}x}\boldsymbol{U}^e = \boldsymbol{B}_a\boldsymbol{U}^e \\[3mm] \gamma = \left(\dfrac{\mathrm{d}\boldsymbol{N}^v}{\mathrm{d}x} - \boldsymbol{N}^\theta\right)\boldsymbol{U}^e = \boldsymbol{B}_s\boldsymbol{U}^e \\[3mm] k = \dfrac{\mathrm{d}\theta}{\mathrm{d}x} = \dfrac{\mathrm{d}\boldsymbol{N}^\theta}{\mathrm{d}x}\boldsymbol{U}^e = \boldsymbol{B}_b\boldsymbol{U}^e \end{cases} \tag{9.39}$$

式中,下标 a、s 和 b 分别代表轴向、剪切和弯曲。

联合给定的三结点梁单元的应变和曲率形式[式(9.39)]、离散化的内力虚功形式[式(9.25)]和充气内压外力虚功形式[式(9.26)],并考虑结构仅承受压缩载荷作用而导致屈曲,即外载仅为轴向压力 F 作用,进而可以联合确定出分别采用对应轴向应力、剪切应力及弯曲项表述的虚功平衡方程的增量形式为

$$(\delta \boldsymbol{U}^e)^{\mathrm{T}}\Big[\int EA_0 \boldsymbol{B}_a^{\mathrm{T}} \boldsymbol{B}_a \mathrm{d}x + \int EI_0 \boldsymbol{B}_f^{\mathrm{T}} \boldsymbol{B}_f \mathrm{d}x + \int(GA_s + P)\boldsymbol{B}_s^{\mathrm{T}} \boldsymbol{B}_s \mathrm{d}x - \int F\boldsymbol{N}_v^{\mathrm{T}} \boldsymbol{N}_v \mathrm{d}x\Big]\Delta \boldsymbol{U}^e$$

$$= (\delta \boldsymbol{U}^e)^{\mathrm{T}}\Big(\int \boldsymbol{N}_a^{\mathrm{T}} F \mathrm{d}x - \int(M + Pr_0)\boldsymbol{B}_f^{\mathrm{T}} \mathrm{d}x + \int F\boldsymbol{N}_v^{\mathrm{T}} \boldsymbol{N}_v \mathrm{d}x - \int EA_0 \boldsymbol{B}_a^{\mathrm{T}} \boldsymbol{B}_a \mathrm{d}x - $$

$$\int(GA_s + P)\boldsymbol{B}_s^{\mathrm{T}} \boldsymbol{B}_s \mathrm{d}x\Big)\boldsymbol{U}^e \tag{9.40}$$

式中　A_0——预应力构形充气梁截面面积;

　　　A_s——预应力构形对应剪应力的面积;

　　　EA_0——抗拉刚度;

　　　EI_0——抗弯刚度;

　　　GA_s——剪切刚度。

将平衡方程写作矩阵的形式为

$$(\boldsymbol{K}_a + \boldsymbol{K}_s + \boldsymbol{K}_b - \boldsymbol{K}_F)^e \cdot \Delta \boldsymbol{U}^e = \boldsymbol{K}_{\mathrm{T}}^e \cdot \Delta \boldsymbol{U}^e = \boldsymbol{R}^e \tag{9.41}$$

式中　$\boldsymbol{K}_T$——单元切向刚度矩阵,期间包含充气内压的作用;

　　　$\boldsymbol{R}^e$——非平衡残差力向量,而其中的 $\boldsymbol{U}^e$ 就是待求的未知单元位移向量。

考虑三结点梁单元的实际结点位移特征,将梁单元中间结点忽略掉的轴向位移及转角项用 0 补齐,给出以三结点 9×9 矩阵表征的单元切向刚度矩阵的具体形式为

$$\boldsymbol{K}_{\mathrm{T}}^e = \frac{1}{l_0}\begin{bmatrix} K_{11} & 0 & 0 & K_{14} & 0 & 0 & K_{17} & 0 & 0 \\ & K_{22} & K_{23} & 0 & K_{25} & K_{26} & 0 & K_{28} & K_{29} \\ & & K_{33} & 0 & K_{35} & K_{36} & 0 & K_{38} & K_{39} \\ & & & K_{44} & 0 & 0 & K_{47} & 0 & 0 \\ & & & & K_{55} & 0 & 0 & K_{58} & K_{59} \\ & 对 & & & & K_{66} & 0 & K_{68} & K_{69} \\ & & 称 & & & & K_{77} & 0 & 0 \\ & & & & & & & K_{88} & K_{89} \\ & & & & & & & & K_{99} \end{bmatrix} \tag{9.42}$$

式中

$$K_{11} = \frac{7}{3}(EA_0 + P - F), \quad K_{14} = -\frac{8}{3}(EA_0 + P - F), \quad K_{17} = \frac{1}{3}(EA_0 + P - F)$$

$$K_{22} = \frac{7}{3}\Big[\frac{EA_0}{4(1-v)} + P - F\Big], \quad K_{23} = \frac{1}{4}(GA_s + 2P), \quad K_{25} = -\frac{8}{3}\Big[\frac{EA_0}{4(1-v)} + P - F\Big]$$

$$K_{26} = \frac{1}{3}(GA_s + 2P), \quad K_{28} = \frac{1}{3}\Big[\frac{EA_0}{4(1-v)} + P - F\Big], \quad K_{29} = -\frac{1}{12}(GA_s + 2P)$$

$$K_{33} = \frac{7}{3l_0^2}\Big(E + \frac{P-F}{A_0}\Big)I_0 + \frac{1}{9}\Big[\frac{EA_0}{4(1-v)} + P - F\Big], \quad K_{35} = -\frac{1}{3}(GA_s + 2P)$$

$$K_{36} = -\frac{8}{3l_0^2}\Big(E + \frac{P-F}{A_0}\Big)I_0 + \frac{1}{18}(GA_s + 2P), \quad K_{38} = \frac{1}{12}(GA_s + 2P)$$

$$K_{39} = \frac{1}{3l_0^2}\Big(E + \frac{P-F}{A_0}\Big)I_0 - \frac{1}{36}(GA_s + 2P)$$

$$K_{44} = \frac{16}{3}(EA_0 + P - F), \quad K_{47} = -\frac{8}{3}(EA_0 + P - F)$$

$$K_{55} = \frac{16}{3}\Big[\frac{EA_0}{4(1-v)} + P - F\Big], \quad K_{58} = -\frac{8}{3}\Big[\frac{EA_0}{4(1-v)} + P - F\Big], \quad K_{59} = \frac{1}{3}(GA_s + 2P)$$

$$K_{66} = \frac{16}{3l_0^2}\Big(E + \frac{P-F}{A_0}\Big)I_0 + \frac{2}{9}(GA_s + 2P), \quad K_{68} = -\frac{1}{3}(GA_s + 2P)$$

$$K_{69} = -\frac{8}{3l_0^2}\Big(E + \frac{P-F}{A_0}\Big)I_0 + \frac{1}{18}(GA_s + 2P)$$

$$K_{77} = \frac{7}{3}(EA_0 + P - F)$$

$$K_{88} = \frac{7}{3}\Big[\frac{EA_0}{4(1-v)} + P - F\Big], \quad K_{89} = -\frac{1}{4}(GA_s + 2P)$$

$$K_{99} = \frac{7}{3l_0^2}\Big(E + \frac{P-F}{A_0}\Big)I_0 + \frac{1}{18}(GA_s + 2P)$$

获得单元结点切向刚度矩阵以后,将所有的单元切向刚度矩阵集成为整体切向刚度矩阵,得到整体的平衡方程为

$$\boldsymbol{K}_{\mathrm{T}} \cdot \Delta U = R \tag{9.43}$$

式中 $\boldsymbol{K}_{\mathrm{T}}$、$\Delta U$、$R$——整体坐标系下的切向刚度矩阵、增量位移场和非平衡残差力。

通过计算可得

$$\Delta \boldsymbol{U} = (\boldsymbol{K}_{\mathrm{T}})^{-1}R \tag{9.44}$$

该方程的求解过程可通过 Newton – Raphson 迭代完成。

9.4 充气压力效应

预应力构形下充气梁的结构参数均称为充气内压的函数,充气梁的初始长度 l 在充气内压的作用下会伸长至 l_0,充气梁初始截面半径 r 会在充气内压作用下变大,变为 r_0,充气梁的初始壁厚 t 会在充气内压作用下变薄,变为 t_0。

考虑弹性充气薄膜圆柱管,其在内压 p 作用下的轴向(z)应力和环向(θ)应力分别为

$$\sigma_z = \frac{pr_\phi}{2t_\phi}, \quad \sigma_\theta = \frac{pr_\phi}{t_\phi} \tag{9.45}$$

如果壁厚很薄,则可以认为径向应力为零,即 $\sigma_r = 0$。由广义胡克定律得轴向应变为

$$\varepsilon_z = \frac{1}{E}\left[\sigma_z - \nu(\sigma_\theta + \sigma_r)\right] = \frac{1}{E}\left(\frac{pr_\phi}{2t_\phi} - \nu\frac{pr_\phi}{t_\phi}\right) = \frac{1-2\nu}{2}\frac{pr_\phi}{Et_\phi} \tag{9.46}$$

由轴向应变的物理含义得到轴向变形为

$$\Delta l = \varepsilon_z l_\phi = \frac{1-2\nu}{2}\frac{pr_\phi}{Et_\phi}l_\phi \tag{9.47}$$

由此可得充气内压作用下充气管的长度为

$$l_0 = l_\phi + \Delta l = l_\phi\left(1 + \frac{1-2\nu}{2}\frac{pr_\phi}{Et_\phi}\right) \tag{9.48}$$

同理可有环向应变为

$$\varepsilon_\theta = \frac{1}{E}\left[\sigma_\theta - \nu(\sigma_z + \sigma_r)\right] = \frac{1}{E}\left(\frac{pr_\phi}{t_\phi} - v\frac{pr_\phi}{2t_\phi}\right) = \frac{2-\nu}{2}\frac{pr_\phi}{Et_\phi} \tag{9.49}$$

由此环向周长在充气内压作用下变为

$$2\pi r_0 = 2\pi r_\phi(1 + \varepsilon_\theta) = 2\pi r_\phi\left(1 + \frac{2-\nu}{2}\frac{pr_\phi}{Et_\phi}\right) \tag{9.50}$$

即有

$$r_0 = r_\phi\left(1 + \frac{2-\nu}{2}\frac{pr_\phi}{Et_\phi}\right) \tag{9.51}$$

由以上过程可获得径向应变为

$$\varepsilon_r = \frac{1}{E}\left[\sigma_r - \nu(\sigma_\theta + \sigma_z)\right] = \frac{1}{E}\left[-\nu\left(\frac{pr_\phi}{t_\phi} + \frac{pr_\phi}{2t_\phi}\right)\right] = -\frac{3\nu}{2}\frac{pr_\phi}{Et_\phi} \tag{9.52}$$

进而可得到充气内压作用后的厚度为

$$t_0 = t_\phi(1 + \varepsilon_r) = t_\phi\left(1 - \frac{3\nu}{2}\frac{pr_\phi}{Et_\phi}\right) = t_\phi - \frac{3\nu}{2}\frac{pr_\phi}{E} \tag{9.53}$$

若充气管管壁材料为织物复合材料,计算时可不忽略径向应力项,即径向应力为

$$\sigma_r = -p \tag{9.54}$$

将其代入广义胡克定律可得到此时在充气内压作用下充气管长度 l_0、半径 r_0 和厚度 t_0,分别为

$$l_0 = l_\phi\left(1 + \frac{1-2\nu}{2}\frac{pr_\phi}{Et_\phi} + \frac{\nu p}{E}\right), \quad r_0 = r_\phi\left(1 + \frac{2-\nu}{2}\frac{pr_\phi}{Et_\phi} + \frac{\nu p}{E}\right), \quad t_0 = t_\phi\left(1 - \frac{3\nu}{2}\frac{pr_\phi}{Et_\phi} - \frac{p}{E}\right)$$

$$\tag{9.55}$$

对于充气环的情况,除充气环结构的半径外,其充气内压作用后的截面半径 r_0 及厚度 t_0 都与充气薄膜管情况一致。充气环结构周向的应力仍可用 σ_z 表示,其周向应变作用充气环的周长即为充气内压作用下充气环的周向变形,这类似于充气薄膜管的环向变形,由此可以得到充气内压作用后的充气环结构的半径 R_0 为

$$R_0 = R_\phi\left(1 + \frac{1-2\nu}{2}\frac{pr_\phi}{Et_\phi}\right) \tag{9.56}$$

式中 R_ϕ——未充气时环结构的充气环的自然半径。

若充气环壁材料为织物复合材料,除结构半径 R_0 外,截面半径 r_0 及厚度 t_0 和对应的充气管形式一致,此时,结构半径 R_0 为

$$R_0 = R_\phi\left(1 + \frac{1-2\nu}{2}\frac{pr_\phi}{Et_\phi} + \frac{\nu p}{E}\right) \tag{9.57}$$

9.5 基于拟梁法的数值模拟和验证

在模拟分析中采用满足如上分析条件的三结点梁单元 BEAM189,联合 ANSYS 非线性计算程序分析充气结构的变形和应力。单元 BEAM189 有 3 个相对自由度,它们是轴向位移、横向位移和弯曲转动。在进行单元截面刚度的设定时需要考虑预应力构形下充气梁实际的截面特性,即引入预应力状态下的充气管结构的长度 l_0、充气管结构的截面半径 r_0 和充气管壁厚 t_0。采用一系列充气梁单元模拟充气结构并进行非线性大变形迭代计算,以获取结构的受力特性。分析中可以通过修正与内压相关的结构尺度参数来间接考虑充气内压对结构受力性能的影响。

这里的模拟方法被称为拟梁法,该方法尤其适合分析大型复杂形式的充气结构,可以有效地降低计算时间,提高收敛性。

9.5.1 充气梁端部承受横向载荷

使用拟梁法分析一个标准算例,即充气悬臂梁端部受弯载荷作用的算例。基于充气梁法的计算结果将同已有文献中的分析解、三维薄膜单元结果进行比较。充气梁受端部横向载荷作用如图 9.3 所示。悬臂梁在 $X=0$ 端完全固支,承受内压 p 作用,在端部 $X = L_0$ 处承受横向载荷的作用,这样会在充气梁的上半部分产生拉伸载荷的作用,而其最大的压应力将产生于结构端部 $X=0$ 的左下部分区域。计算时应考虑初始零应力态下的 3 种不同自然半径、3 种不同自然长度以及两种不同充气内压的情况,每次进行变量计算时,其他参数均保持不变。充气梁计算参数见表 9.1。

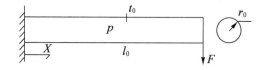

图 9.3 充气梁受端部横向载荷作用

表 9.1　充气梁计算参数

自然厚度 t_ϕ/m	1.25×10^{-5}		
弹性模量 $E/(\text{N} \cdot \text{m}^{-2})$	2.5×10^9		
泊松比 ν	0.3		
自然半径 r_ϕ/m	0.04	0.06	0.08
自然长度 L_ϕ/m	0.65	0.90	1.15
充气内压 $p/(\text{N} \cdot \text{m}^{-2})$	1.0×10^5		1.5×10^5

在拟梁法中,预应力构形下结构的参考参数均通过计算得到,计算结果见表 9.2。基于拟梁法模拟计算得到的充气梁端部横向变形结果与充气梁理论分析结果以及薄膜有限元法[32]的结果进行了比较,均列于表 9.2 中。

表 9.2　受弯充气梁端部横向变形计算结果比较（端载 1 N）

自然长度 L_ϕ/m	充气内压 $p/(\times 10^4 \text{N} \cdot \text{m}^{-2})$	参考长度 L_0/m	参考半径 $R_0/(\times 10^{-2}\text{m})$	参考厚度 $t_0/(\times 10^{-5}\text{m})$	端部横向变形 /($\times 10^{-3}$m)			平均偏差 /%
					理论解[7]	薄膜有限元[7]	拟梁法	
情况 1:自然半径 $r_\phi = 0.04$ m								
0.65	10	0.652	4.044	1.243	1.462	1.461	1.468	0.4
	15	0.653	4.065	1.239	1.443	1.436	1.442	0.2
0.9	10	0.902	4.044	1.243	3.828	3.820	3.842	0.4
	15	0.904	4.065	1.239	3.779	3.757	3.773	0.2
1.15	10	1.153	4.044	1.243	7.939	7.920	7.969	0.4
	15	1.154	4.065	1.239	7.838	7.791	7.826	0.2
情况 2:自然半径 $r_\phi = 0.06$ m								
0.65	10	0.653	6.098	1.239	0.443	0.443	0.448	1.1
	15	0.654	6.147	1.234	0.434	0.431	0.436	0.7
0.9	10	0.904	6.098	1.239	1.141	1.136	1.153	1.2
	15	0.905	6.147	1.234	1.119	1.108	1.122	0.7
1.15	10	1.154	6.098	1.239	2.349	2.336	2.37	1.1
	15	1.157	6.147	1.234	2.305	2.279	2.31	0.7

续表 9.2

自然长度 L_ϕ/m	充气内压 p/($\times 10^4$ N·m^{-2})	参考长度 L_0/m	参考半径 R_0/($\times 10^{-2}$m)	参考厚度 t_0/($\times 10^{-5}$m)	端部横向变形/($\times 10^{-3}$m)			平均偏差/%
					理论解[7]	薄膜有限元[7]	拟梁法	
情况3:自然半径 $r_\phi = 0.08$ m								
0.65	10	0.653	8.174	1.236	0.193	0.194	0.197	1.6
	15	0.655	8.261	1.228	0.188	0.187	0.191	1.8
0.9	10	0.905	8.174	1.236	0.487	0.485	0.495	1.8
	15	0.907	8.261	1.228	0.475	0.469	0.479	1.4
1.15	10	1.156	8.174	1.236	0.994	0.986	1.005	1.5
	15	1.159	8.261	1.228	0.969	0.955	0.975	1.3

其中,薄膜单元的计算采用一般的平面应力非线性程序。结构参数被定义在自然构形上,其计算过程首先是充气膨胀变形,然后再进行弯曲计算。薄膜有限元计算中(r_ϕ = 0.04 m, L_ϕ = 0.65 m, p = 105 Pa),包含了 2 401 个结点、768 个八结点四边形单元和六结点三角形单元[7]。计算机时为 236 s(P4, 2.8 GHz CPU, 1 024 MB 内存),同样的计算机,采用拟梁法,计算机时为 8 s,有限元模型包含 50 个三结点梁单元。此外,薄膜有限元法必须分步骤进行充压膨胀和弯曲变形计算,否则计算不能够收敛。对于大型复杂的充气结构形式,薄膜有限元法基本无能为力,很难获取收敛解。而采用拟梁法这些问题可迎刃而解,而且不需要耗费大量的计算机时。

如表 9.2 所示,基于拟梁法计算得到的充气梁的端部变形值与基于充气梁理论分析得到的理论结果以及薄膜有限元法得到的结果基本一致,所有计算结果中相差最大的偏差值低于 1.8%。

实际上,需要说明的是,此处采用的拟梁法计算中不考虑局部褶皱的存在,若要考虑褶皱,可以以压应力来替代,这也是该方法的局限性所在。换言之,拟梁法只能部分地考虑褶皱应力而无法获取褶皱的形变特性。在拟梁法增量虚功平衡方程的弯曲项中,若要考虑褶皱,需要引入 $Pr_0 = P(r_0 - \bar{y})$,并对应 $\bar{y} = r_0$ 时褶皱出现,对应的应力状态即为褶皱应力。褶皱属于结构的局部形变特性,对于大型复杂结构而言,整体特性更为突出,在不考虑结构形面精度要求的前提下,当局部褶皱对结构整体特性影响不大的情况下可以忽略其存在。反之,当需要准确评估褶皱的影响、考虑结构的形面精度要求或考虑结构的指向精度时,就需要采用基于屈曲理论的修正位移分量法或显式时间积分法等获取褶皱的详细形变特性[8]。有关充气梁的皱曲问题将在后面章节重点阐述。

9.5.2　充气环径向压屈

　　本节将运用拟梁法分析另一个标准算例,即充气环的屈曲特性分析,考虑一个受外缘均布径向压力作用的充气环(图 9.4),其径向压力为 q,充气环自然半径为 R_ϕ,自然厚度为 t_ϕ,自然截面半径为 r_ϕ,充气环在充气内压 p 作用下,其参考半径为 R_0,参考厚度为 t_0,参考截面半径为 r_0(表 9.3)。计算中,仅考虑径向压力作用下的面内屈曲载荷,即不考虑面外屈曲情况,实际上面外屈曲的产生要早于面内屈曲[9]。下面对拟梁法的结果与充气梁理论分析结果及薄膜有限元法的结果进行比较。

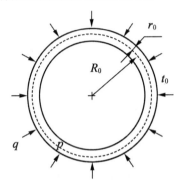

图 9.4　充气环径向压屈模型

表 9.3　充气环屈曲计算参数

自然厚度 t_ϕ/m	5.0×10^{-5}			
弹性模量 E /(N・m^{-2})	5.0×10^{9}			
泊松比 ν	0.3			
自然结构半径 R_ϕ/m	1.0			
自然截面半径 r_ϕ/m	0.01		0.02	
充气压力 p/($\times 10^5$ N・m^{-2})	0.5	1.0	1.5	2.0

　　采用薄膜有限元法计算充气环受径向压力作用下的面内屈曲载荷时,除了要考虑充气内压和径向载荷加载的顺序外,还需要采用特殊的技术控制收敛,如采用路径切换(Branch Switching,BS)技术稳定计算,以防止计算中可能出现的数值发散和分叉点的出现[8]。在拟梁法中,仅需要计算 1/4 模型,采用 30 个三结点单元,且无须任何控制和稳定技术来保证计算的收敛,承受径向压力充气环屈曲载荷计算结果比较见表 9.4。比较计算结果同理论结果和三维有限元结果发现,基于拟梁法的计算结果与薄膜有限元结果比较接近,除了低压情况外,整体平均偏差低于 1.1%。相对于理论结果而言,拟梁法结果要低于理论分析结果。其可能的原因来自于理论分析中对屈曲载荷采用了一阶近似,

仅保留了单位长度径向载荷以及参考截面半径和结构半径比值的线性项。正是这些来自理论分析中的各种假定导致了两者之间存在相对较大的差异。

表9.4 承受径向压力充气环屈曲载荷计算结果比较

充气内压 $p/(\times 10^5$ N·m$^{-2})$	参考结构半径 $R_0/$m	参考截面半径 $r_0(\times 10^{-2}$m)	参考厚度 t_0 $/(\times 10^{-6}$m)	临界屈曲面内载荷/(N·m^{-1})			平均偏差 /%
				理论解[9]	薄膜有限元解[7]	拟梁法	
情况1:自然半径 $r_\phi = 0.01$ m							
0.5	1.000 8	1.003	49.91	1.750	1.556	1.574	1.1
1	1.001 6	1.007	49.82	1.763	1.576	1.580	0.2
1.5	1.002 5	1.010	49.73	1.771	1.605	1.603	0.1
2	1.003 4	1.013	49.64	1.783	1.615	1.609	0.3
情况2:自然半径 $r_\phi = 0.02$ m							
0.5	1.001 6	2.013	49.82	13.690	12.16	12.431	2.2
1	1.003 4	2.027	49.73	13.950	12.53	12.680	1.1
1.5	1.005 2	2.040	49.64	14.081	12.80	12.893	0.7
2	1.007 1	2.054	49.28	14.215	13.09	13.085	0.03

9.6 飞艇充气骨架结构的屈曲分析

本节运用拟梁法分析充气承力骨架结构承受压缩载荷作用时的屈曲及承力特性。充气承力骨架是由一系列纵向充气管和环向充气环交错而成的网架结构,是整个飞艇结构的主承力部分。

9.6.1 充气骨架的虚拟梁有限元模型

充气承力骨架的结构和材料参数见表9.5。充气承力骨架的结构如图9.5所示。图9.6所示是充气承力骨架结构有限元模型,共包含2 160个三结点 BEAM189 单元和4 292个结点,三结点 BEAM189 单元每个结点有3个自由度(轴向位移、横向位移和转动)。采用非线性大变形迭代计算获取最后的结果。

分析中,考虑充气承力骨架结构 B 端完全固支,在 A 端承受 x 方向(轴向)的轴向压力 F 作用。

表 9.5　充气承力骨架的结构和材料参数

自然厚度 t_ϕ/m	5.0×10^{-5}			
弹性模量 $E/\,(\mathrm{N \cdot m^{-2}})$	5.0×10^{9}			
截面自然半径 r_ϕ/m	0.015		0.025	
充气内压 $p\,/\,(\times 10^5 \mathrm{N \cdot m^{-2}})$	0.5	1.0	1.5	2.0

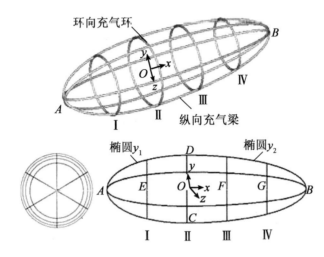

图 9.5　充气承力骨架的结构

椭圆 y_1：$\dfrac{x^2}{2^2} + \dfrac{y^2}{1.5^2} = 1$；椭圆 y_2：$\dfrac{x^2}{2^2} + \dfrac{y^2}{1.5^2} = 1$。

$L_{AE} = L_{EO} = L_{OF} = L_{FG} = L_{GB} = 1\ \mathrm{m}$。

$D_1 = 1.299\ \mathrm{m}$；$D_2 = 1.5\ \mathrm{m}$；$D_3 = 1.414\ \mathrm{m}$；$D_4 = 1.118\ \mathrm{m}$；$L_{AB} = 5\ \mathrm{m}$。

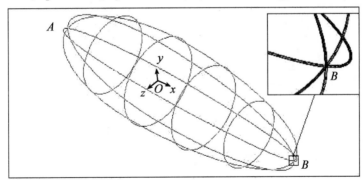

图 9.6　充气承力骨架结构有限元模型

9.6.2　充气承力骨架的屈曲分析

基于拟梁法分析充气骨架的屈曲特性，分析结果见表 9.6，其中考虑了不同充气内压和截面半径的变化。屈曲分析采用的是基于 ANSYS BEAM189 三结点单元的本征屈曲计算方法。根据所得到的数值结果,充气内压对充气骨架临界屈曲载荷影响不大,随着充气内压的增加,充气骨架的临界屈曲载荷略微提高。然而,临界载荷对充气环截面半径相当敏感,随着充气环截面半径的增大,充气骨架的临界屈曲载荷明显提高。

表9.6 充气承力骨架屈曲载荷结果

充气内压 p /($\times 10^5$ N $\cdot$ m^{-2})	参考半径 r_0 /($\times 10^{-2}$ m)	参考厚度 t_0 /($\times 10^{-5}$ m)	临界屈曲载荷 /N
情况 1: $r_\phi = 0.015$ m			
0.5	1.500 38	4.999 3	107.70
1	1.500 77	4.998 7	107.77
1.5	1.501 15	4.998 0	107.83
2	1.501 53	4.997 3	107.90
情况 2: $r_\phi = 0.025$ m			
0.5	2.501 06	4.998 9	479.97
1	2.502 13	4.997 8	480.46
1.5	2.503 19	4.996 6	480.93
2	2.504 25	4.995 5	481.41

给定充气骨架承受充气内压 1.5×10^5 Pa,截面半径为 0.015 m,基于拟梁法计算其屈曲特性。分析并得到前8阶屈曲模态,充气承力骨架部分屈曲模态如图9.7所示。

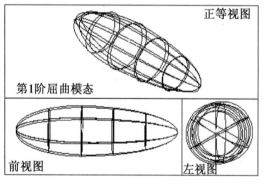

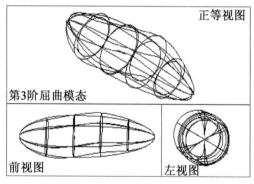

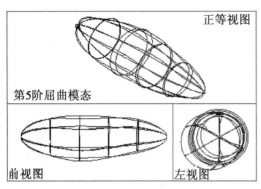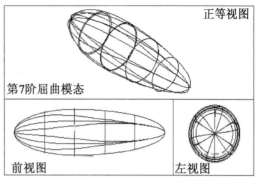

图 9.7　充气承力骨架部分屈曲模态

根据所得结果,第 1 阶屈曲模态整个屈曲模态形式为以 B 点为固定点整体向右上转动,没有弯曲和扭转。第 2 阶屈曲模态的形式与第 1 阶屈曲模态关于 xOy 对称,且频率值相同。第 3 阶屈曲模态值与第 4 阶屈曲模态值相同,第 3 阶屈曲模态形式是以 A 和 B 点为固定点的整体倒"S"波浪形弯曲变形,没有扭转,第 4 阶屈曲模态与第 3 阶屈曲模态关于 yOz 平面对称。第 5 阶屈曲模态和第 6 阶屈曲模态频率值相同,模态构形关于 yOz 平面对称,第 5 阶屈曲模态是以 A 和 B 点为固定点的中心弯曲变形,没有扭转。第 7 阶屈曲模态频率值略低于第八阶屈曲模态,但两者屈曲模态构形十分接近,第 7 阶屈曲模态为绕 Ox 轴(AB)顺时针转动,第 8 阶屈曲模态绕 Ox 轴(AB)逆时针转动,但第 8 阶模态对应的转动小于第 7 阶的转角,两者都无弯曲。后续高阶模态均为前 8 阶模态的叠加。

9.6.3　充气承力骨架承载能力分析

采用拟梁法,结合如上的结构和材料参数,通过计算获取结构承受压缩载荷作用下的临界失效(功能失效)载荷。充气承力骨架失效载荷计算结果见表 9.7。

临界失效载荷通过如下方法获得。通过逐渐增加纵向压缩载荷,获取纵向压缩载荷和对应的纵向变形曲线,如图 9.8 所示。纵向压缩载荷从 0 N 开始逐渐增加到 2.5 kN,这期间其他参数保持不变。将纵向压缩载荷 – 纵向变形曲线相邻两段曲线的切线的交点对应的载荷定义为临界失效载荷,该载荷之前是充气承力骨架的承力阶段,临界失效载荷后,结构出现大变形,此时认为充气承力骨架已经失去承载能力,即使还能够继续承受少部分载荷的作用,但结构已经产生较大变形,若该结构作为一个功能部件,此时已经失去了其功能。根据临界失效载荷的定义,算例的临界失效载荷为 2.02 kN,此时对应结构的纵向变形为 0.51 m。

表9.7 充气承力骨架失效载荷计算结果

充气内压 $p/(\times 10^5$ N/m$^2)$	参考截面半径 $r_0/(\times 10^{-2}$m)	参考厚度 $t_0/(\times 10^{-4}$m)	纵向参考长度 $l_0/$m	充气环Ⅰ参考半径 $R_{0\text{I}}$ /$(\times 10^{-1}$m)	充气环Ⅱ参考半径 $R_{0\text{II}}$/ $(\times 10^{-1}$m)	充气环Ⅲ参考半径 $R_{0\text{III}}$/ $(\times 10^{-1}$m)	充气环Ⅳ参考半径 $R_{0\text{IV}}$/ $(\times 10^{-1}$m)	临界失效载荷 /kN
情况 1：$r_\phi = 0.015$ m								
0.5	1.500 38	4.999 3	5.856 4	6.495 4	7.500 5	7.070 4	5.590 4	1.601
1	1.500 77	4.998 7	5.856 7	6.495 8	7.500 9	7.070 8	5.590 7	1.827
1.5	1.501 15	4.998 0	5.857 1	6.496 2	7.501 4	7.071 3	5.591 0	2.022
2	1.501 53	4.997 3	5.857 4	6.496 6	7.501 8	7.071 7	5.591 4	2.043
情况 2：$r_\phi = 0.025$ m								
0.5	2.501 06	4.998 9	5.856 6	6.495 6	7.500 8	7.070 7	5.590 6	9.141
1	2.502 13	4.997 8	5.857 2	6.496 3	7.501 5	7.071 4	5.591 1	9.253
1.5	2.503 19	4.996 6	5.857 8	6.496 9	7.502 3	7.072 1	5.591 7	9.278
2	2.504 25	4.995 5	5.858 3	6.497 6	7.503 0	7.072 8	5.592 2	9.301

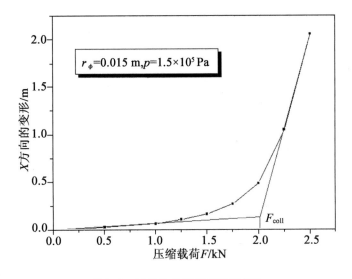

图9.8 临界失效载荷的确定方法

对于截面半径为 0.015 m、内压为 1.0×10^5 Pa 的情况，充气承力骨架随压缩载荷增加的变形结果如图9.9所示。根据所得的结果可以明显地看到纵向充气梁产生了大变形和弯曲变形。尤其是在压缩载荷作用区附近更是出现了充气承力骨架局部反转变形，这属于典型的大转动情况，也是局部受压屈曲后产生较大的跳跃变形，对应此种局部反转变形，其他介于相邻两个环向充气环之间的充气梁部分也出现了较大的弯曲变形，致使整个结构在受到较大压缩载荷作用时呈现出波浪形的变形，此时环向充气环的变形除有部分环向胀大变形外,其形状改变相对较小,这主要跟受载方式有关。

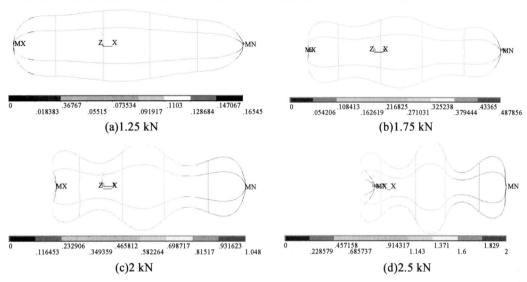

(a)1.25 kN

(b)1.75 kN

(c)2 kN

(d)2.5 kN

图9.9　充气承力骨架随压缩载荷增加变形结果(彩图见附录)

充气承力骨架纵向受压的应力场如图9.10所示。由结果可得剪应力作用主要来自充气环,正应力作用主要来自纵向充气梁,这些都与受载条件有关。

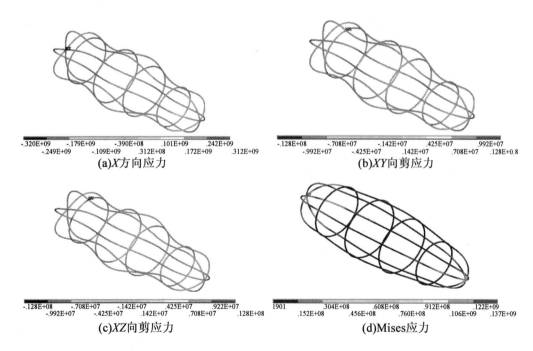

(a)X方向应力

(b)XY向剪应力

(c)XZ向剪应力

(d)Mises应力

图9.10　充气承力骨架纵向受压的应力场(2 kN压缩载荷)(彩图见附录)

对于充气结构而言,充气承力骨架主要由薄膜材料制成,结构壁厚较小,且为典型的长细比较大的结构,这样的结构会在压缩载荷作用下产生局部褶皱。拟梁法只能够初步地预报褶皱的出现及其分布规律,还无法获取褶皱的详细面外信息,如波长和幅度等。对于判断褶皱的出现,主要使用主应力判定准则,当最小主应力等于零时褶皱产生,故分析中也重点考察了充气承力骨架受轴向压缩载荷作用下的最小主应力分布,如图9.11所示。褶皱区域可以通过最小压应力来判定。根据计算结果可得,当结构中最小压应力等于零(或由正变负)时,根据褶皱判定准则,此时褶皱出现,对应此时的压缩载荷为皱曲临界载荷,充气承力骨架的临界皱曲载荷为0.85 kN,不及其最终失效载荷的一半。褶皱的产生主要与压应力有关,并对应负压缩应力区域,根据结果可知褶皱主要产生于纵向充气梁的"U"(或"n")形弯曲变形的内侧面,该区域是膜面受压区。褶皱产生后会随着外载的变化而扩展变化,会同时沿着充气梁的轴向和环向演化扩展,褶皱的存在会显著降低结构的性能,尤其是结构的承载能力。

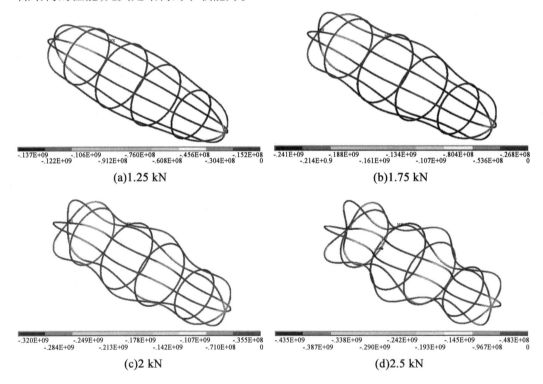

图9.11　充气承力骨架受轴向压缩载荷作用下的最小主应力分布(彩图见附录)

9.7　充气天线支撑结构的屈曲分析

采用同样的方法分析另一个典型的充气薄膜结构——充气天线支撑结构(图9.12)的承力特性。

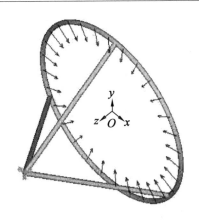

图 9.12 充气天线支撑结构及其受载

充气环初始自然直径为 2 m,自然高度为 1.2 m,3 根充气管轴向自然长度均为 1.562 m。充气支撑结构的 3 根直管交点处固支,在其环形骨架上施加均布径向拉伸载荷作用。充气天线支撑结构选用的薄膜材料的参数见表 9.8。有限单元仍采用三结点 BEAM189,将充气支撑结构环部分划分为 360 个单元,将充气桁架直管部分划分为 100 个单元。

表 9.8 充气天线支撑结构选用的薄膜材料的参数

自然厚度 t_ϕ/m	5.0×10^{-4}			
弹性模量 $E/(\mathrm{N} \cdot \mathrm{m}^{-2})$	3.5×10^{9}			
泊松比 ν	0.3			
截面自然半径 r_ϕ/m	0.025			
充气内压 $p/(\times 10^{4} \mathrm{N} \cdot \mathrm{m}^{-2})$	1.0	2.0	3.0	4.0

基于拟梁法分析该型充气支撑结构的屈曲特性,根据计算获得充气内压下参考构形中结构的参考参数,列于表 9.9 中,并通过计算得到充气天线支撑结构环受径向拉力作用下的屈曲载荷,结果见表 9.9。其中不同充气内压下的屈曲载荷计算结果也列入表 9.9 中。

表 9.9 充气天线支撑结构屈曲载荷计算结果 (初始截面半径 0.025 m)

充气内压 $p/(\times 10^{4}\mathrm{N} \cdot \mathrm{m}^{-2})$	参考厚度 $t_0/(\times 10^{-5}\mathrm{m})$	参考截面半径 $r_0/(\times 10^{-2}\mathrm{m})$	支撑管参考长度 $l_0/(\times 10^{-1}\mathrm{m})$	充气环参考半径 $R_0/(\times 10^{-1}\mathrm{m})$	径向屈曲载荷 $/(\mathrm{N} \cdot \mathrm{m}^{-1})$
1	5.000 2	2.500 2	15.620 3	10.000 2	6.896 2
2	5.000 5	2.500 4	15.620 6	10.000 4	6.908 6
3	5.000 7	2.500 6	15.620 9	10.000 6	6.921 0
4	5.001 0	2.500 9	15.621 2	10.000 8	6.933 4

　　由表9.9可知,随着充气内压的增加,临界屈曲载荷变化不大,即该充气天线支撑结构的临界屈曲载荷对充气内压不敏感。

　　假定充气内压为10 kPa,计算其前4阶屈曲模态及屈曲载荷分别如图9.13 (a) ~ (d)所示。

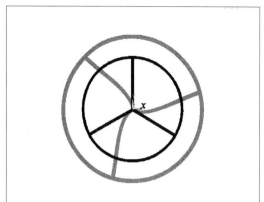

(a)第1阶屈曲模态(屈曲载荷为6.88 N/m)

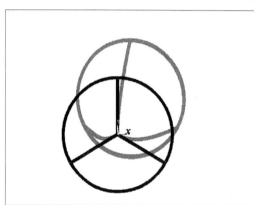

(b)第2阶屈曲模态(屈曲载荷为15.9 N/m)

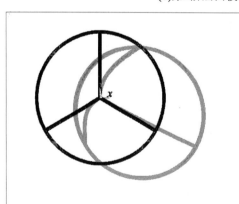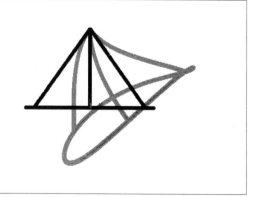

(c)第3阶屈曲模态(屈曲载荷为15.9 N/m)

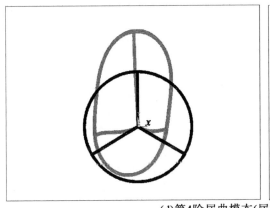

(d)第4阶屈曲模态(屈曲载荷为34.5 N/m)

图 9.13　充气天线支撑结构屈曲模态

如图 9.13 所示,在第 1 阶屈曲模态中,充气环径向等膨胀变形,且沿着 3 根直管交点和圆环中心所组成的轴产生逆时针扭转变形,伴随着扭转并产生部分小幅度面外翘曲。由于充气环和充气管连接为固接,连接处角度不会发生相对变化,充气环的扭转变形导致充气管发生扭曲,且整体结构变形具有规律性和周期性。第 2 阶屈曲模态与第 1 阶屈曲模态差别甚大,充气环只有微小的径向等膨胀变形,且以较大的面外翘曲变形为主,且整个结构产生整体的侧向弯曲变形,充气环和充气管发生不规则形变,没有周期性变化。第 3 阶屈曲模态和第 2 阶屈曲模态形式基本相同,变形也基本一致,和第 2 阶屈曲模态的差别仅体现在整体扭曲的方向。第 4 阶屈曲模态变形较大,且不规则,充气管和充气环发生多向扭曲,与前几阶屈曲模态差别最大的是充气环不发生径向等膨胀变形,而是受挤压产生类似椭圆形变化,且充气环受挤压变形的幅度明显增大,且有较大的面外弯曲变形。整体而言随着屈曲模态阶数的增加其变形更加复杂,充气环挠曲及弯曲变形幅度越来越大,形状也越来越复杂。另外,随着屈曲模态阶数的增加,各点屈曲载荷亦显著增加,第 2 阶屈曲模态对应的屈曲载荷和第 3 阶屈曲模态对应的屈曲载荷值相同,两者的屈曲模态形式一致。

临界屈曲载荷主要来自第 1 阶屈曲模态,第 1 阶屈曲模态作为最主要的模态,研究它的力学特性有助于对充气支撑结构进行优化设计并获取褶皱信息。根据褶皱的判定准则,取最小主应力等于零作为褶皱产生的条件,压应力区为褶皱区。对应第 1 阶屈曲模态的最小主应力分布如图 9.14 所示。

由图 9.14 可知,最大压应力发生于充气管交界处,此处变形最大,最易发生局部屈曲,产生褶皱,也是压应力最先为零的位置。当径向线载荷为 3.63 N/m 时充气环上出现压应力,故该径向载荷为诱发褶皱产生的临界皱曲载荷。褶皱是导致薄壁管屈曲的主要原因,因此需要通过改变此处的材料或对局部加厚等方法对充气桁架进行优化,增强桁架的承载能力。也可以此处发生屈曲为界限来设计充气桁架的承载能力。

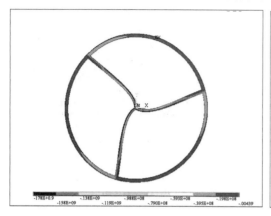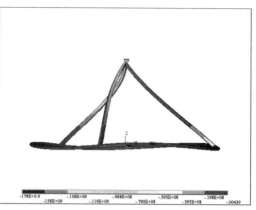

图 9.14 第 1 阶屈曲模态的最小主应力分布(彩图见附录)

9.8 本章小结

本章主要研究了充气支撑结构的屈曲特性,基于虚拟梁理论考虑了压力效应,提出了可用于分析复杂大型充气支撑结构屈曲特性的拟梁法,基于该方法进行了标准算例的屈曲预报计算并得到了试验验证。对飞艇充气承力骨架结构的承载力及充气天线支撑结构的承力特性进行了分析。

本章参考文献

[1] WEINGARTEN V I, SEIDE P, PETERSON J P. Buckling of thin-walled circular cylinders[J] // NASA Space Vehicle Design Criteria. National Aeronautics and Space Administration, Report No. NASA SP – 8007, 1968.

[2] ROH J H, YOO E J, LEE I, et al. Large deformation analysis of inflated membrane boom structures with various slenderness ratios[C]. Hawaii: 48th ASME/ASCE/AHS/ASC Structures, Structural Dynamics, and Materials Conference, 2007.

[3] STEPHENS W B, STARNES J H, ALMROTH B O, et al. Collapse of long cylindrical shells under combined bending and pressure loads[J]. AIAA, 1975, 13(1): 20-25.

[4] VELDMAN S L, BERGSMA O K, BEUKERS A. Bending of anisotropic inflated cylindrical beams[J]. Thin-Walled Structures, 2005, 43(3):461-475.

[5] SAKAMOTO H, NATORI M C, MIYAZAKI Y. Deflection of multicellular inflatable tubes for redundant space structures[J]. Journal of Spacecraft and Rockets, 2002,

39(5):695-700.

[6]　SINGER J, WELLER T. Instability of conical shells – theory versus experiment[C]. Atlanta: 41st Structures, Structural Dynamics, and Materials Conference and Exhibit, 2000.

[7]　VAN A L, WIELGOSZ C. Bending and buckling of inflatable beams: some new theoretical results[J]. Thin-Walled Structures, 2005, 43(8):1166-1187.

[8]　DAVIDS W G, ZHANG H. Beam finite element for nonlinear analysis of pressurized fabric beam-columns[J]. Engineering Structures, 2008, 30(7):1969-1980.

[9]　WEEKS G E. Buckling of a pressurized toroidal ring under uniform external loading [R]. NASA TN D – 4124, 1967.

第 10 章　软式飞艇囊体结构的屈曲分析

10.1　概　　述

软式飞艇囊体结构是典型的充气结构,结构特点类似于充气梁结构[1-2]。对充气梁结构弯皱特性的分析一般基于应力分析,可以分为薄膜模型、薄壳模型和壳膜模型 3 种[3-12]。薄膜模型中结构只要受到压应力就会出现褶皱;薄壳模型中结构所受的压应力达到起皱应力时才会起褶;壳膜模型中结构的刚度来源于内压,与材料刚度无关[13-14]。

基于应力分析理论,对两端铰支充气梁结构在均布载荷作用下的褶皱关键参数进行预报是本章的研究重点。首先,建立起两端铰支充气梁结构在均布载荷作用下的弯曲模型;然后根据应力分析得到结构屈曲的一些关键性参数;其次通过试验和数值分析来验证预报的正确性;此外,对结构进行变参数分析,如移动载荷位置、扩大载荷作用范围、改变梁结构的边缘形状和变截面梁中间圆柱体的长度;最后以飞艇这种典型的变截面充气梁结构为例,通过理论分析预报其关键性的褶皱参数,通过数值模拟观察它的横纵截面的屈曲过程,讨论温度这个环境因素对飞艇囊体结构屈曲性能的影响。

10.2　均布载荷下两端铰支充气梁的弯皱分析

10.2.1　充气梁的应力与弯矩

图 10.1 所示为充气梁结构模型,其两端简支,梁的中间位置受到局部均布载荷作用。图中,r 表示圆截面半径,t 表示壁厚,p 表示充气内压,σ_x、σ_θ 分别表示轴向和环向应力。

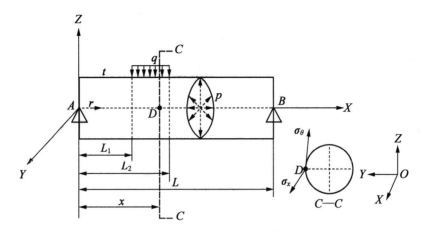

图 10.1　充气梁结构模型

根据边界条件,结构在外载荷 q 作用下,产生的弯矩 M 为

$$
M = \begin{cases}
\dfrac{qr(L_2 - L_1)}{L}(2L - L_1 - L_2)x, & 0 \leqslant x < L_1 \\[3mm]
\dfrac{qr(L_2 - L_1)}{L}(2L - L_1 - L_2)x - qr(x - L_1)^2, & L_1 \leqslant x < L_2 \\[3mm]
\dfrac{qr}{L}(L_2^2 - L_1^2)(L - x), & L_2 \leqslant x < L
\end{cases}
\tag{10.1}
$$

如果不考虑外载荷作用,只考虑充气内压,那么在 D 点的应力为

$$
\sigma_{px} = \frac{pr}{2t}, \quad \sigma_{p\theta} = \frac{pr}{t}
\tag{10.2}
$$

10.2.2　轴向褶皱特性

随着外载荷增加,施加到结构的弯矩也将增加,这样结构的整体变形与势能也将增加,为了释放集中在曲率最大的势能,局部褶皱将会出现在梁结构的表面。褶皱梁结构示意图如图 10.2 所示。图中,C'—C'是初始褶皱截面;C—C 是任意横截面。

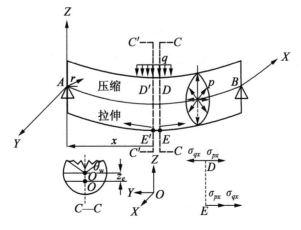

图 10.2　褶皱梁结构示意图

由图 10.2 可知,充气梁的轴向应力 σ_x 由两部分组成,一部分由内压产生为 σ_{px},另一部分由外载荷产生为 σ_{qx},那么在充气梁初始起褶的横截面 C'—C' 上各点轴向的应力可以表示为

$$\sigma_x' = \sigma_{px}' + \sigma_{qx}' = \frac{pr}{2t} - C_1' \cos\theta \tag{10.3}$$

在 $\theta = 0°$ 处,横截面上应力最大,当最大应力 σ_x' 达到临界值 $-\sigma_{cr}$ 时,褶皱出现。将得到的常量 $C_1' = \sigma_{cr} + \dfrac{pr}{2t}$ 代入式(10.3)中,就可以得到这个截面上的轴向应力

$$\sigma_{xw} = \frac{pr}{2t} - \left(\sigma_{cr} + \frac{pr}{2t} \right) \cos\theta \tag{10.4}$$

根据弯矩平衡就可以得到起皱弯矩

$$M_w = -2r^2 t \int_0^\pi \sigma_{xw} \cos\theta \, d\theta = \frac{1}{2}\pi p r^3 + \pi r^2 t \sigma_{cr} \tag{10.5}$$

下面定义弯皱因子 λ 来描述褶皱特征,$\lambda = \dfrac{M_w}{M}$,由式(10.1)可得

$$\lambda = \begin{cases} \dfrac{2\dfrac{qr(L_2 - L_1)}{L}(2L - L_1 - L_2)x}{\pi P r^3 + 2\pi r^2 t \sigma_{cr}}, & 0 \leqslant x < L_1 \\[4mm] \dfrac{2\dfrac{qr(L_2 - L_1)}{L}(2L - L_1 - L_2)x - 2qr(x - L_1)^2}{\pi P r^3 + 2\pi r^2 t \sigma_{cr}}, & L_1 \leqslant x < L_2 \\[4mm] \dfrac{2\dfrac{qr}{L}(L_2^2 - L_1^2)(L - x)}{\pi P r^3 + 2\pi r^2 t \sigma_{cr}}, & L_2 \leqslant x < L \end{cases} \tag{10.6}$$

根据弯皱因子的定义,褶皱出现的条件是 $\lambda \geqslant 1$,那么就可以得到初始褶皱位置 x_w。

$$\left. \frac{d\lambda}{dx} \right|_{x = x_w} = 0, \quad \left. \frac{d^2\lambda}{dx^2} \right|_{x = x_w} < 0 \tag{10.7}$$

$$x_w = L_1 + (L_2 - L_1)\left(1 - \frac{L_1 + L_2}{2L} \right) \tag{10.8}$$

由于褶皱区满足 $\lambda \geqslant 1$,那么在褶皱区的边界处就有 $\lambda = 1$,因此就可以根据式(10.6)得到不同情况下褶皱边界的坐标:

$$
\begin{cases}
x_1 = \dfrac{(\pi pr^2 + 2\pi rt\sigma_{\mathrm{cr}})L}{2q(L_2 - L_1)(2L - L_1 - L_2)}, & 0 \leqslant x_1 < L_1 \\[3mm]
x_2 = L - \dfrac{(\pi Pr^2 + 2\pi rt\sigma_{\mathrm{cr}})L}{2q(L_2^2 - L_1^2)}, & L_2 \leqslant x_2 < L \\[3mm]
x_3 = \dfrac{G - \sqrt{G^2 - 4H}}{2}, \quad x_4 = \dfrac{G + \sqrt{G^2 - 4H}}{2}, & L_1 \leqslant x_3, x_4 < L_2 \\[3mm]
G = \dfrac{(L_2 - L_1)(2L - L_1 - L_2) + 2LL_1}{L}, \quad H = L_1^2 + \dfrac{\pi Pr^2 + 2\pi rt\sigma_{\mathrm{cr}}}{2q}
\end{cases}
\tag{10.9}
$$

根据式(10.9)以及不同载荷作用下的情形(图 10.3),就可以得到褶皱长度:

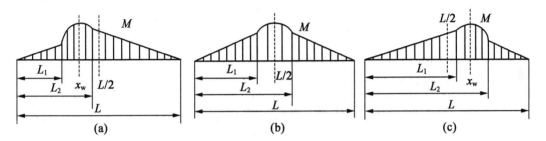

图 10.3　3 种不同均布载荷作用条件下的结构弯矩图

$$
L_{\mathrm{w}} = \begin{cases}
x_4 - x_3, & L_1 \leqslant x_3, x_4 \leqslant L_2 \\
x_2 - x_1, & x_3 < L_1 \text{ 且 } L_2 < x_4 \\
x_4 - x_1, & x_3 < L_1 \text{ 且 } L_1 \leqslant x_4 \leqslant L_2 \\
x_2 - x_3, & L_1 \leqslant x_3 \leqslant L_2 \text{ 且 } L_2 < x_4
\end{cases}
\tag{10.10}
$$

10.2.3　环向褶皱特征

在任意横截面 C—C 上,任意点的应力场可以表示为

$$
\sigma_x = \sigma_{px} - \sigma_{qx} = \frac{pr}{2t} - \frac{M}{\pi tr^2}\cos\theta
\tag{10.11a}
$$

$$
\sigma_\theta = \frac{pr}{t}
\tag{10.11b}
$$

式中　M——截面 C—C 上的弯矩。

根据应力应变关系 $\varepsilon_x = \dfrac{\sigma_x}{E} - \nu\dfrac{\sigma_\theta}{E}$ 和曲率表达式 $\kappa = \dfrac{\sigma_{x\max} - \sigma_{x\min}}{2Er} = \dfrac{M}{\pi tEr^3}$,轴向应力 σ_x 可以重新写成

$$
\sigma_x = E(C_2 - \kappa r\cos\theta) + \nu\sigma_\theta
\tag{10.12}
$$

把 θ、σ_x 和 κ 用 θ_{w}、$-\sigma_{\mathrm{cr}}$ 和 κ_{w} 替换,就可以得到褶皱区环向截面上各点在轴向方向

的应力分布

$$\sigma_x = \begin{cases} -\sigma_{cr}, & 0 \leqslant \theta < \theta_w \\ -\sigma_{cr} + rE\kappa_w(\cos \theta_w - \cos \theta), & \theta_w \leqslant \theta < \pi \end{cases} \qquad (10.13)$$

式中,褶皱区的曲率 κ_w 可以通过力平衡关系得

$$\kappa_w = \frac{p\pi r + 2t\pi\sigma_{cr}}{2trE[(\pi - \theta_w)\cos \theta_w + \sin \theta_w]} \qquad (10.14)$$

根据本构关系与褶皱区的应力分布,就可以得到结构的应变场,即

$$\varepsilon_x = \frac{-\sigma_{cr} - \nu\sigma_\theta}{E} + \kappa_w r(\cos \theta_w - \cos \theta) \qquad (10.15a)$$

$$\varepsilon_\theta = \frac{2-\nu}{1-2\nu} \frac{-\sigma_{cr} - \nu\sigma_\theta}{E} + \kappa_w r\left(\frac{2-\nu}{1-2\nu}\cos \theta_w + \nu\cos \theta\right) \qquad (10.15b)$$

由于褶皱区总的应变由材料应变与褶皱应变组成,那么根据式(10.15a)和式(10.15b)以及褶皱应变的定义,可以得到此时的褶皱应变为

$$\bar{\varepsilon}_{xw} = \varepsilon_x\big|_{\theta=0} - \nu\varepsilon_\theta\big|_{\theta=0}$$

$$= \frac{1-4\nu+\nu^2}{1-2\nu} \frac{-\sigma_{cr} - \nu\sigma_\theta}{E} + \kappa_w r\left(\frac{1-4\nu+\nu^2}{1-2\nu}\cos \theta_w - 1 - \nu^2\right) \qquad (10.16)$$

同时由参考文献[15]可以得到,褶皱应变的另一种表达方式,它表示褶皱的影响程度,即振幅与波长的比值

$$\frac{A}{\lambda} = \frac{2}{\pi}\sqrt{\varepsilon_w} \qquad (10.17)$$

中性轴偏移量是影响截面抗弯刚度的一个重要指标,在环向截面上任意一点到中性轴的距离可以表示为

$$\rho = \begin{cases} r\cos \theta_w + z_e, & -\theta_w \leqslant \theta < \theta_w \\ r\cos \theta + z_e, & \theta_w \leqslant \theta < 2\pi - \theta_w \end{cases} \qquad (10.18)$$

由横截面上点到中性轴的静矩为零,有

$$\frac{z_e}{r} = \frac{\sin \theta_w - \theta_w\cos \theta_w}{\pi} \qquad (10.19)$$

10.3　均布载荷下两端铰支充气梁的弯铰特征

当载荷增加到一定的值时,这时充气梁结构就类似于一个塑性铰(图10.4),这时认为褶皱区对面的材料将会达到其屈服强度,也就是 $\sigma_x\big|_{\theta=\pi} = \sigma_k = \sigma_s$。

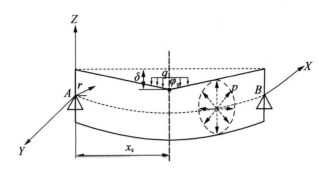

图 10.4　带铰梁的示意图

将 θ_w 和 κ_w 用 θ_k 和 κ_k 代替,那么应力分布[式(10.13)]可以表示为

$$\sigma_x = \begin{cases} -\sigma_{cr} + rE\kappa_w(\cos\theta_w - \cos\theta), & \theta_w \leqslant \theta < \theta_k \\ -\sigma_{cr} + rE\kappa_k(\cos\theta_k - \cos\theta), & \theta_k \leqslant \theta < \pi \end{cases} \quad (10.20)$$

结合式(10.14)和式(10.20),无量纲应力 $\bar{\sigma} = \dfrac{(\sigma_x|_{\theta=\pi} + \sigma_{cr})t}{p\pi r/2 + t\pi\sigma_{cr}}$ 随褶皱角的变化曲线

如图 10.5 所示。

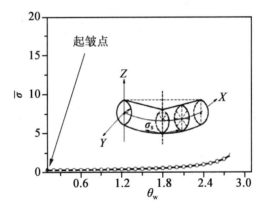

图 10.5　无量纲应力随褶皱角的变化曲线

由图 10.5 可以看出,当褶皱角很小时,应力水平几乎没有什么变化;但当褶皱角较大时,应力随着褶皱角的增加而迅速增大。这是因为随着褶皱扩展,横截中面越来越多的区域变得松弛,那么就会导致这个横截面上的张紧区所受应力增加。

通过对式(10.20)进行积分,就可以得到截面上铰产生时所对应的弯矩,即

$$M_k = r^2 \frac{p\pi r + 2t\pi\sigma_{cr}}{2[(\pi - \theta_k)\cos\theta_k + \sin\theta_k]}[\sin\theta_k\cos\theta_k + (\pi - \theta_k)] \quad (10.21)$$

如图 10.4 所示,衡量梁结构铰的程度的一个重要参数为 δ,它表示褶皱区点的最大位移。它是由 δ_1、δ_2、δ_3 共 3 部分组成的,δ_1 由弯矩引起,δ_2 是中性轴的偏移量,δ_3 由褶皱

引起。则这个参数就可以表示为

$$\delta = \delta_1 + \delta_2 + \delta_3 \tag{10.22}$$

δ_1 可以由材料力学的知识得到

$$\begin{cases} EI'w_1''(x) = M_1 = \dfrac{qr(L_2 - L_1)}{L}(2L - L_1 - L_2)x, \quad 0 \leqslant x < L_1 \\[3mm] EI'w_1''(x) = M_2 = -qrx^2 + qr\left[\dfrac{(L_2 - L_1)}{L}(2L - L_1 - L_2) - 2L_1\right]x - qrL_1^2, \quad L_1 \leqslant x < L_2 \\[3mm] EI'w_1''(x) = M_3 = -\dfrac{qr}{L}(L_2^2 - L_1^2)x + qr(L_2^2 - L_1^2), \quad L_2 \leqslant x < L \end{cases} \tag{10.23}$$

$$\begin{cases} w_1(0) = 0, \quad w_1(L_1) = w_2(L_1), \quad w_2(L_2) = w_3(L_2) \\ w_3(L) = 0, \quad w_1'(L_1) = w_2'(L_1), \quad w_2'(L_2) = w_3'(L_2) \end{cases} \tag{10.24}$$

式(10.23)和式(10.24)表示梁的偏微分方程与边界条件。

再根据截面惯性矩的定义,就可以得到

$$\begin{aligned} I' &= \int_A \rho^2 \mathrm{d}A = \int_{-\theta_k}^{\theta_k}(r\cos\theta_k + x_k)^2 rt\mathrm{d}\theta + \int_{\theta_k}^{2\pi - \theta_k}(r\cos\theta + x_k)^2 rt\mathrm{d}\theta \\ &= rt\left[r^2\left(\pi - \theta_k - \frac{1}{2}\sin 2\theta_k\right) + 2x_k^2(\pi - \theta_k) - 4rx_k\sin\theta_k + 2(r\cos\theta_k + x_k)^2\theta_k\right] \end{aligned} \tag{10.25}$$

则可以得到 δ_1,即

$$\delta_1 = \frac{-\dfrac{qr}{12}x_k^4 + \dfrac{1}{6}\left[\dfrac{qr}{L}(2L - L_1 - L_2) + 2qrL_1\right]x_k^3 - \dfrac{qr}{2}L_1^2 x_k^2 + \left\{\dfrac{qr}{3}L_2^3 - \dfrac{qr}{12}\left[(L_2^4 - L_1^4) + 4L^2(L_2^2 - L_1^2)\right]\right\}x_k - \dfrac{1}{12}qrL_1^4}{Ert\left[r^2\left(\pi - \theta_k - \dfrac{1}{2}\sin 2\theta_k\right) + 2x_k^2(\pi - \theta_k) - 4rx_k\sin\theta_k + 2(r\cos\theta_k + x_k)^2\theta_k\right]} \tag{10.26}$$

$$\delta_3 = r(1 - \cos\theta_k) \tag{10.27}$$

$$\delta_2 = z_e = \frac{r(\sin\theta_k - \theta_k\cos\theta_k)}{\pi} \tag{10.28}$$

$$\varphi_k = \arctan\frac{L - x_k}{\delta} \tag{10.29}$$

10.4 弯皱与弯铰的试验分析

为了验证对结构弯铰条件的假设以及对褶皱与弯铰的一些关键参数的理论预报,本节进行了非接触性试验和数值模拟。充气梁材料参数与结构参数见表10.1,试验试件与仿真模型如图10.6所示。

表 10.1　充气梁材料与结构参数

参数	数值
弹性模量 E	3 GPa
泊松比 ν	0.34
材料厚度 t	25 μm
充气内压 p	10 kPa
梁长 L	0.6 m
梁的半径 r	0.03 m
载荷作用位置(L_1,L_2)	(0.298 m,0.303 m)
材料屈服应力 σ_s	21 MPa

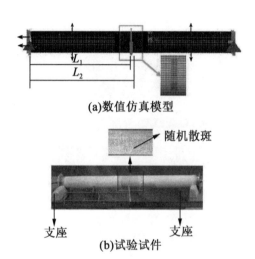

(a)数值仿真模型

(b)试验试件

图 10.6　试验试件与仿真模型

　　试验中,试验试件是一个充气管子,两边简支。下面运用 DIC 技术来测量位移场。第一步是在试件表面任意涂一些散点;第二步是通过调整 CCD 相机的位置与角度来校准;第三步是用照相机来获取照片;第四步是对获取的照片进行后处理。首先用充气泵给管子充 10 kPa 的内压,然后将提前准备好的沙袋施加到结构上,通过升降机调整照相机的位置与拍摄角度得到最佳的拍摄位置。弯皱与弯铰试验装置如图 10.7 所示。

图 10.7　弯皱与弯铰试验装置

试验测试得到的二、三维褶皱云图如图 10.8 所示。

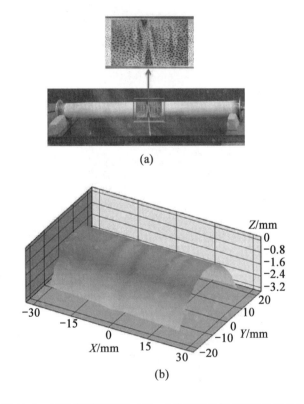

图 10.8　试验测试得到的二维、三维褶皱云图(彩图见附录)

首先对铰产生的假设条件进行了验证。图 10.9 所示为无量纲拉应力与褶皱角的理论结果及仿真结果对比。由于材料的拉伸屈服强度 $\sigma_s = 21$ MPa,因此可以根据图中这个点的坐标,得到此时环向截面的褶皱角 θ_k 为 1.48 rad。我们发现,当褶皱角较小时,理论分析与仿真试验的结果很相近。但是误差会随着褶皱角的增大而增大,在结构出现铰时误差会达到 6.25% 。结构的非线性会随着褶皱角的增大而越来越明显,这可能是导致误差产生的主要原因。

载荷 - 位移关系的试验结果与仿真结果对比如图 10.10 所示,曲线的曲率随着载荷的增大而逐渐减小,这是因为随着载荷的不断增大,结构的横截面椭圆化越来越明显,导致结构的抗弯刚度降低。

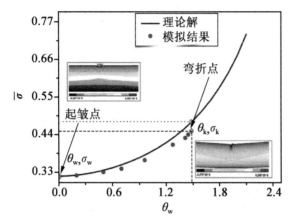

图 10.9　无量纲拉应力与褶皱角的理论结果与仿真结果对比(彩图见附录)

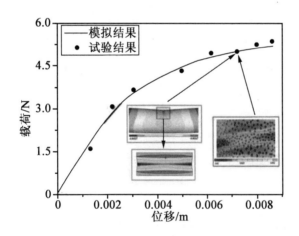

图 10.10　载荷 - 位移关系的试验结果与仿真结果对比(彩图见附录)

表 10.2 给出了梁结构褶皱与弯铰的其他重要参数对比,其中包括理论预测、试验与仿真结果。

表 10.2　梁结构褶皱与弯铰的其他重要参数对比

方法	理论预报	模拟结果	试验结果	误差（理论和试验）	误差（模拟和试验）
$M_w/(\mathrm{N \cdot m})$	0.549	0.579	0.543	2.76%	8.28%
x_w/m	0.300	0.301	0.300	0	0.33%
q_w/kPa	12.25	12.92	12.12	1.1%	6.6%
$M_k/(\mathrm{N \cdot m})$	0.840	0.833	0.802	5.23%	3.86%
$A/\lambda\,(M_k=0.840)$	0.040	0.036	0.039	2.56%	7.69%
$\overline{\varepsilon}_w\,(M_k=0.840)$	3.93×10^{-3}	3.66×10^{-3}	3.90×10^{-3}	0.77%	6.15%
$L_w\,(M_k=0.840)/\mathrm{m}$	0.209	0.195	0.202	3.35%	4.78%
x_k/m	0.300	0.301	0.302	6.62%	6.29%
q_k/kPa	18.74	18.59	17.90	4.5%	3.72%
δ/m	10.2×10^{-3}	9.40×10^{-3}	9.70×10^{-3}	5.15%	3.09%
$\varphi_k/(°)$	88.1	87	87.5	0.69%	0.57%

通过以上对比发现,关于弯铰的假设及对结构褶皱参数的预报大体来说是相对准确的。尽管通过对比发现这些结果存在一些误差,误差的来源可能是没有考虑结构的剪切变形,也有可能是试验过程中存在一些不可避免的误差及仿真试验中的一些统计方法是不准确的,但是这些误差没有超过 10%。这就说明,试验与仿真结果验证了理论是正确的,尤其是在初始弯曲阶段理论结果是很准确的。这种数值仿真方法也可以用来解决一些无法实施试验的实际问题。

10.5　载荷与结构参数对褶皱性能的影响

10.5.1　均布载荷的位置对褶皱性能的影响

本节中充气梁的材料与结构参数见表 10.1,均布载荷的位置表示为 $L_1 + L_2 = \dfrac{2}{3}L$。因为充气结构的临界褶皱弯矩、临界铰弯矩、褶皱应变和褶皱长度与局部载荷的作用位置没有关系,所以它们的值与表 10.2 中的结果相同。但是弯铰左右两边的褶皱长度是不一样的,左边长是 2.55×10^{-3} m,右边长是 7.65×10^{-3} m。

然而,通过计算发现,初始的褶皱与铰位置都为 $x = 0.200\ 8$ m,随着载荷向左移动,褶皱与铰的初始位置也都向左移动,这是因为结构所承受的最大弯矩出现在局部载荷的中间,随着载荷左移也向左移动。此外,临界褶皱载荷、弯铰载荷分别为 $q_w = 13.78$ kPa

和 $q_k = 21.09$ kPa，与表 10.2 中的值相比都增大了，这是因为载荷向左远离中间位置会导致截面所受到弯矩变小，为了保持相同的起皱与铰弯矩就需要增大载荷值。临界的弯铰载荷值增大，δ 也会增大，这是因为 δ 的分量 δ_1 会随载荷增大而增大。

10.5.2　均布载荷的长度对褶皱性能的影响

本节中，充气梁的材料与结构参数见表 10.1，均布载荷的长度表示为两个极限状态 $L_2 - L_1 = 0.000\,1$ 和 $L_2 - L_1 = L$。其中 $L_2 - L_1 = 0.000\,1$ 可以近似为 $L_1 - L_2 \approx 0$。两种极限状态下的充气梁褶皱与弯铰参数见表 10.3。

表 10.3　两种极限状态下的充气梁褶皱与弯铰参数

褶皱参数	数值($L_2 - L_1 = L$)	数值($L_2 - L_1 = 0.000\,1$)
x_w/m	0.3	0.3
q_w/kPa	0.21	610.05
x_k/m	0.3	0.3
q_k/kPa	0.31	933.41
$L_w(M_k = 0.840)$/m	0.353	0.208
δ/m	8.35×10^{-3}	0.113
φ_k/(°)	88.41	69.36

对比表 10.3 与表 10.2 中的结果可以发现，初始褶皱与弯铰出现的位置都在梁结构的中间，这是因为最大弯矩都出现在结构的中间位置。我们还发现临界褶皱与弯铰载荷随着均布载荷长度的减小而增加，这是因为在临界褶皱与铰弯矩不变的情况下，载荷长度越小，载荷值越大。此外，褶皱区长度随均布载荷长度的增加而增加，这是因为随着载荷长度增加，线性部分会减小，在保持最大弯矩不变的条件下，褶皱区就越小。

10.5.3　充气梁边缘形状对褶皱性能的影响

本节要研究一个变截面的胶囊型充气梁，除了头部与尾部是半球面外，其他结构与材料参数与表 10.1 相同。胶囊型充气梁模型如图 10.11 所示。

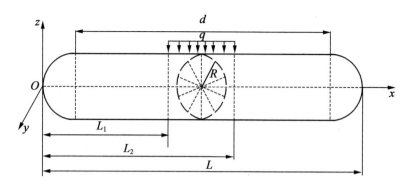

图 10.11 胶囊型充气梁模型

当 $0 \leqslant x \leqslant 0.03$，即在充气梁的头部半球面区域里时，截面的弯矩可以表示为

$$M = \frac{q}{L}(L_2 - L_1)(2L - L_1 - L_2)x \ \sqrt{-x^2 + 0.06x} \qquad (10.30)$$

假定初始褶皱与弯铰在梁中间部位出现，计算此时头部区域的临界褶皱与铰弯矩以及此时的弯矩，发现 $M_w > M(q_w)$ $(0 < x \leqslant 0.03)$ 以及 $M_k > M(q_k)$ $(0 \leqslant x \leqslant 0.03)$（图 10.12），也就是说假设是成立的。图 10.12 所示为充气梁头部半球面上的弯矩分布。

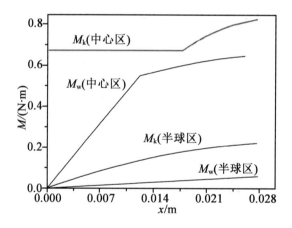

图 10.12 充气梁头部半球面上的弯矩分布

由图 10.12 知，$M(q_k) \leqslant M_w$ 表明褶皱不会在头部与尾部出现，由于褶皱出现在结构的中间位置，所有的结构参数与载荷都是相同的，所以褶皱的长度 L_w 为 0.209 m。

10.5.4 中间圆柱体长度对褶皱性能的影响

本节以 $\frac{d}{L} = \frac{2}{3}$，$\frac{d}{L} = \frac{1}{3}$ 和 $\frac{d}{L} = 0$ 这 3 种情况来讨论中间圆柱体长度对褶皱性能的影响，计算得到的褶皱与弯铰参数见表 10.4。

表 10.4　变截面梁褶皱参数随中间圆柱体长度的变化

$\dfrac{d}{L}$	$\dfrac{2}{3}(d=0.12 \text{ m})$	$\dfrac{1}{3}(d=0.03 \text{ m})$	$0(d=0 \text{ m})$
$M_w/(\text{N}\cdot\text{m})$	0.549	0.549	0.549
x_w/m	0.090	0.045	0.030
$q_w/(\text{kPa})$	41.24	83.66	122.00
$A/\lambda\,(M_k=0.840)$	0.040	0.040	0.040
$\overline{\varepsilon}_w\,(M_k=0.840)$	3.93×10^{-3}	3.93×10^{-3}	3.93×10^{-3}
$L_w(M_k=0.840)/\text{m}$	0.064	0.033	0.032
$M_k/(\text{N}\cdot\text{m})$	0.840	0.840	0.840
x_k/m	0.090	0.045	0.030
q_k/kPa	63.10	128.00	194.78
δ/m	10.7×10^{-3}	11.1×10^{-3}	11.3×10^{-3}

在计算情况为 $L_w(m)\,(M_k=0.840,\dfrac{d}{L}=\dfrac{1}{3})$ 的褶皱长度时,发现褶皱不仅在中间出现,还在头部与尾部的圆柱体区域内出现,即

$$L_w = L_{wh} + L_{wm} + L_{wt} \tag{10.31}$$

由以上可知,变截面的梁初始褶皱与铰位置都出现在梁的中间位置,不会出现在头部与尾部的椭圆区域内。由于中间位置截面半径没有变化,因此临界的褶皱与铰弯矩是相同的。然而临界褶皱与铰载荷随着圆柱体长度的减小而增大,当结构成为一个充气球时分别达到 122 kPa 和 194.78 kPa,这是因为在相同载荷作用下,圆柱体长度越短,横截面上的最大弯矩越小,为了达到相同的起皱与弯矩,就需要增大载荷。此外,我们发现褶皱区的长度随着中间圆柱体长度的增加而增加,这是因为在如图 10.3(b)所示的弯矩图中,保持临界铰弯矩不变,曲线的线性段会随着圆柱体的长度增加而增加,会导致在相同的弯矩条件下结构出现更大的褶皱区。

10.6　飞艇主囊体褶皱与弯铰特性分析

以美国"高空哨兵"飞艇的结构形式为分析模型,该飞艇是艇长为 60.8 m、半径为 7 m 的旋转体,飞艇囊体结构模型如图 10.13 所示,局部的均布载荷作用在吊舱位置处,囊体结构头锥与尾椎位置是简支,飞艇囊件的结构与材料参数见表 10.5。

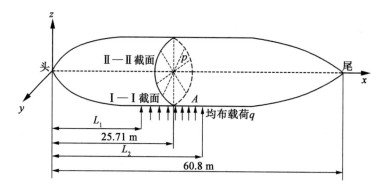

图 10.13　飞艇囊体结构模型

表 10.5　飞艇囊体的结构与材料参数

参数	数值
密度	$1\ 420\ \text{kg/m}^3$
比热容	$10\ \text{J/(kg · K)}$
泊松比	0.28
弹性模量	4.5 GPa
热膨胀系数	$2 \times 10^{-6}/℃$
热导率	$0.12\ \text{W/(m · K)}$
吸收率	0.25
辐射率	0.97
厚度	0.2 mm
充气内压	500 Pa
屈服强度	6 MPa
载荷作用位置	$L_1 = 18.8\ \text{m},\ L_2 = 31.8\ \text{m}$

旋转体母线横纵坐标的关系为

$$y = \begin{cases} 7.024 - 6.976\exp(-0.246\ 6x), & x \in [0, 18] \\ 6.956, & x \in [18, 42] \\ -5.449 \times 10^{-5}x^3 - 7.025 \times 10^{-3}x^2 + 0.816\ 3x - 10.91, & x \in [42, 60.8] \end{cases} \tag{10.32}$$

根据局部均布载荷的位置与囊体结构的约束情况,就可以得到不同截面位置处的弯矩表达式为

$$M = \begin{cases} 105.60qx, & 0 \leqslant x < 18.8 \\ 6.956q[15.18x - (x - 18.8)^2], & 18.8 \leqslant x < 31.8 \\ 75.26q(60.8 - x), & 31.8 \leqslant x < 60.8 \end{cases} \tag{10.33}$$

根据薄壳弯皱模型,在飞艇囊体结构的初始起皱位置处,环向截面的应力分布为

$$\sigma_{xw} = 1.25 \times 10^6 r - (\sigma_{cr} + 1.25 \times 10^6 r)\cos\theta \tag{10.34a}$$

这里临界起皱载荷用 Brazier 模型可以表示为

$$\sigma_{cr} = \frac{1.414 \times 10^5}{r} \sqrt{1.085 + 11.11r^2} \tag{10.34b}$$

因此初始起皱处的弯矩可以表示为

$$M_w = -2r^2 t \int_0^\pi \sigma_{xw} \cos\theta \mathrm{d}\theta = 785.40r^3 + 88.84r \sqrt{1.085 + 11.11r^2} \tag{10.34c}$$

若在囊体结构的中间位置即载荷作用区初始起皱,此时的起皱载荷为 116.81 Pa。飞艇囊体结构不同位置处的褶皱弯矩与中间起皱的临界弯矩对比关系如图 10.14 所示。

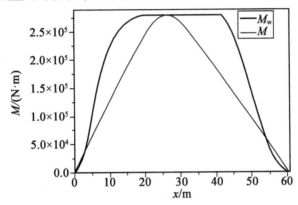

图 10.14 飞艇囊体结构不同位置处的弯矩与中间起皱的临界弯矩对比关系

由图 10.14 可知,中间位置起皱时,囊体结构的头锥与尾椎部位已经出现了褶皱。中间位置处初始褶皱位置为

$$M' = 0, \quad 18.8 \leqslant x \leqslant 31.8, \quad \text{即 } x_w = 26.39 \text{ m} \tag{10.35}$$

在褶皱出现后可以得到褶皱区环向截面上各点在轴向方向的应力分布为

$$\sigma_x = \begin{cases} -\sigma_{cr}, & 0 \leqslant \theta < \theta_w \\ -\sigma_{cr} + 3.13 \times 10^{10} \kappa_w (\cos\theta_w - \cos\theta), & \theta_w \leqslant \theta < \pi \end{cases} \tag{10.36}$$

式中,褶皱区的曲率 κ_w 可以通过力平衡关系得

$$\kappa_w = \frac{9.2 \times 10^{-4}}{(\pi - \theta_w) \cos\theta_w + \sin\theta_w} \tag{10.37}$$

根据本构关系与褶皱区的应力分布,就可以得到结构的应变场为

$$\varepsilon_x = \frac{-4.72 \times 10^5 - 0.28\sigma_\theta}{4.5 \times 10^9} + 6.956\kappa_w(\cos\theta_w - \cos\theta) \tag{10.38a}$$

$$\varepsilon_\theta = 3.9 \frac{-4.72 \times 10^5 - 0.28\sigma_\theta}{4.5 \times 10^9} + 6.956\kappa_w(3.9\cos\theta_w + 0.28\cos\theta) \tag{10.38b}$$

式中,$\sigma_\theta = \frac{pt}{r} = 0.014 \text{ N} \cdot \text{m}$。

褶皱区总的应变由材料应变与褶皱应变组成,根据式(10.38a)和式(10.38b)及褶皱

应变的定义,可以得到此时的褶皱应变为

$$\bar{\varepsilon}_{xw} = \varepsilon_x \mid_{\theta=0} - \nu \varepsilon_\theta \mid_{\theta=0}$$

$$= -0.095 \frac{-4.72 \times 10^5 - 0.28\sigma_\theta}{4.5 \times 10^9} + 6.956\kappa_w(3.9\cos\theta_w - 1.078) \quad (10.39)$$

同时由参考文献[15]可以得到,褶皱应变的另一种表达方式,它表示褶皱的影响程度,即振幅与波长的比值

$$\bar{\varepsilon}_w = \frac{1}{4}\left(\frac{\pi A}{\lambda}\right)^2 \quad (10.40)$$

当囊体结构中间位置出现弯铰时,即中间位置弯矩最大的地方,$x_k = 26.39 \text{ m}$,此处横向截面的应力分布为

$$\sigma_{xk} = 8.695 \times 10^6 - 9.167 \times 10^6 \cos\theta \quad (10.41)$$

当中间位置出现弯铰时,也就是说,横截面的拉应力区达到材料的屈服强度 $\sigma_{xk} = \sigma_s$,弯铰横截面处的褶皱角为72.9°。那么弯铰产生时,截面应力重新分布,式(10.36)可以写成

$$\sigma_x = \begin{cases} -\sigma_{cr} + 3.13 \times 10^{10}\kappa_w(\cos\theta_w - \cos\theta), & \theta_w \leqslant \theta < \theta_k \\ -\sigma_{cr} + 3.13 \times 10^{10}\kappa_k(\cos\theta_k - \cos\theta), & \theta_k \leqslant \theta < \pi \end{cases} \quad (10.42)$$

弯铰出现时的弯矩可以通过对式(10.42)积分,表示为

$$M_k = \frac{2.79 \times 10^5}{[(\pi - \theta_k)\cos\theta_k + \sin\theta_k]}[\sin\theta_k\cos\theta_k + (\pi - \theta_k)] \quad (10.43)$$

将得到的弯矩代入式(10.33)中,就可以得到弯铰出现的载荷 q_k。

将弯铰出现的载荷代入式(10.33)中,就可以得到结构中间弯铰出现时,囊体结构不同位置处的弯矩分布。与囊体不同位置处起皱载荷[式(10.34)]进行对比,可以得到褶皱区的长度,如图10.15所示。

根据弯铰出现的褶皱角,由式(10.39)可以得到弯铰出现时的褶皱应变,由式(10.39)得到弯铰出现时褶皱的幅波比。

当弯铰出现时,衡量囊体结构弯折程度的一个重要参数 δ,表示褶皱区点的最大位移。它是由3个部分组成的,δ_1 由弯矩引起,δ_2 由中性轴的偏移量引起、δ_3 由褶皱引起。那么参数 δ 就可以表示为

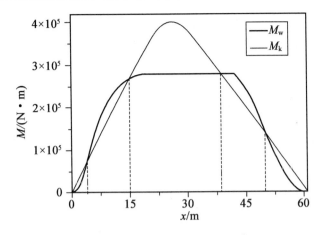

图 10.15　飞艇囊体结构弯铰出现时的褶皱区长度

$$\delta = \delta_1 + \delta_2 + \delta_3 \tag{10.44}$$

δ_1 可以由材料力学的知识得到,根据弯矩与挠度之间的关系,得

$$\begin{cases} EI'w_1''(x) = M_1 = 105.60qx, & 0 \leqslant x < 18.8 \\ EI'w_2''(x) = M_2 = 6.956q\left[15.18x - (x - 18.8)^2\right], & 18.8 \leqslant x < 31.8 \\ EI'w_3''(x) = M_3 = 75.26q(60.8 - x), & 31.8 \leqslant x < 60.8 \end{cases} \tag{10.45}$$

$$\begin{cases} w_1(0) = 0, & w_1(L_1) = w_2(L_1), & w_2(L_2) = w_3(L_2) \\ w_3(L) = 0, & w_1'(L_1) = w_2'(L_1), & w_2'(L_2) = w_3'(L_2) \end{cases} \tag{10.46}$$

式中　I'——截面的惯性矩。

式(10.45)和式(10.46)分别表示梁的偏微分方程与边界条件。

$$\delta_2 = z_e = \frac{6.956(\sin\theta_k - \theta_k\cos\theta_k)}{\pi} \tag{10.47}$$

$$\delta_3 = 6.956(1 - \cos\theta_k) \tag{10.48}$$

飞艇囊体结构的褶皱参数预报见表 10.6。

表 10.6　飞艇囊体结构的褶皱参数预报

褶皱参数	数值	褶皱参数	数值
$M_w(\text{N} \cdot \text{m})$	0.28×10^6	$L_w(M_k)/(\text{m})$	37.5
x_w/m	26.4	x_k/m	26.4
q_w/Pa	116.81	q_s/Pa	167.65
$M_k/(\text{N} \cdot \text{m})$	0.40×10^6	δ/m	6.20
$\overline{\varepsilon}_w(M_k)$	3.02×10^{-4}	$A/\lambda(M_k)$	0.011

10.7　飞艇囊体结构的热屈曲分析

10.7.1　机械载荷作用下飞艇囊体结构的屈曲分析

在飞艇囊体结构的头部与尾部设置刚性单元,头部与尾部简支约束。载荷作用在吊舱位置处,长度为 13 m。选取纵截面与横截面获取飞艇囊体结构的弯皱过程,一些关键性的褶皱参数见表 10.7。

表 10.7　一些关键性的褶皱参数

载荷/N	n	S/m	$\frac{S}{L}$/%	$\overline{A}$/m	f/m	$\overline{A}/f$
2 825.20	3	1.99	3.3	0.003 1	0.041	0.076
3 228.27	7	3.69	6.2	0.009 6	0.062	0.155
3 662.35	4(主)+6(次)	6.19	10.3	0.030 8	0.113	0.273

纵向界面的挠度曲线如图 10.16 所示。由图可知,飞艇囊体结构在弯皱过程中经历了 3 个典型阶段。第一阶段,结构所承受的弯矩较小、应变小、结构的曲率较小,结构呈现出整体平滑弯曲变形。第二阶段,由于应变能的增加,结构无法只通过整体的弯曲变形来释放这些能量,因此在载荷作用的位置处出现了局部的褶皱,因为在这个区域里弯矩最大,所以褶皱最先在这里生成,结构呈现出整体弯曲与局部褶皱共存。第三阶段,也就是飞艇囊体结构的失效阶段,结构从局部褶皱演化到局部类塑性铰。

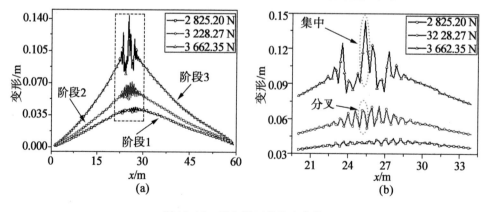

图 10.16　纵向界面的挠度曲线

在环向截面上,结构出现了正椭圆化现象(图 10.17)。且随着载荷增大,椭圆的曲率越来越大,椭圆化现象越来越明显,如图 10.17 所示。椭圆化现象的出现,是因为在褶皱区里,轴向方向出现压应力而对面的张紧区出现拉应力,这两个应力会合成一个指向中心的力,这样环向截面就出现了椭圆化现象。

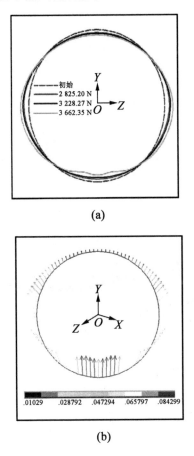

图 10.17　截面椭圆化

表 10.7 中,n 和 S 分别表示褶皱的个数及褶皱区在轴向的长度;L 表示飞艇囊体的长度;$\overline{A}$ 表示褶皱的平均振幅;f 表示最大的挠度;S/L 表示褶皱区的范围;$\overline{A}/f$ 用来反映褶皱的程度。随着机械载荷的增加,褶皱的数目、范围、幅度都在增加,这表示在褶皱过程中出现了分叉与聚集现象。分叉使得褶皱的数目增加,影响范围变大,聚集使得褶皱的程度变大。

10.7.2　飞艇囊体结构在温度载荷作用下的屈曲分析

首先对飞艇囊体结构的瞬态温度场进行分析。初始环境温度设为 -60 ℃,这里只考虑热传导与热辐射两种导热方式。飞艇囊结构的瞬态温度场云图如图 10.18 所示,纵向与环向截面上的温度曲线如图 10.19 所示。

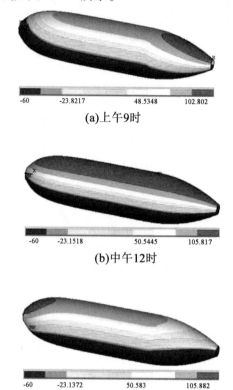

(a)上午9时

(b)中午12时

(c)下午3时

图 10.18　飞艇囊结构的瞬态温度场云图(彩图见附录)

由图 10.18(b)可知,飞艇囊体中间环向截面上温度从顶部向两侧逐渐递减,最高温度分布出现在中午 12 时。在头部与尾部环向截面上,温度变化趋势与中间部位相同,只是最高温度分布的时刻不相同,头部环向截面最高温度时刻为下午 3 时[图 10.18(c)],尾部环向截面最高温度时刻为上午 9 时[图 10.18(a)],在纵向截面,在上午 9 时,从头部到尾部温度逐渐升高;在中午 12 时,温度从头部到尾部先升高后降低;在下午 3 时,温度从头部到尾部逐渐降低。

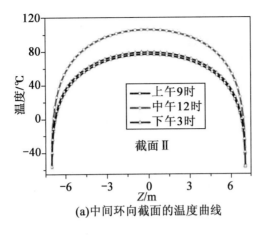

(a)中间环向截面的温度曲线

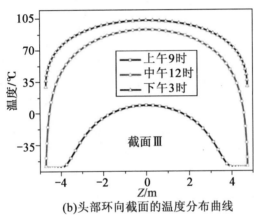

(b)头部环向截面的温度分布曲线

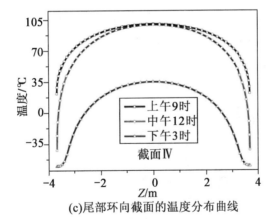

(c)尾部环向截面的温度分布曲线

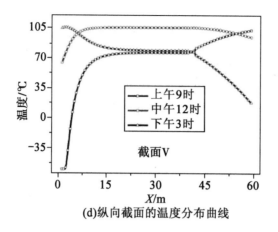

(d)纵向截面的温度分布曲线

图 10.19　纵向与环向截面上的温度曲线(彩图见附录)

然后将上午 9 时、中午 12 时、下午 3 时的瞬态温度场施加作为热载荷施加到结构上,分析它的热屈曲特征。纵截面上的挠度曲线如图 10.20 所示,横截面上出现的负椭圆化现象如图 10.21 所示。

由图 10.20 可以看出,褶皱的个数在这 3 个时刻很相近。褶皱区域及囊体的整体变形挠度在中午 12 时达到最大。在上午 9 时,囊体结构上出现了主波、次波交替出现的现象,这说明此时有一部分正在发生汇聚。

由图 10.21 可以看出,在飞艇囊体结构的环向界面上出现了负椭圆化现象,而且在截面的底部出现了褶皱带。负椭圆化现象的出现是机械原理"热棘轮"效应,由于温度梯度的存在,在高温区出现拉应力,在低温区出现压应力。此外,为了减弱由于温度梯度引起的径向位移,在环向截面的周向就会出现压应力,这样环向截面就被拉长了。而且我们还发现,负椭圆化现象在中午 12 时也达到最大,这主要是因为此时环向截面的温度梯度达到最大。

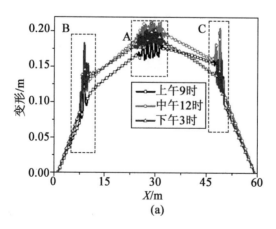

(a)

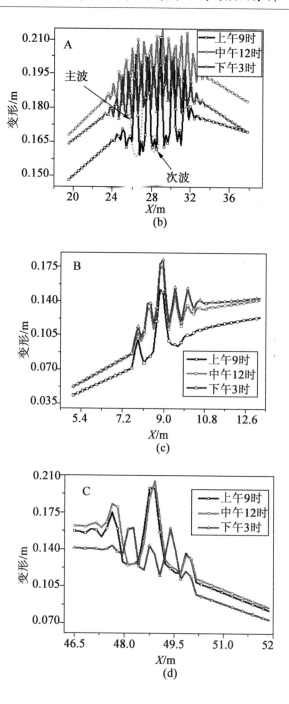

图 10.20 纵界面上的挠度曲线(彩图见附录)

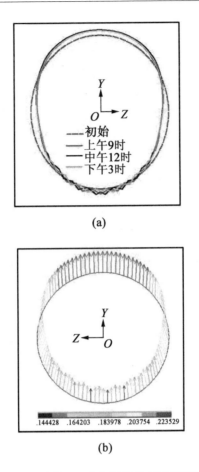

图 10.21　横截面上的负椭圆化(彩图见附录)

总体来说,飞艇囊体结构在机械与热载荷作用下有很多相同点。囊体的整体挠度都会随着外载荷增加而增大,在载荷值达到一定值时,纵向截面上都会出现褶皱。然而在这两种载荷作用下,也有一些差异性。首先在机械载荷作用下,纵截面的挠度曲线的曲率从 0 增加到正无穷再减小到某个负值,而在热载荷作用下从某个正值减到 0 再减小到某个负值。出现这种现象的原因是热载荷对结构不仅能提供弯矩,而且还有膨胀作用。此外,在机械载荷作用下,横向截面出现正椭圆化;在热载荷作用下出现负椭圆化现象。

10.7.3　热载荷对机械屈曲的影响

本节将研究热载荷对机械屈曲的影响。囊体结构的头部与尾部的约束条件与10.7.1 节中的情况相同。首先给囊体结构充 500 Pa 的内压;然后施加机械载荷使结构出现褶皱,这个褶皱与 10.7.1 节中的情况相同;最后将上午 9 时、中午 12 时和下午 3 时的瞬态温度场作为边界条件施加到已经屈曲的囊体结构上。

纵向截面的挠度曲线与矢量图如图 10.22 所示。为了更好地理解温度对机械屈曲的影响,本节还统计了纵向截面的应力曲线,如图 10.23 所示。

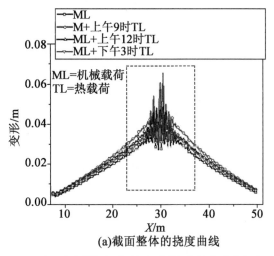

(a)截面整体的挠度曲线

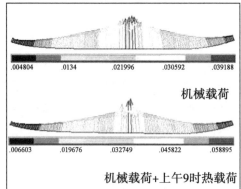

(b)截面整体对应的矢量图

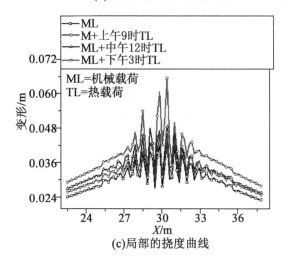

(c)局部的挠度曲线

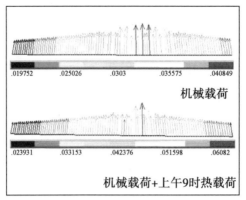

.019752　　.025026　　.0303　　.035575　　.040849

机械载荷

.023931　　.033153　　.042376　　.051598　　.06082

机械载荷+上午9时热载荷

(d)局部对应的矢量图

图 10.22　纵向截面的挠度曲线与矢量图(彩图见附录)

　　由图 10.22 可以看出,飞艇囊体结构的整体弯曲挠度与平均振幅在将热载荷施加到已经屈曲的飞艇囊体结构上后增大。在将中午 12 时的瞬态温度场施加到结构上时,褶皱区域增大了 2.6%,$\overline{A}/f$ 增大了 0.9%。在上午 9 时,褶皱区域减小,褶皱平均振幅显著增加。

　　为了解释这一现象,我们获取了飞艇囊体结构的纵向截面的应力曲线,如图 10.23 所示。由图可知,在上午 9 时褶皱区的局部应力最大,从而导致局部褶皱汇聚。其主要是由结构与载荷的不对称性引起的,吊舱的位置靠近囊体结构的头部,所以在上午 9 时,褶皱区由于温差引起的局部应力最大。

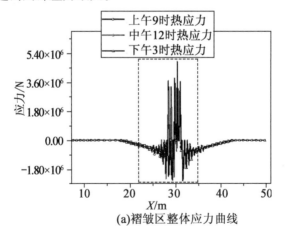

(a)褶皱区整体应力曲线

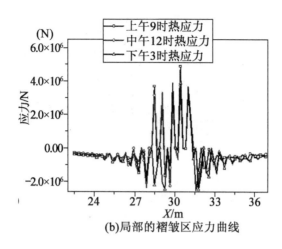

(b)局部的褶皱区应力曲线

图 10.23　飞艇囊体结构纵向截面的应力曲线(彩图见附录)

10.7.4　机械载荷对热屈曲的影响

本节讨论机械载荷对热屈曲的影响。首先给飞艇囊体结构充 500 Pa 的内压,然后施加瞬态温度场使得结构屈曲,褶皱形貌与 10.7.2 节的相同,最后再施加机械载荷。纵向截面的挠度曲线与矢量图如图 10.24 所示,横截面的变形如图 10.25 所示。

由图 10.24 发现,将机械载荷施加到在热载荷作用下已经屈曲的飞艇囊体结构上时,囊体结构的整体弯曲挠度、褶皱的平均振幅、褶皱区的长度都增加,这表明将机械载荷施加上后褶皱现象有增强的趋势。这是由于热载荷使得飞艇囊体结构变成非线性,再将机械载荷施加到飞艇囊体结构上时,由于弯矩增加使得已经屈曲的囊体结构应变能更加集中,为了释放这部分能量,局部的褶皱就变得更加明显。此外,我们发现囊体结构的头部与尾部褶皱没有明显的变化。

如图 10.25 可以看出,在将热载荷施加到飞艇囊体结构上时,环向截面出现负椭圆化现象。然后将机械载荷施加到已经屈曲的飞艇囊体表面,负椭圆的曲率减小。这说明机械载荷能够抑制热载荷作用下的负椭圆化失效。

10.7.5　热载荷和机械载荷作用下艇体结构的相关屈曲

本节将热载荷、机械载荷先后或同时加到结构上,来分析结构的屈曲特性。在这里分为 3 种情况进行讨论,第一种情况是将热载荷施加到由于机械载荷作用已经屈曲的囊体结构上;第二种情况是将机械载荷施加到由于热载荷作用已经屈曲的囊体结构上;第三种情况是将热载荷与机械载荷同时施加到飞艇囊体结构上。纵向截面的挠度曲线与矢量图如图 10.26 所示,横向截面的椭圆化如图 10.27 所示。

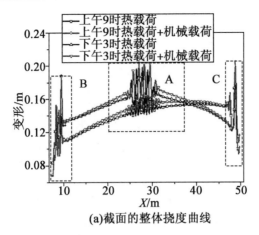

(a)截面的整体挠度曲线

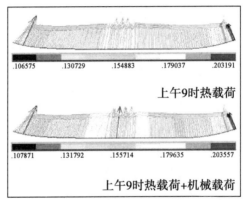

(b)截面整体对应的矢量图

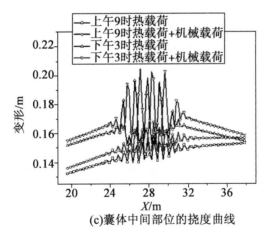

(c)囊体中间部位的挠度曲线

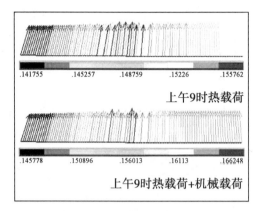

(d)囊体中间部位对应的矢量图

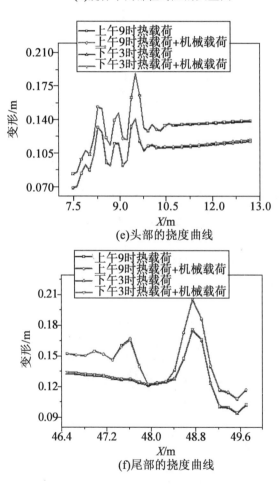

(e)头部的挠度曲线

(f)尾部的挠度曲线

图 10.24　纵向截面的挠度曲线与矢量图(彩图见附录)

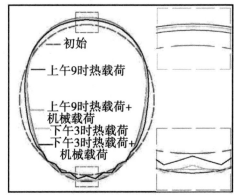

(a)环向截面的挠度曲线

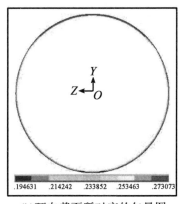

(b)环向截面所对应的矢量图

图 10.25 横截面的变形(彩图见附录)

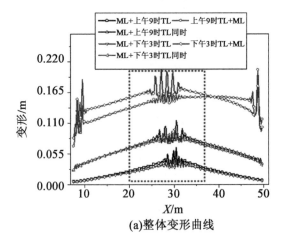

(a)整体变形曲线

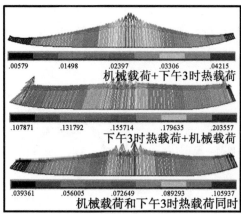

(b)与(a)图对应的矢量图

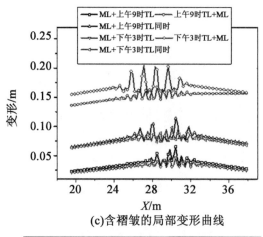

(c)含褶皱的局部变形曲线

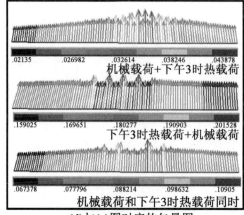

(d)与(c)图对应的矢量图

图 10.26　纵向截面的挠度曲线与矢量图(彩图见附录)

由图 10.26 可知第三种载荷工况下飞艇囊体结构的整体弯曲挠度、褶皱的平均振幅、比值 $\overline{A}/f$ 都处于第一、第二这两种工况之间。这说明机械载荷与热载荷对结构的屈曲是相互影响的,而且这两种载荷不满足简单的叠加原理,热载荷将结构的非线性性变得更加明显,表明结构更加不稳定,更容易发生屈曲。此外,机械载荷能够产生弯矩,也能使得结构发生屈曲。

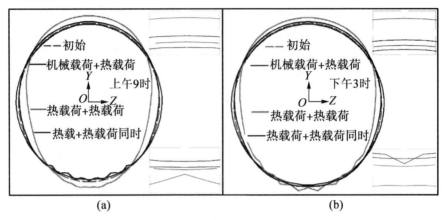

图 10.27　横向截面的椭圆化(彩图见附录)

在第一种载荷工况下,环向截面呈现出正椭圆化的趋势,说明机械载荷起主要作用;在第二种载荷工况下,环向截面呈现负椭圆化趋势,说明热载荷起主导作用;在第三种载荷工况下,环向截面的椭圆化趋势处于第一、第二两种载荷工况之间,说明机械载荷与热载荷的作用相互抑制,阻止相互的椭圆化变形。

10.8　本章小结

本章首先分析均布载荷作用下两端铰支充气梁的弯皱和弯铰特性,然后根据所得到的分析方法,进行了飞艇囊体结构的褶皱参数预报,得到了飞艇囊体结构弯皱特性的关键性参数。此外,还对飞艇囊体结构的瞬态温度场进行了仿真分析,并对其热屈曲特性进行了研究。最后对飞艇囊体结构热载荷与机械载荷之间的相互影响以及耦合进行了仿真分析。

本章参考文献

[1]　JENKINS C H M. Gossamer spacecraft: membrane and inflatable structures technology for space applications [M]. Reston: American Institute of Aeronautics and Astronautics, 2001.

[2]　WANG C G, XIE J, TAN H F, et al. The modal analysis and modal behavior investiga-

tions on the wrinkled membrane inflated beam[J]. Acta Astronautica, 2012, 81(2): 660-666.

[3] VELDMAN S L. Wrinkling prediction of cylindrical and conical inflated cantilever beams under torsion and bending[J]. Thin-Walled Structure, 2006, 44(2):211-215.

[4] COMER R L, LEVY S. Deflections of an inflated circular-cylindrical cantilever beam [J]. AIAA, 1963, 1(7):1652-1655.

[5] MAIN J A, PETERSON S W, STRAUSS A M. Load-deflection behavior of space-based inflatable fabric beams[J]. Journal of Aerospace Engineering, 1994, 7(2):225-238.

[6] WIELGOSZ C, THOMAS J C. Deflections of inflatable fabric panels at high pressure [J]. Thin-walled Structures, 2002, 40(6):523-536.

[7] THOMAS J C, WIELGOSZ C. Deflections of highly inflated fabric tubes[J]. Thin-walled Structures, 2004, 42(7):1049-1066.

[8] WOOD J D. The flexure of a uniformly pressurized, circular, cylindrical shell[J]. Journal of Applied Mechanics, 1958, 25(12): 453-458.

[9] JEKOT T. Nonlinear problems of thermal postbuckling of a beam[J]. Journal of Thermal Stresses, 1996, 19(4):359-367.

[10] COFFIN D W, BLOOM F. Elastica solution for the hygrothermal buckling of a beam [J]. International Journal of Non-linear Mechanics, 1999, 34(5):935-947.

[11] LI S, ZHOU Y. Geometrically nonlinear analysis of Timoshenko beams under thermo-mechanical loadings[J]. Journal of Thermal Stresses, 2003, 26(9):861-872.

[12] YANG Y, MA Y, WU Z. Analysis and optimization of envelope material of high-altitude airships[J]. Journal of Beijing University of Aeronautics and Astronautics, 2014 (3):9.

[13] WANG C G, DU X W, TAN H F, et al. A new computational method for wrinkling analysis of gossamer space structures[J]. International Journal of Solids and Structures, 2009, 46(6):1516-1526.

[14] KARAMANOS S A. Bending instabilities of elastic tubes[J]. International Journal of Solids and Structures, 2002, 39(8):2059-2085.

[15] LAN L, WANG C G, TAN H F. Experiment and evaluation of wrinkling strain in a corner tensioned square membrane[J]. Acta Mechanica Sinica, 2014, 30(3):430-436.

名词索引

附录 部分彩图

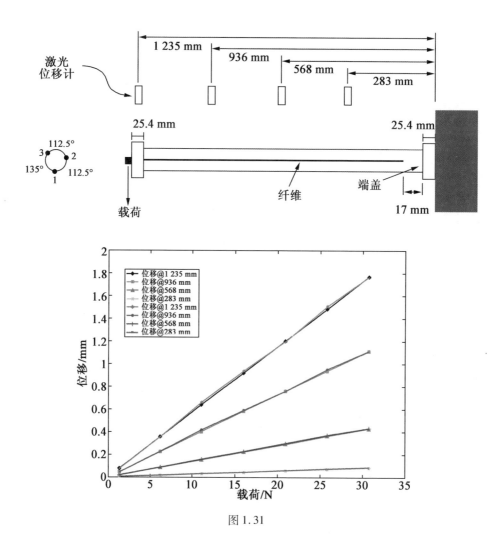

图 1.31

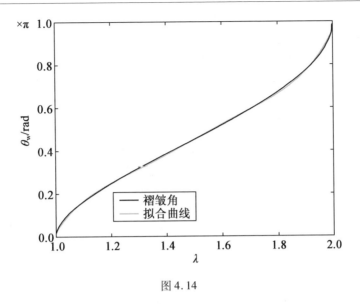

图 4.14

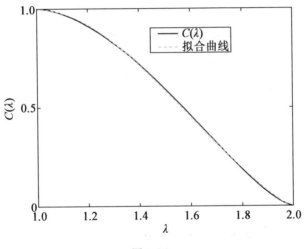

图 4.26

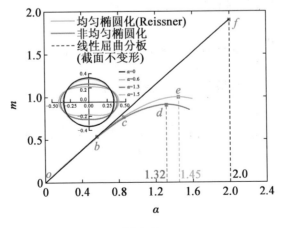

图 6.11

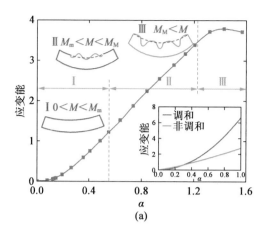

(a)

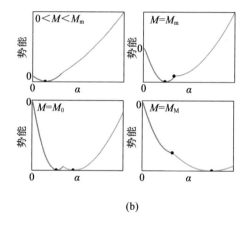

(b)

图 6.12

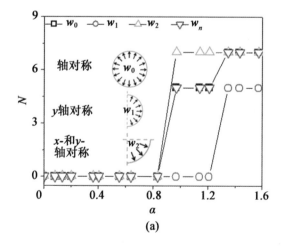

(a)

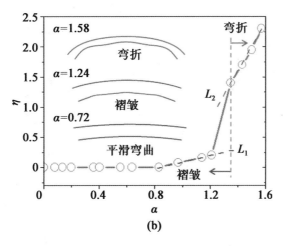

图 6.13

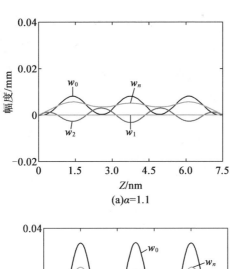

(a)α=1.1

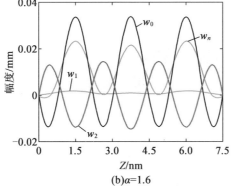

(b)α=1.6

图 6.14

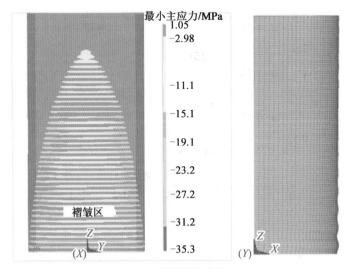

(a)控制前的结果

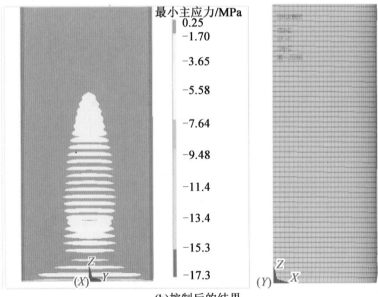

(b)控制后的结果

图 7.10

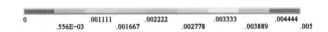

图 8.10

图 8.11

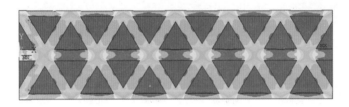

图 8.12

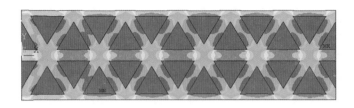

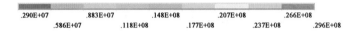

图 8.13

图 8.14

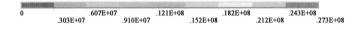

图 8.15

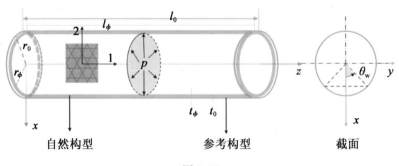

图 8.17

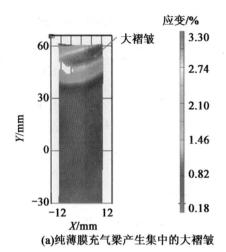

(a)纯薄膜充气梁产生集中的大褶皱

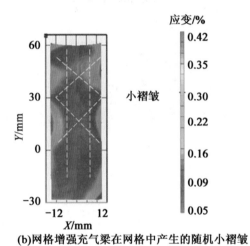

(b)网格增强充气梁在网格中产生的随机小褶皱

图 8.21

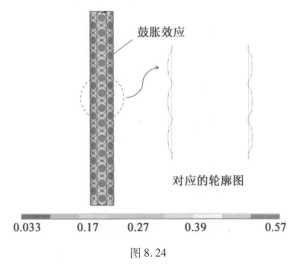

图 8.24

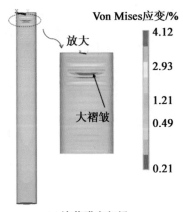

(a)纯薄膜充气梁

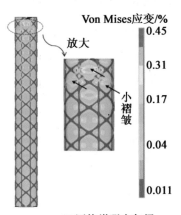

(b)网格增强充气梁

图 8.25

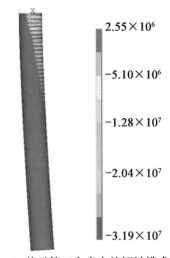

(a)基于第三主应力的褶皱模式

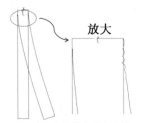

(b)相对应的褶皱形状

(c)基于节点的最小主应力充气梁截面视图

图 8.26

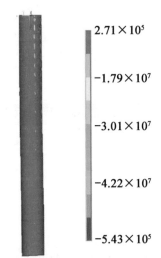

(a)基于第三主应力的褶皱模式

(b)相对应的褶皱形状

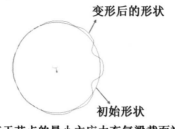

(c)基于节点的最小主应力充气梁截面视图

图 8.27

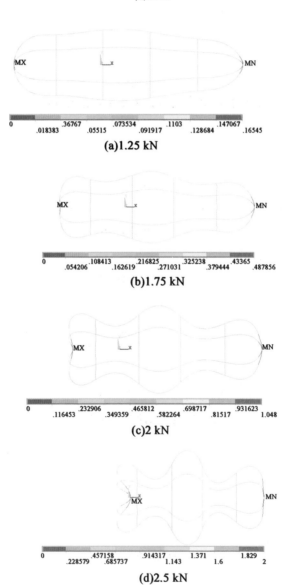

(a)1.25 kN

(b)1.75 kN

(c)2 kN

(d)2.5 kN

图 9.9

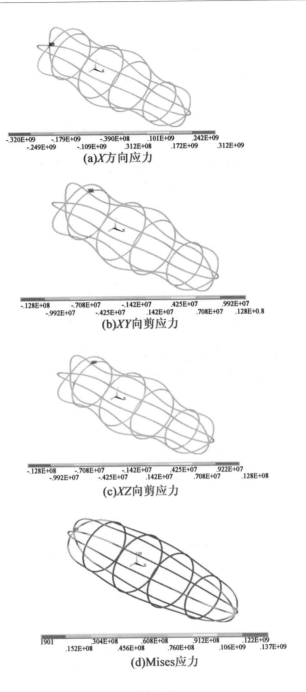

(a)X方向应力

(b)XY向剪应力

(c)XZ向剪应力

(d)Mises应力

图9.10

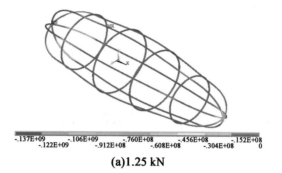

(a)1.25 kN

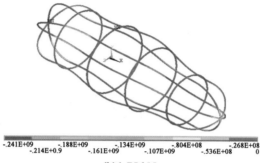

(b)1.75 kN

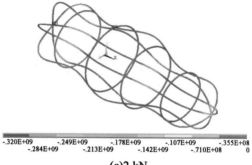

(c)2 kN

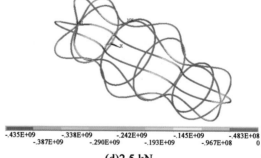

(d)2.5 kN

图 9.11

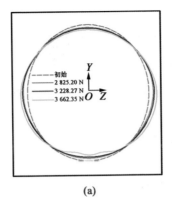

(a)

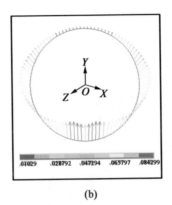

(b)

图 9.14

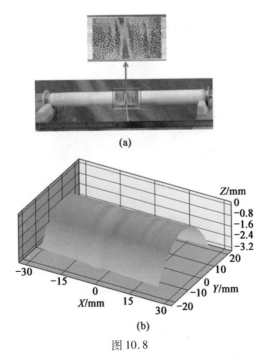

(a)

(b)

图 10.8

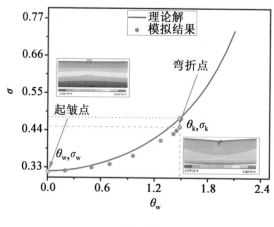

图 10.9

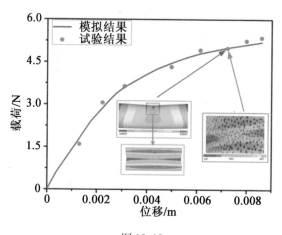

图 10.10

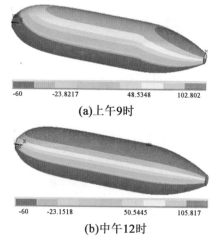

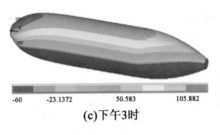

(c)下午3时

图 10.18

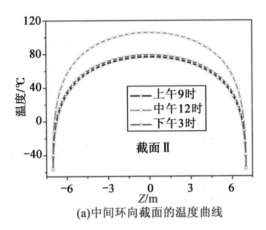

(a)中间环向截面的温度曲线

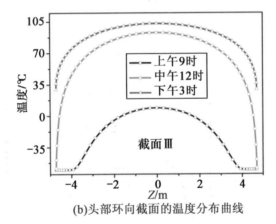

(b)头部环向截面的温度分布曲线

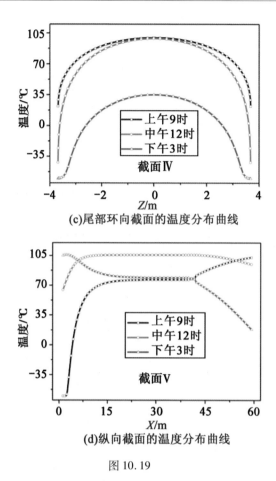

(c)尾部环向截面的温度分布曲线

(d)纵向截面的温度分布曲线

图 10.19

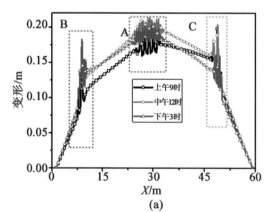

(a)

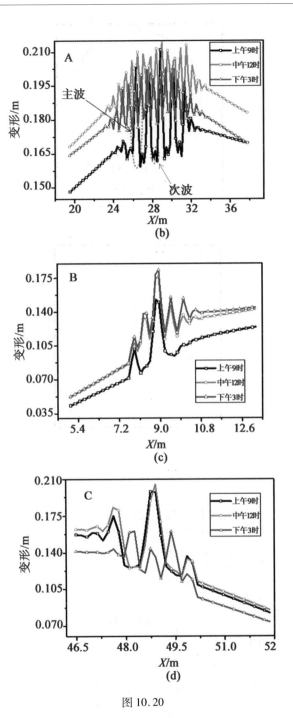

图 10.20

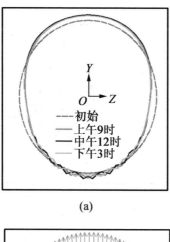

(a)

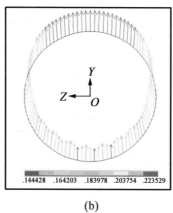

(b)

图 10.21

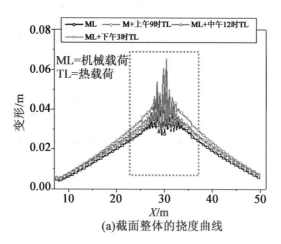

(a)截面整体的挠度曲线

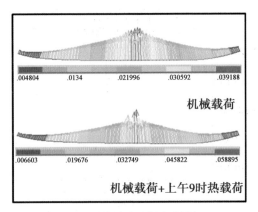

(b)截面整体对应的矢量图

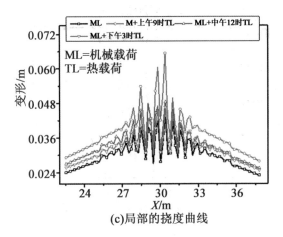

(c)局部的挠度曲线

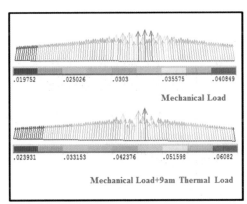

(d)局部对应的矢量图

图 10.22

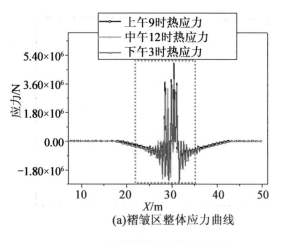

(a)褶皱区整体应力曲线

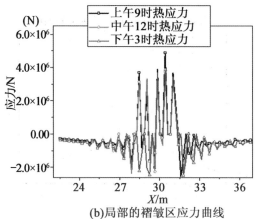

(b)局部的褶皱区应力曲线

图 10.23

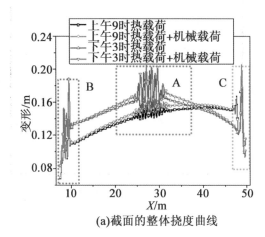

(a)截面的整体挠度曲线

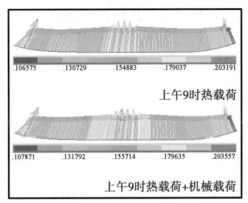

(b)截面整体对应的矢量图

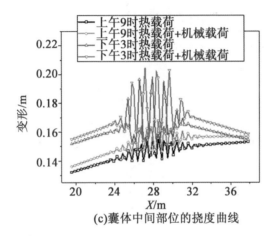

(c)囊体中间部位的挠度曲线

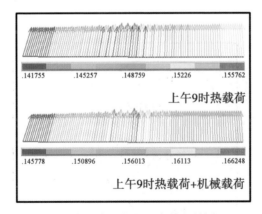

(d)囊体中间部位对应的矢量图

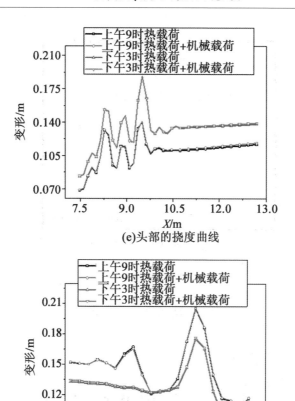

(e)头部的挠度曲线

(f)尾部的挠度曲线

图 10.24

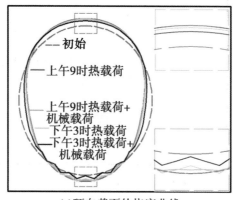

(a)环向截面的挠度曲线

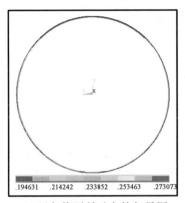

(b)环向截面所对应的矢量图

图 10.25

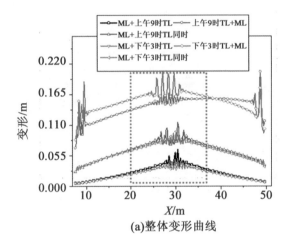

(a)整体变形曲线

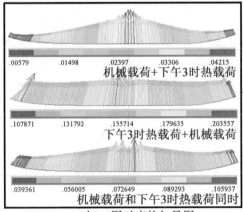

(b)与(a)图对应的矢量图

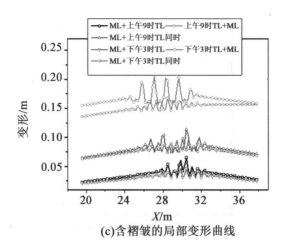

(c)含褶皱的局部变形曲线

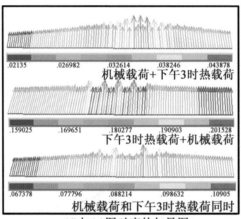

(d)与(c)图对应的矢量图

图 10.26

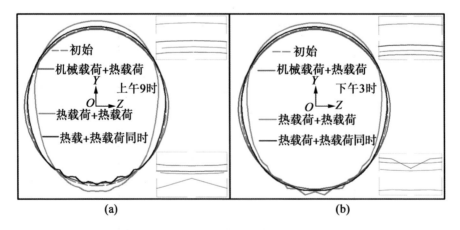

图 10.27